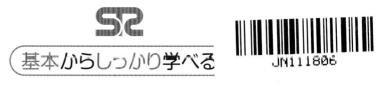

基本からしっかり学べる

FileMaker2023

スーパーリファレンス

Windows & macOS & iOS 対応

野沢直樹 + 胡正則 著

まえがき

　本書は、FileMaker 2023（Ver.20.1）プラットフォーム（FileMaker Pro 2023、FileMaker Server 2023、FileMaker Cloud、FileMaker Go）の入門者から中級ユーザーを主な対象にしています。図版を多用し、何をどのように行えば、どのような結果が出るのかということを、読者が直観的につかめるよう解説し、しくみ、機能、操作をわかりやすく、幅広く紹介しています。

　企業内で自前でデータベースの開発を考え FileMaker 環境を検討しているユーザーが、どのような機能を使うと目的とするデータ処理が可能になるかについてもわかる内容となっています。

　FileMaker Pro 2023 では、GetLiveText 関数、GetBaseTableName 関数、Get (キャッシュファイルパス) 関数、Get (キャッシュファイル名) 関数、BaseTableNames 関数、BaseTableIDs 関数、ReadQRCode 関数（Windows のみ）、Get (変更されたフィールド) 関数、コールバックを使用してサーバー上のスクリプト実行スクリプトステップ、Claris Connect フローをトリガスクリプトステップが追加されています。

　セキュリティ面では、Open SSL 3.0 への対応、OAuth2.0 経由での Google Workspace、Microsoft 365 への対応、作成／変更／削除のログを作成する OnWindowTransaction スクリプトトリガが追加されています。

FileMaker Server 2023 では、WebDirect の 1000 クライアントサポート、Ubuntu 22 LTS サポート、ログの追加、強制がベージコレクション、ホストできるファイル数の上限変更などの機能追加がなされています。

大規模データベースの構築にも堪える FileMaker ですが、その肝はリレーションシップの使い方にあります。本書では、よりシンプルな具体例でリレーションの組み方、ポータル操作をやさしく解説し、企業での開発の第一歩として役立てるはずです。

　また、PC やモバイル端末の Web ブラウザから FileMaker Pro ファイルを共有してデータ処理の行える FileMaker WebDirect によるデータベース公開や、iPhone、iPad で無償で使える FileMaker Go についてもセッティングから運用までを詳細に解説しました。

　FileMaker プラットフォームと平行してリリースされた Claris プラットフォーム（Claris Pro、Claris Studio、Claris Connect など）については Chapter1 で簡単に概要を解説しています。

　ここで FileMaker Pro の特長や利点をあげておきましょう。

　FileMaker Pro では、ユーザー自身によるデータベースの作成・改良、レイアウト変更、データのブラウズなどが自由自在に行なえます。検索、ソートなども簡単に行うことができ、求めているデータを素早く探し出したり並べ替えて表示することができます。さらにリレーション、スクリプト、関数を使いこなすと、より高度なデータベースの構築も行なうことができます。

　FileMaker 2023 プラットフォームを覚えたい方に自信をもっておすすめできる一冊です！

　本書が読者の皆様のスキルの向上に役立つことができれば幸いです。

2023 年 6 月　野沢直樹・胡正則

CONTENTS

本書の読み方・使い方

本スーパーリファレンス・シリーズは、初心者から中級者を対象とし、カラー図版を豊富に盛り込んだリファレンスブックです。アプリケーションの使い方から高度な応用操作まで、ほぼ全体にわたって機能をわかりやすく解説しています。

全体を Chapter で区切り、Chapter 内では Section ごとに内容分けされ、初心者の方に最初に読んでほしいことがらから、徐々にステップアップしながら読んでいくことができるよう構成しています。

●初心者の方は

　初心者の方も簡単に内容がわかるよう、操作の流れを図版で示し、図版のとおりに操作を行えるよう丁寧に工夫し解説しています。また、それぞれの機能においては、ページの許す限り詳しく説明しています。

● FileMaker Pro 2023 の操作と機能をほぼすべて解説

　FileMaker Pro 2023 の操作、機能、活用方法をまんべんなく解説しています。よって本書を一通り読んで操作を行ってみれば、FileMaker Pro 2023 をほぼマスターすることができます。

●旧バージョン（Ver.19 以前）のユーザの方は

　FileMaker Pro 19 ユーザーの方は、GetLiveText 関数、OnWindowTransaction スクリプトトリガなどの新機能を学んでください。

　FileMaker Pro 18 以前のユーザーの方は、FileMaker Cloud、JavaScript による Web ビューア内での実行、カードウインドウスタイル、数値の指数表記、合計ページ数の印刷、macOS ダークモードのサポート、HEIF のサポート、Claris ID および IdP アカウント認証、機械学習モデルを構成スクリプトステップなどの新機能を学んでください。

●関数・スクリプトを知りたい方は

　Chapter13 に関数の一覧を掲載しました。意味、使用例、関数の結果を掲載していますので、関数リファレンスとしてお使いください。

　また、スクリプトステップ一覧もありますので、参照して業務の効率化に役立ててください。

●より高度な内容は Point や Tips に

　注意事項やショートカット、知られていない便利な操作などは Point 欄、ちょっと高度なテクニックや詳しい解説は Tips 欄を読んでください。

●学校、セミナーの教材として

　本書は、学校やセミナーの教材としても使うことができるよう、読んでいくごとに高度な操作を行えるように構成しています。

　各 Chapter ごとにカリキュラムを作成し、FileMaker Pro マスターのセミナーリングや授業を行ってください。

●本書の制作環境

　本書は Windows 11 環境で制作していますが、macOS を使用している方も、ほぼ同じ操作で学ぶことができます。Mac ユーザーの方は、ショートカットキーを次のように読み替えてください。

　Ctrl キー　→　⌘ キー

　Alt キー　→　option キー

本書の構成

本書は、次のような項目でページを構成しています。Chapter は機能や操作ごとに Section で構成されているので、すぐに目的の操作の解説を探すことができます。操作の流れは、番号を付けた解説とともに表示しているので、初心者でも簡単に操作方法をマスターすることができます。

それぞれの Chapter は、さらに詳細な Section に分かれています。より具体的な内容や機能を知りたいときには、Section で探してみるとよいでしょう。

リードは、Chapter の概要を簡潔にまとめています。

使用頻度を 3 つのランクで表示しています。

操作内容の見出しです。
本文では図版とともに機能・用語を解説しています。

Point では、本文や手順では触れていない
注意事項や代替的な操作方法などを記述しています。

手順の番号どおりに作業を進めることで、
簡単に操作をマスターすることができます。

Tips では、新機能や Section に関連した
テクニックを解説しています。

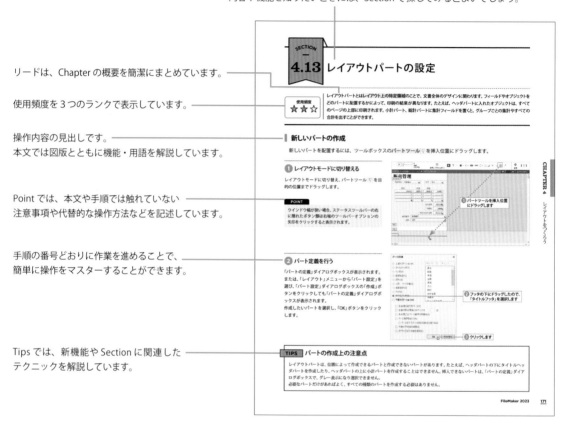

本書で使用したファイルのダウンロードについて

本書の解説で使用しているファイルは、以下のサポートページからダウンロードすることができます。なお、権利関係上、配付できないファイルもありますので、あらかじめご了承ください。

本書のサポートページ

http://www.sotechsha.co.jp/sp/1322/

1

FileMaker Proの準備

FileMaker Proをはじめましょう。最初にデータベース運用の流れ、基本画面を覚えましょう。また、ファイルの保存方法、最初にやっておきたい環境設定なども解説します。

SECTION 1.1 FileMaker Pro はどんなソフト？

使用頻度 ☆★☆	FileMaker Proの原型はカード型データベースです。自由なレイアウト、リレーション、関数、スクリプト、Webやモバイル端末から編集できるなど、手軽さだけでなく、高度な奥深さをもったデータベースソフトです。

誰もが作成できるデータベースソフト

　FileMaker Proでは、住所録、商品台帳のようなカード型のファイリングシステムを誰でも簡単に作成できます。また、リレーショナルデータベースとして企業規模での運用やモバイル端末との連携したデータベース運用も可能です。

　FileMaker Proの最大の特徴は、個人でも少し学習すればデータベースを作成・運用できる点、そして、その中にドローソフトのように文字やフィールド、図形、ボタンなどを自由にレイアウトできることです。

> **POINT**
>
> FileMaker Pro 2023では、バージョン12〜19のファイルをそのまま使用することができます。拡張子は、.fmp12と変わりありません。Ver.11以前のファイル（拡張子.fp7）は変換する必要があります。20ページも参照。

リレーションシップ機能を使ったデータベース

　FileMaker Proではテーブルとテーブルの照合フィールドでリレーションを組み、テーブル内のデータを他のテーブルに自動的に表示することができます。

　たとえば、「顧客」テーブルと「注文書」テーブルに共通する「顧客ID」フィールドでリレーションを設定しておきます。

　注文書を作成する際に、「顧客ID」を入力すれば、名前や電話等フィールドに自動的にデータ入力でき、同じ顧客が来てもIDさえわかれば対応できます（230ページ参照）。

顧客テーブル — 1つのレコード — フィールドに顧客IDを入力
顧客ID / 名前 / 電話 / 住所

データを照合
照合が一致すると表示される

注文書テーブル
顧客ID / 名前 / 購入商品 / 個数 / 金額

ステータスツールバーでさまざまな操作が可能

　ウインドウの上部にはステータスツールバーがあり、モードに応じたボタンが表示され、モードに応じたボタン操作ができます。

　また、表示モードを「プレビューモード」に切り替えるとステータスツールバーからExcelファイルやPDFファイルへの変換も可能です。

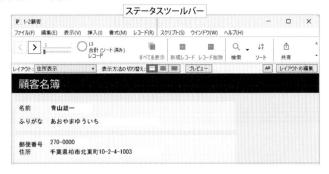

スプレッドシートと同様の表示ができる

スプレッドシートと同様の表形式（行と列）の表示ができます。

フィールドの追加やフィールドタイプの指定も表形式のまま直接行なうことができます。

列の入れ替え、列幅の変更などもドラッグで行なうことができ、ソートも可能で、対象となるフィールドには昇順・降順のマークが付きます。

表形式ではExcelのような升目状の表示ができます

お気に入りと作成ウインドウ

「ファイル」メニューの「お気に入り」から「お気に入りを表示」（[Ctrl]+[Alt]+O）を選択すると「お気に入り」ウインドウ画面が表示され、登録されたよく使うファイルにアクセスできます。FileMaker Proを起動した時には「お気に入り」ウインドウが表示されます。よく使うカスタムAppは「Appを追加」をクリックしてローカルやホストから追加することができます。

「最近使った項目」をクリックすると、最近使用したファイルが一覧表示され、ここからファイルを開くことができます。

一番下の「作成」では、上段にFileMakerの学習、製品などにアクセスする「リソース」、新規データベースを作るための「新規」、ExcelファイルなどをFileMaker形式にするための「変換」ボタンがあります。

下段には連絡先、タスクなどのStarterテンプレートを作成するためのアイコンがあります。

お気に入りウインドウではよく使うファイルを登録しておきます

POINT

Webベースのヘルプはダウンロードも可能です。オフラインでの検索ができ便利です。

クリックして「参照から」「ホストから」を選び、よく使うデータベースを登録します

新規のデータベースを作成します

ビデオチュートリアルが用意されています

「作成」ウインドウでは新規作成、変換、Starterテンプレートの利用が行えます

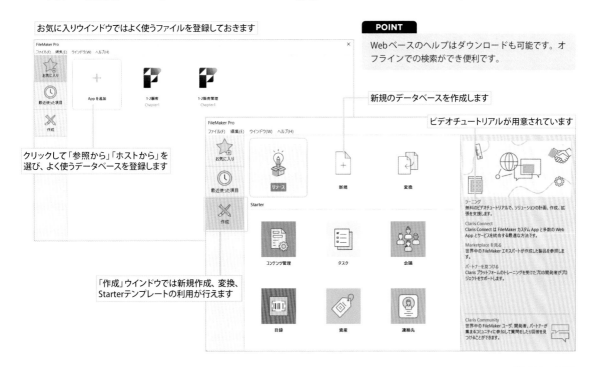

自由なレイアウトでFileMaker Goにも対応

FileMaker Proでは、画像やオブジェクトを配置して自由にデザインすることができ、グラフィカルなインターフェースを作成できます。

入力用、一覧用、ラベル印刷用、PDF出力用といったように複数のテーブルやレイアウトをあらかじめ作成して使い分けたり、コンピューター、タッチデバイス、プリンタ（印刷）に使用する各デバイスに最適化された新たなレイアウトおよびレポートを作成することも簡単にできます。

また、「作成」ウインドウにはStarterAppが用意され、FileMaker Go for iPhone/iPad（無料アプリ）に対応したテーマや画面サイズも簡単に作成できます。

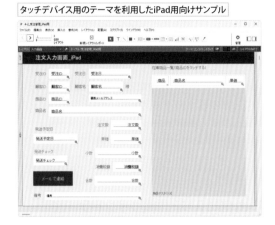

タッチデバイス用のテーマを利用したiPad向けサンプル

使いやすいスクリプト機能

スクリプト機能とは、一連の操作を自動化することです。FileMaker Proでは、自動化させたい操作を、リストから動作させたい項目を順に並べながらスクリプトを設定します。

また、スクリプトを割り当てたボタンをファイル内に配置すると、クリックするだけで、スクリプトを実行することができます。さらに、他のファイルで作成したスクリプトを取り込んで利用することも可能です。

また、特定のイベント発生時にスクリプトを実行できるスクリプトトリガ機能があります（294ページ参照）。

FileMaker WebDirectでデータベースをそのままWeb公開

FileMaker ServerまたはFileMaker Cloudで共有するデータベースをホストにアップロードして、Webブラウザからデータベースを操作・運用できます。FileMaker WebDirectは、Webブラウザさえあればデータベースの閲覧、更新、検索などの運用を行なえる画期的な技術です（337ページ参照）。

TIPS | **Claris Pro、Claris Studioの新しいプラットフォームについて**

FileMaker Pro、FileMaker Cloudなど**FileMakerプラットフォーム**と同時に、Claris Pro、Claris Studio、Claris Connectなど新たな**Clarisプラットフォーム**の製品がリリースされています。日本では2023年に発売されます。

Claris ProはFileMaker Proと同じカスタムAppをつくるアプリケーションで、ほぼFileMaker Proと同じインターフェース、操作となっています。FileMaker Proの拡張子は.fmp12ですが、Claris Proは.clarisとなっています。FileMaker Proで作成した既存ファイルをClaris Proで使用するにはファイルの変換が必要になります。なお、Claris Proからは、外部データソースとレコードインポートステップでFileMaker Proを指定することはできません。

Claris Studioは、Webブラウザ上でドラッグ＆ドロップの操作によりパーツオブジェクトを配置して、Webフォームを簡単に作成でき、アンケートフォームなど不特定ユーザーからの情報収集ができます。また、スプレッドシートを作成できるのも特徴です。

Claris Studioは、Claris IDによるログインが必要です。Claris Studioのデータは、Claris ProのカスタムAppからアクセスでき、またそのデータをカスタムAppで利用することもできます。

Claris Connectは、アプリやクラウドサービスを連携してそれらのワークフローをつなげ自動化するためのクラウドベースの統合サービスです。コーディングする必要がなく、対応するクラウドサービスを設定画面の指示に従い進めていくだけで自動化のフロープロジェクトを作成することができます。FileMaker ProやClaris Proで作成したカスタムAppを自動化のフローに組み込んで、さらにクラウドサービスと連携する業務フローを簡単に作成することが可能になります。

Claris Connectには有償プランのほかに、無料利用枠プランが設けられており、制限ステップ数以内で期限に縛られずに利用することができます。

SECTION 1.2 FileMaker Proの基本操作と構造

使用頻度
☆ ☆ ☆ ｜ FileMaker Proの原型はカード型データベースです。自由なレイアウト、リレーション、関数、スクリプト、Webやモバイル端末から編集できるなど、手軽さだけでなく、高度な奥深さをもったデータベースソフトです。

フィールドとレコード、テーブル

　FileMaker Proでは、フィールドデータの集まりのことを「**レコード**」と呼びます。1つのレコードは、フィールドにデータを書き込んだ1枚のカードだと考えてください。

　1つのレコード内で名前や電話番号などを入力したり、計算結果を表示する場所を「**フィールド**」と言い、1つのレコードは複数のフィールドから構成されています。

　この複数フィールドと複数レコードの集合が1つの**テーブル**を構成します。住所録などの簡単なデータベースでは1つのテーブルで足りますが、複雑なリレーションを必要とするデータベースでは複数のテーブルが必要になります。

　実際のFileMaker Proのデータベースの例を見てみましょう。ここに表示する例は、顧客名簿のデータベースです。1枚のカード（レコード）内に、名前、住所など各フィールドがあります。複数のレコードが集まって「顧客」テーブルを構成しています。

▶ 1つのテーブル（5件のレコードがある）

「顧客」テーブル

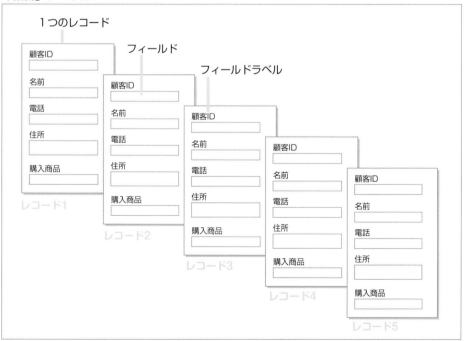

4つのモードと複数のレイアウト

FileMaker Proには、データベースを作成、表示、出力するための「ブラウズ」「レイアウト」「検索」「プレビュー」の4つのモードがあります。

ブラウズモードはデータの入力、追加、変更、削除などを行うモードです。

レイアウトモードはフィールドの定義、位置、大きさなど、画面をデザインするモードです。レイアウトは入力用、印刷用、一覧表示用、iPad表示用といったように複数のレイアウトを作成して、用途に応じて使い分けることができます。

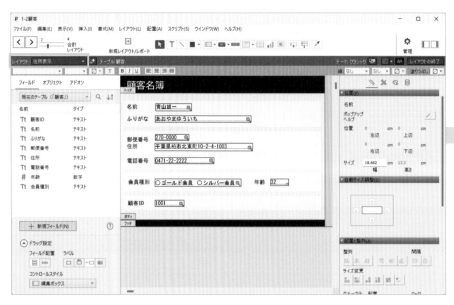

▶ 複数のレイアウトで目的に応じた運用を

　レイアウトモードで複数のレイアウトを作成し、レイアウトを切り替えると（48ページ参照）、切り替えたレイアウトでブラウズ、検索、プレビュー画面が表示されます。

　入力用、検索用、表形式、出力用など目的に応じたレイアウトを複数作成し、目的の操作に応じてレイアウトを切り替えて使用することができます。

ブラウズモードにしてレイアウトを住所表示に切り替えます。

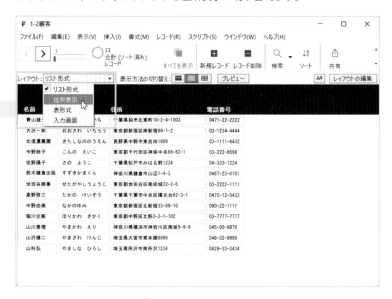

ブラウズモードに切り替える

レイアウトモードで新たなリスト形式のレイアウトを作成し、レイアウトを切り替えます。

FileMaker Pro操作の基本的な流れ

▶ テーブルとフィールド定義

「フィールド定義」を行い、データを入力するフィールドをテーブル内に作成します。名簿のテーブルならば、「名前」「住所」などのフィールドを作成します。また、フィールドに関する各種オプションの設定も行います（54ページ参照）。

1つのファイルには、複数のテーブルを作成でき、「レイアウト」ポップアップでテーブルを切り替えて表示できます。

▶ ブラウズ

ブラウズ画面では、データの入力（39ページ参照）、追加、更新、削除などを行います。

▶ レイアウト

レイアウトモードでは、目的に応じた表示方法のレイアウトを作成・編集することができます（102ページ参照）。フィールドの移動、サイズの変更、カラー、パターン、パートの編集などのデザインをインスペクタを使って行います。レイアウトは何種類でも、また用意されたテーマに応じて作成することができます。

▶ 検索

検索では、レコードの中から一定条件のレコードを探し出します。複数の条件を組み合わせて検索することもできます（198ページ参照）。

▶ ソート

レコードを並べ替えることをソートと言います。たとえば、レコードを五十音順に並べ替えたり、年齢順、日付順に並べ替えることができます（214ページ参照）。

▶ 印刷・用途に応じた出力

入力したデータを印刷したり、ラベルや封筒などさまざまなレイアウト形式でプリントアウトすることができます（227ページ参照）。検索したデータだけを印刷することもできます。

また、テキスト形式だけでなく、PDFやExcel形式で保存したり、それらを電子メールに添付することができます。

▶ リレーション定義

リレーション定義では、複数のテーブルやファイル間で、一方のテーブルやファイルからデータを関連付けて表示することにより、効率的で本格的なデータベースの構築が可能になります（230ページ参照）。

フィールド定義

テーブルごとに入力する項目のタイプを設定します。リレーションが必要な場合には、テーブルを登録し、テーブルごとにフィールド定義します。

レイアウトの作成

フィールド枠の大きさ、位置、フォント、色などのレイアウトを決めます。ラベル用、表形式など目的に応じたレイアウトを複数作成できます。

データの入力

検索・ソート

必要なデータだけを検索したり、並べ替えを行えます。

プリント・ファイル出力

データ処理の結果をプリントしたり、PDFやExcel形式でレコードを保存できます。

データベースを設計する

　個人的な住所録や名簿であれば、1枚のレコードにすべてのフィールドが入ったカード型のデータベースで事足ります。

　しかし、販売管理や顧客を管理する業務用データベースを構築しようとする場合には、最初に設計図を作ることが肝要です。設計図なしで開発を始めると、継ぎ足しだらけの運用しづらいデータベースになってしまいます。

　データベースの設計図は、ER図（Entity-Relationship Diagram）とも呼ばれ、後述する複数のレコードの集合であるテーブルを基本として、複数のテーブル同士の関係を記述したものになります。

　次のデータベースは、小売店の商品の販売データを管理するデータベースです。3つのテーブルがあります。

・**「顧客」テーブル**　購入した顧客の属性（名前、住所、電話、メール、年齢、性別など）
・**「受注書」テーブル**　商品が売れたときに記入する（日付、顧客属性、商品、金額、個数）
・**「商品」テーブル**　商品の属性（商品名、単価、メーカー名）

　受注があるたびに、顧客に関する項目、商品に関する項目をすべて受注書に記入することは、同じ顧客が買いに来たり、同じ商品を購入する場合、何度も入力することになるので不効率です。また、顧客の住所等が変わった場合に、対応が手間取ります。

　データベースをつくる場合には、顧客のリスト、商品のリスト、受注時の注文書といったテーブルを別個に作成し、関連付け（リレーション）を行います。

　こうすることにより、各分類ごとのテーブルで管理しやすくなります。関連付けを行うことにより商品IDを入力すれば、価格、商品名が即座に表示でき、価格が変更された場合にも商品テーブルで修正すれば対応することができます。

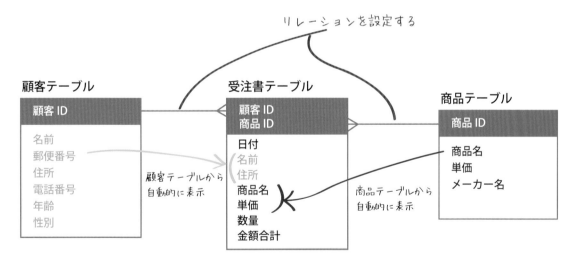

　FileMaker Proでは、ER図はリレーションシップグラフを使って関連付けを行い可視化することができます。

　なお、リレーションについてはChapter9（230ページ参照）で詳しく解説しますので、そちらを参考にしてください。

起動と終了、ファイルの操作

使用頻度
☆ ☆ ☆

ここではFileMaker Proの起動と終了の方法、作成したファイルを開く方法について説明します。起動時に表示される「お気に入り」画面から既存のファイルやテンプレートにアクセスすることができます。

FileMaker Proを起動するには

FileMaker Proをインストールしたら、FileMaker Proを起動してみましょう。「スタート」メニューから「FileMaker Pro」を選択して起動すると、「お気に入り」ウインドウが表示されます。

Windows11では、「FileMaker Pro」アイコンを右クリックで「スタートにピン留めする」「タスクバーにピン留めする」を選択し登録しておくと便利です。

macOSでは、ファインダのサイドバーで「アプリケーション」をクリックし、「FileMaker Pro」アイコンをダブルクリックして起動します。Dockにドラッグしてアプリケーションを登録しておくと便利です。

スタートメニューから起動

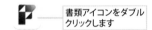

既存のファイルを開くには

既存のファイルを開くには、FileMaker Proファイルのアイコンをダブルクリックします。FileMaker Proが起動し、データベースウインドウが表示されます。

書類アイコンをダブルクリックします

顧客名簿.fmp12

▶ お気に入りから開く

「ファイル」メニューの「お気に入り」から「お気に入りを表示」（ Ctrl + Alt + O ）を選択すると、「お気に入り」ウインドウが表示されます。

「お気に入り」ウインドウには、よく使う登録したデータベースファイルが表示されます。

開きたいファイルを選択しダブルクリックするとファイルが開きます。

なお、「お気に入り」ウインドウにファイルを新規に追加するには、「Appを追加」アイコンをクリックして目的のファイルを指定します。

アイコンを右クリックして「取り除く」でお気に入りに表示されなくなります。

表示方法を切り替えます　　　クリックしてお気に入りにファイルを登録します

ダブルクリックして開きます

POINT

ネットワーク上のファイルを開くには、「ファイル」メニューから「ホスト」を選択し、「ホストを表示」を選びます。

POINT

Claris IDまたは外部アイデンティティプロバイダ (IdP) のアカウントにサインインしているときは、ダイアログボックスに「マイApp」アイコンが表示され、クラウドにアップロードされているデータベースが表示されます。

▶「最近使った項目」から開く

「お気に入り」直下にある「最近使った項目」アイコンをクリックすると、過去に使用したデータベースファイルが一覧形式で表示されます。

目的のファイルをダブルクリックするとファイルが開きます。

上から使用履歴の新しい順に表示されます。

ダブルクリックして開きます

クリックします

▶「ファイルを開く」ダイアログで開く

「ファイル」メニューの「開く」（ Ctrl ＋ O ）を選択すると「ファイルを開く」ダイアログボックスが表示されます。

任意のファイルを選択して画面右下の「開く」ボタンをクリックすると、ファイルが開きます。

開くファイルのあるフォルダ

① 選択します

② クリックします

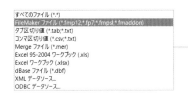

FileMaker ServerやFileMaker Cloud、またはLANで共有されているファイルを開きます

▌新規作成画面を表示する

　「ファイル」メニューの「新規作成」を選ぶと「作成」ウインドウが表示されます。

　この画面ではデータベースファイルの新規作成（21ページ参照）や、旧バージョンファイルの変換（20ページ参照）、あらかじめ設定されたAppの使用などが行える「新規作成」画面が表示されます。

新規のファイルを作成します

旧バージョンのファイルを開くには

FileMaker Pro 2023のファイル形式は、Ver.12と同じ拡張子「.fmp12」で、そのまま開くことができますが、以前のFileMaker Pro 7〜11で作成したファイル（拡張子「.fp7」）は変換してから開くことになります。

fp7形式からfmp12形式に変換するには、「ファイル」メニューから「開く」を選択し、ダイアログボックスで目当てのファイルを選択し「開く」をクリックします。すると「変換」ダイアログボックスが表示されるので、ここで、残す元ファイルの名前を指定します。

「OK」ボタンをクリックすると、変換が始まり、指定したフォルダに「.fmp12」形式で変換されたファイルが新規生成され保存されます。

▶ 変換アイコンから変換するには

作成画面の「変換」アイコンをダブルクリックすることでも同じ変換作業が行えます。

.fp7形式より前のFileMaker Proで作成されたファイルは、Ver.12では変換できないので注意が必要です。具体的には、拡張子「.fp5」「.fp3」「.fmj」のファイルをVer.12以降で活用するには、ひとつ前のVer.11等であらかじめ「.fp7形式」に変換しておく必要があります。

ダブルクリックしてダイアログボックスで変換します

TIPS | 複数ファイルの一括変換

複数のファイルを選択するか、ドラッグ＆ドロップでFileMaker Proアイコンに重ねると右のようなダイアログボックスが表示されるので、ここで保存先を指定し、一括して変換することができます。

新規ウインドウで開く・並べて表示する

同一ファイルで複数ウインドウを開くには、「ウインドウ」メニューの「新規ウインドウ」を選択します。複数のテーブルをファイル内に作成できるので、それぞれのテーブルを別個のウインドウに表示する場合に便利です。

複数のウインドウは、「ウインドウ」メニューの「上下に並べて表示」「左右に並べて表示」「重ねて表示」で整列して表示することができます。

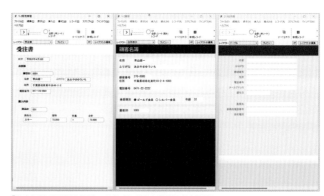

「左右に並べて表示」で3つのウインドウを整列させた画面。

TIPS 最近使ったファイルを開く

「編集」メニュー（Macは「FileMaker Pro」メニュー）の「環境設定」を選び、ダイアログボックスの「一般」タブで「最近使ったファイルを表示する」にチェックを付けると、「ファイル」メニューに、直前まで開いていたファイルが自動登録され、ここからも書類を開くことができます。
初期設定では、10ファイルまで登録されるようになっています。
「最近使った項目」のサブメニューから「最近使ったファイルを消去」を選択するとクリアできます。

TIPS URLでファイルを開く

インターネットプロトコルの「fmp:」のURLを使用して共有またはローカルのデータベースにアクセスすることが可能になります（構文：fmp://URL/データベース名.fmp12）。URLを使用して共有ファイル内のスクリプトを実行することもできます。

Starter Appやサンプルを利用する

　Starter Appやサンプルファイルは、ビジネス、ホーム、教育など目的に沿った実用的なデータベースで、あらかじめデザインされたレコードデータが入力されていないファイルです。データベースの設計デザインを行わなくてもデータを入力して使用できるテンプレートです。

① データベースの作成

FileMaker Proを起動すると「お気に入り」ウインドウが表示されます。
「ファイル」メニューから「新規作成」を選択するか、「お気に入り」ウインドウの「作成」ボタンをクリックすると、「作成」ウインドウが表示されます。

または「お気に入り」ウインドウの「作成」ボタンをクリックします。

② Starter Appを選択する

「作成」ウインドウにある「Starter」カテゴリ内の一覧から任意のStarter Appアイコンをダブルクリックするか、ウインドウ右下の「作成」ボタンをクリックします。
ここでは「連絡先」Appを選択しています。

「名前を付けて保存」ダイアログボックスが表示されるので、名前と保存場所を指定して保存します。

④ 保存場所とファイル名を指定します

⑤ クリックします

クリックするとFileMaker Cloudに保存するダイアログボックスが表示されます。運用していないと、このボタンは表示されません。

TIPS FileMaker Cloudに保存する

FileMaker Cloudで運用している場合は、次のFileMaker Cloudに保存するダイアログボックスが表示されます。

③ ファイルが開く

保存ダイアログボックスで名前と保存場所を設定し保存すると、Starter Appが開きます。
Starter Appには、あらかじめテーマに沿ったフィールドが定義され、書式や計算式なども設定されています。

TIPS テーブルを追加してカスタマイズ

Starter Appの標準機能では対応できない場合は、新たにテーブルを作成し関連付けして機能を追加することができます。

⑥ Starter Appが作成されます

■ お気に入りウインドウに登録する

よく使うファイルは「お気に入り」ウインドウに登録しておきましょう。

① お気に入りで「Appを追加」をクリック

FileMaker Proを起動すると、「お気に入り」ウインドウが表示されます。
「Appを追加」をクリックし右の吹き出しの「参照から」「ホストから」をクリックして選びます。
パソコン内のファイルを選ぶときは「参照から」、ネットワーク上の共有ファイルの場合は「ホストから」を選びます。

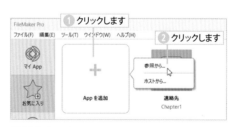

① クリックします
② クリックします

② 追加するファイルを選択する

「ファイルを開く」ダイアログボックスで、追加するファイルを選択し「開く」ボタンをクリックします。

③ ファイルを選びます
④ クリックします

③ ファイルが登録される

すると、お気に入りウインドウに指定したファイルが登録されます。

○ お気に入りに登録されます

新規データベースの作成

最初に空の新規ファイルを作成し保存してからデータベースを作成する方法を解説します。

① お気に入りウインドウで「作成」をクリック

FileMaker Proを起動すると、「お気に入り」ウインドウが表示されます。左下の「作成」ボタンをクリックします。

① クリックします

> **POINT**
>
> 「ファイル」メニューから「新規作成」を選択して、「新規作成」ウインドウを表示することもできます。

② 「新規」アイコンをダブルクリックする

「新規」アイコンをダブルクリックします。
または「新規」を選択した状態で右下の「作成」ボタンをクリックします。

② ダブルクリック

またはここをクリックします

③ 保存場所と名前を指定する

ファイルの名称と保存場所を指定するダイアログボックスが表示されるので、ファイルの保存場所を選択し、ファイルの名前を入力して、「保存」ボタンをクリックします。

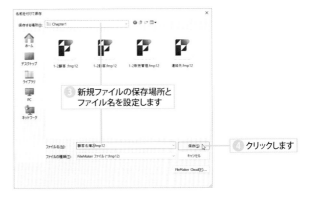

③ 新規ファイルの保存場所とファイル名を設定します

④ クリックします

④ フィールドを定義する

ブラウズモードに切り替わり、「データベースの管理」ダイアログボックスの「フィールド」タブが表示されます。

すでに、「主キー」などデフォルトのフィールドがいくつか定義されています。

ここでは、ほかに「顧客名簿」データベースに必要な「名前」や「住所」などのデータを格納するためのフィールドを定義します。

フィールドの作成方法や初期設定で作成されるフィールドについては32ページを参照してください。

ファイルを名前を付けて保存する

「ファイル」メニューの「名前を付けて保存...」コマンドは、次の場合に使用します。

1. **ファイルの名前を変更して保存する**
2. **別のディスクやフォルダに保存する**
3. **ファイルの種類や保存形式を変更して保存する**

① 「名前を付けて保存」を選択

「ファイル」メニューから「名前を付けて保存」を選択します。

② ファイル名と保存場所を指定する

「複製ファイルの名前」ダイアログボックスで、保存先を指定し「ファイル名」欄にファイル名を入力して、「保存」ボタンをクリックします。

TIPS 「保存後」オプション

「複製ファイルの名前」ダイアログボックスの「保存後」の「ファイルを自動的に開く」をチェックすると、保存後に保存したファイルを開きます。

「ファイルを添付した電子メールの作成」をチェックし、「保存」ボタンをクリックすると既定の電子メールソフトが起動して「メッセージの作成」ダイアログボックスが開きます。

▶ 保存形式の設定

「保存形式」リストから、ファイルの保存方式を選択することができます。

現在のファイルをそのままコピーします。データを変更する前に
バックアップファイルを作成する場合などに便利です。

「最適化コピー」は削除したレコード、フィールドの空いた部分を除いてコピーします。そのため元のファイルよりも、情報量サイズを小さくすることができます。保管しておくファイルを作成する場合などに便利です。

「データなしのコピー」はデータ以外の部分をコピーします。フィールド、レイアウトなどはそのままで、データが入っていない状態でコピーされますので、ひな形、テンプレートとしても使用することができます。

「すべてを含むコピー」は保存するファイル内にあるオブジェクトフィールドに埋め込まれた画像、動画、サウンド等もすべて含めてコピーします。また、オプション設定で「オブジェクトデータを外部に保存」とした場合も該当データをすべてコピーします。

> **POINT**
>
> 大量データの旧バージョンの変換の際には、「データなしのコピー」を作成しておき、そこに書き出したテキスト形式のデータを読み込むほうが素早くできます。

▍スナップショットリンクで保存する

「ファイル」メニューの「レコードの保存/送信」の「スナップショットリンク」とは、検索、ソートなどの結果をそのまま残す保存方法です。検索、ソートなどを行った時点の結果が保存されます（拡張子.fmpsl）。

スナップショットリンクのファイルを開いたとき、検索結果・ソートを解除しても、そのファイルを閉じて再度開くと、検索・ソートされた状態で表示されます。

通常の検索では、後から追加されたレコードも含めて検索・ソート結果に反映されますが、スナップショットリンクではある時点での検索・ソート結果を確定してファイルを作成することができます。

検索やソートなど保存時の
状態が反映されています

 ➔ 1-2顧客 .fmpsl

❶ 入力します　　**❷ クリックします**

> **TIPS** ┃ 名前を付けてXMLとして保存／データベースデザインレポートの作成
>
> FileMaker ProのファイルをXML形式で保存できます。XML形式ファイルにはレコードデータは含まれず、アカウント情報は暗号化されます。XML形式はテキスト・データなので、Gitなどのバージョン管理システムでバージョン比較も行えます。
>
> XML形式として保存するには、完全アクセス権でファイルを開き、「ツール」メニューの「名前を付けてXMLとして保存」を選び、ファイル名を付けて保存します。
>
> 「ツール」メニューの「データベースデザインレポート」では、データベースの構造を表すスキーマをドキュメント化してHTMLまたはXMLファイルに保存することができます。現在のデータベースのレポート、データベースの構造統計、データベースファイルが失われたときにレポート情報をもとにデータベース構造を再作成する、データベーススキーマをテキストで確認する、などの機能があります。
>
> なお、この両者の機能は「環境設定」-「一般」で「高度なツールを使用する」をオンにしておく必要があります。

ステータスツールバーの操作方法

使用頻度
☆ ☆ ☆

ウインドウの上部にはステータスツールバーという領域があります。ここには、ブラウズモード、レイアウトモードなどの
モードに対応したツール、ボタンなどが表示されます。また、レイアウトモードで頻繁に使用する書式設定バー、フィー
ルドやオブジェクトをコントロールする「オブジェクトパネル」や「インスペクタパネル」の表示・非表示の切り替えなど
の概要を解説します。

ステータスツールバー、書式設定バー、レイアウトバー、インスペクタ

ブラウズモードでは、初期設定でステータスツールバーが表示されています。

ステータスツールバーの表示・非表示の切り替えは、「表示」メニューから「ステータスツールバー」のチェックマークのオン／オフで行えます。

レイアウトモードでは、左にオブジェクトパネル、右にインスペクタがウインドウ内にドッキングされて表示され、目的の操作が見つけやすくなっています。

インスペクタは「表示」メニューの「インスペクタ」から「新規インスペクタ」を選択して、2つ目のインスペクタをフロート表示できます。

POINT

レイアウトバーの をクリックすると、書式設定バーを表示して文字書式を設定できます。

POINT

オブジェクトパネルとインスペクタの表示・非表示はウインドウ右上の切り替えボタン □□ をクリックして行います。クリックするごとに表示・非表示が切り替わります。

ステータスツールバーのカスタマイズ

ステータスツールバーに好みのボタンを追加することができます。

「表示」メニューの「ステータスツールバーのカスタマイズ」を選択し、「ユーザー設定」ダイアログボックスで「コマンド」タブを選びます。

「カスタマイズ可能」あるいは「標準」を選択し、右側のコマンドの一覧から目的のボタンをステータスツールバー上にドラッグします。

▶ ステータスツールバーを初期設定に戻す

　追加したボタンを削除して初期設定に戻すには、「ユーザー設定」ダイアログボックスの「ツールバー」タブで「リセット」ボタンをクリックします。

　その後、「ツールバーへの変更をリセットしますか？」と表示されるので、「OK」ボタンをクリックします。

ステータスツールバーのボタン名

　ステータスツールバーに表示されるボタンやツールの種類は、使用しているモードによって異なります。

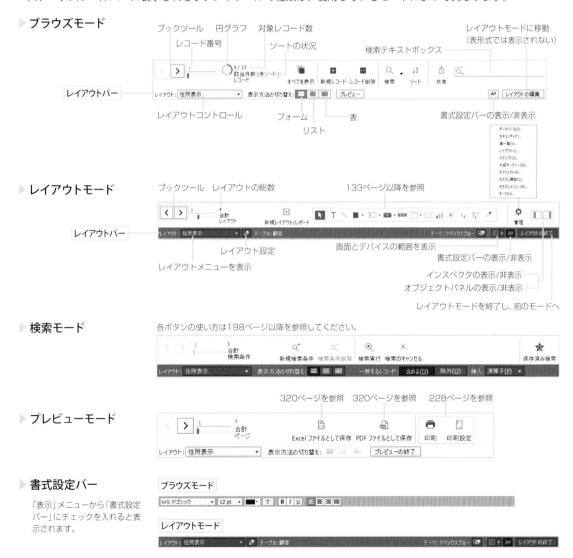

SECTION 1.5 環境設定とファイルオプション

使用頻度
☆ ☆ ☆ | FileMaker Proを使うためには、最初に環境設定を行い、より使いやすい環境にしておく必要があります。また、ファイルオプションでは、現在開いているファイルの設定を行います。

環境設定の設定

「編集」メニュー（Macは「FileMaker Pro」メニュー）の「環境設定」を選択すると、FileMaker Pro全体に適用されるさまざまな設定を行うことができます。環境設定については各関連ページでも必要に応じて解説しますので、それぞれのChapterの環境設定の項目を見てください。

▶「一般」タブ

テキストのドラッグ＆ドロップ、テンプレートファイルの表示、ステータスバーの表示、「ファイル」メニューに表示されるファイル数、ユーザ名、高度なツールの使用などの設定を行います。

選択したテキストをドラッグして同じテキストオブジェクト内で移動したり、コピーを作成できます。

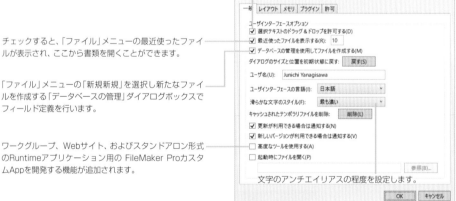

チェックすると、「ファイル」メニューの最近使ったファイルが表示され、ここから書類を開くことができます。

「ファイル」メニューの「新規新規」を選択し新たなファイルを作成する「データベースの管理」ダイアログボックスでフィールド定義を行います。

ワークグループ、Webサイト、およびスタンドアロン形式のRuntimeアプリケーション用の FileMaker ProカスタムAppを開発する機能が追加されます。

文字のアンチエイリアスの程度を設定します。

▶「レイアウト」タブ

レイアウトモードのツールを連続して使うようにできます。オフにしておくと、描画のたびに選択ツールに戻ります。

チェックすると、フィールドを定義したときに、自動的にレイアウトにフィールドが加えられます（初期設定ではオフ）。

レイアウト変更の際に保存するかどうかのダイアログボックスが表示されますが、メッセージを表示しない場合には「レイアウトの変更を自動的に（メッセージを表示せずに）保存する」をチェックします。

▶ メモリ

　作業の変更内容はキャッシュ（RAM）に一時的に保存され、そこから定期的にハードディスクに自動保存されます。ここでは、ハードディスクに保存するタイミングとキャッシュサイズを設定します。キャッシュサイズを大きくするとパフォーマンスを向上させます。キャッシュサイズを変更した場合は、FileMaker Proを再起動してください。

▶ プラグイン

　プラグインはFileMaker Proのオプションの拡張機能で、特定の機能を実行するように設計されています。FileMaker社や他のソフトウェア会社などが作成したプラグインを使用するかどうかを設定します。

　自動的にプラグインファイルをインストールして更新する場合は、「ソリューションにファイルのインストールを許可」にチェックを入れます。

▶ 許可

　アクセスを許可されたホストのIPアドレスやプラグインが一覧表示されます。アクセスエラーが生じた場合はそのメッセージが表示されます。

ファイルオプションの設定

　「ファイル」メニューから「ファイルオプション」を選択すると、「ファイルオプション」ダイアログボックスが開き、現在開いているファイルに対する設定を行うことができます。

▶「開く」タブ

FileMaker Proで開くことのできる最低のバージョンを指定できます。

チェックし、アカウントとパスワードを入力しておくと、ファイルを開く際に、入力されている文字列が自動的にアカウント、パスワードで自動ログインされます。

チェックマークを付けると、現在のファイルのパスワードが資格情報として保存されます。

キーチェーンへのログインや管理を行うときにユーザはTouch IDまたはiOSパスコードの使用を求められます。

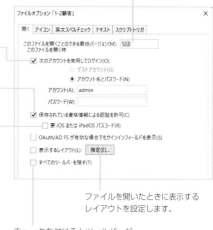

ファイルを開いたときに表示するレイアウトを設定します。

チェックを付けるとツールバーがすべて非表示となります。

> **POINT**
>
> macOS版では、「キーチェーンアクセスにパスワードの保存を許可」のチェック項目が表示され、チェックすると現在のファイルのパスワードがキーチェーンに保存されます。
> なお、このオプションを選択しない場合、サーバーまたはソリューションにログインするとき、パスワードを保存するか否かの「オプション」が表示されなくなります。

▶「アイコン」タブ

作成したファイルに任意のアイコン表示が可能です。FileMakerデフォルトアイコンの他、オプションメニューから28個のデザイン済みアイコンが活用できます。

なお、指定したアイコンはお気に入りウインドウ、最近使った項目ウインドウ、FileMaker GoやFileMaker WebDirectの起動ページで反映されます。

POINT

自分で用意したカスタムアイコンも使用可能です。カスタムアイコンを指定するには、「その他」ボタンからオリジナル画像を選びます。対応する画像形式は、「.png」「.jpg」です。カスタムアイコンを選択すると、イメージサイズを「領域に合わせる」か「幅に合わせる」かを選択可能です。なお、アイコンの表示に最適な画像サイズは、288×288ピクセルです。

「連絡先」アイコンを指定して、「お気に入り」で表示

▶「英文スペルチェック」タブ

欧文を入力する際にスペルチェックを行うかどうか、疑わしいスペルでの特殊な下線、警告音を設定します。

▶「テキスト」タブ

チェックすると開く側と閉じる側で違う記号を使うようにクォーテーションマーク(˝ または "")を自動変換します。

チェックすると、句読点などの禁則文字が行頭、行末にこないように自動調整されます。

チェックすると、半角の英文をワード単位で処理して、単語の途中で改行しないようにします。

チェックすると、カーソルの位置にある文字に上書き入力するモードになります（Mac版はなし）。

使用しているパソコンのシステム設定が、ファイル作成時の設定と異なる場合に、どうするかを選択します。

▶「スクリプトトリガ」タブ

ファイルの動作に応じてアクションを指定する「スクリプトトリガ」を指定できます。スクリプトトリガ自体の説明は、294ページを参照してください。

最初にファイルを開くとき、OnFirstWindowOpenを使い実行したいスクリプトをここで指定しておくと便利です。たとえば、レコードを昇順でソートし特定のレイアウトでツールバーを隠して表示するといったことが可能になります。

ファイルを閉じる時は、OnLastWindowCloseを使い、レコードのエクスポートスクリプトを実行させテキストファイル（CSV）によるデータのバックアップなども可能になります。

CHAPTER

2

住所録をつくってみよう

FileMaker Proの入門としてこのChapterでは
簡単な住所録をつくってみます。住所録をつ
くりながら、フィールドの定義、データの入
力、レイアウト作成の初歩を覚えましょう。

SECTION 2.1 最初にフィールドを作成する

使用頻度 ☆ ☆ ☆ | FileMaker Proを初めて使う方は、一度簡単なデータベースを作成してみると、成り立ちと基本がよくわかります。ここでは、簡単な住所録を作ってみましょう。初心者の方もすぐに作れます。

フィールドの作成方法

FileMaker Proでは、新しいデータベースを作成する場合、最初にデータの入力項目（住所録なら「名前」「住所」など）のフィールドを作成します。定義された複数フィールドの集合が1つのレコードとなります。

フィールドの作成方法は、3つあります。

> 1. 「ファイル」メニューの「管理」から「データベース」を選び、「データベースの管理」ダイアログで行なう方法
> 2. レイアウトモードで「オブジェクトパネル」の「フィールド」タブ内で行なう方法
> 3. 「表形式」の表示状態から作成する方法

フィールドは「フィールド名」を付け、「フィールドタイプ」を必ず指定します。

たとえば、「住所録」データベースなら、「名前」フィールドは「テキスト」タイプ、「誕生日」フィールドには「日付」タイプというように、目的に合ったフィールドタイプを選ぶことが重要です。

不適切なタイプを選ぶと、データのソートや検索処理の際に不具合が発生するので十分な注意が必要です。

「データベースの管理」ダイアログボックスでフィールドを定義していきます。

デフォルトで自動で作成されるフィールド

新規データベースの作成時には、以下の5つのフィールドが自動で定義されます（旧バージョンのファイルを変換した場合には作成されません）。

「主キー」フィールドは、各レコードの固有の識別子を得るために、フィールドオプションの「計算値」で自動入力されます。その計算値とは、ソフトウェア上でオブジェクトを一意に識別するための識別子「UUID」で、これを返すGet(UUID)関数が設定されています。

ここで作成される「主キー」フィールドは、一般的なデータベースでの「顧客ID」などの主キーとしては使用されません。顧客IDなどの主キーフィールドは独自にフィールドを作成する必要があります。

「**作成情報タイムスタンプ**」フィールドは、このレコードを作成した日時と時刻が自動入力されます。

「**作成者**」フィールドは、このレコードを作成したユーザーのアカウント名が入力されます。

「**修正情報タイムスタンプ**」フィールドは、このレコードが最後に修正された日時と時刻が自動入力されます。

「**修正者**」フィールドは、このレコードを最後に修正したユーザーのアカウント名が自動入力されます。

なお、これら5つのフィールドは、デフォルトではレイアウト上には配置されません。

住所録のフィールド名とフィールドタイプ

これから作成する住所録のフィールド名とフィールドタイプを整理しておきましょう。

フィールド名	フィールドタイプ
名前	テキスト
ふりがな	テキスト
郵便番号	テキスト
住所	テキスト
電話番号	テキスト
メールアドレス	テキスト
誕生日	日付

新しいファイルでフィールドを作成する

ここでは実際に初期設定で表示される「データベースの管理」ダイアログボックスを使ってフィールドを作成してみましょう。23ページと同じ操作で新規のファイルを作成し保存します。

① 新規ファイルを作成する

FileMaker Proを起動すると「お気に入り」ウインドウが表示されるので、ここで左下の「作成」アイコンをクリックし、「新規」アイコンをダブルクリックします。
「名前を付けて保存」ダイアログが表示されるので、保存先を選択し、「住所録」とファイル名を入力したら「保存」ボタンをクリックします。

② フィールドを作成・登録する

「（ファイル名）のデータベースの管理」ダイアログボックスが表示されるので、作成したいフィールド項目を「フィールド名」のボックスに入力し、「タイプ」で「テキスト」を選びます。

「作成」ボタンをクリックすると「名前」フィールドが登録されます。

POINT

複数のテーブルがある場合は、レイアウトメニューでテーブルをレイアウトメニューから表示してから現在のテーブル内にフィールドを定義します。

③ フィールドタイプを指定する

さらに必要なフィールドを作成・登録していきます。最後の「誕生日」フィールドはデータベースを運用していくに際し、フィールドタイプは「日付」が望ましいので、日付を指定して登録します。

指定するには、フィールド名を入力後に、「タイプ」プルダウンメニューから「日付」を選択し、「作成」ボタンをクリックします。

POINT

フィールドタイプの指定は、フィールド作成後であっても、いつでもタイプ変更が可能です。その際は、タイプの再指定後に必ず「変更」ボタンをクリックします。「変更」ボタンをクリックしないと反映されません。

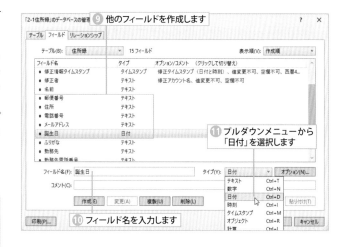

▶ フィールドを削除する

フィールド作成後、間違ったフィールドを作成した場合、そのフィールドを削除できます。

削除するには、削除したいフィールド名を指定し、「削除」ボタンをクリックします。

▶ **ブラウズモードで確認する**

すべての必要フィールド項目の設定・登録が終わったら「OK」ボタンをクリックします。

するとブラウズモードに切り替わり、設定フィールドがデータベースの画面内に配列され表示されます。

すでに一つのレコードが作成されすぐにデータを入力可能な状態になります。

POINT

「郵便番号」「電話番号」フィールドのフィールドタイプを「数字」にすることもできますが、ここでは、区切りの記号などを入力する場合を考慮して「テキスト」にしました。どんなデータを入力するかをよく考えてフィールドタイプを指定してください。適切に指定しないと、ソート、検索などを行った場合に、満足な結果が得られない場合があります。

POINT

画面のデザインは、「アペックスブルー」というデフォルトのテーマが適用されています。このテーマは後から任意のものに変更が可能です。

登録したフィールドを検索、ソートする（「フィールドタブ」の活用）

これまで作成してきた「住所録」のようにフィールドの項目数が少ない場合は「データベースの管理」ダイアログボックス内でも管理は容易ですが、項目数が多くなると操作が煩雑になります。

この場合は、フィールド名の検索とソートの機能がフィールドタブに備わっているので、これを使ってすばやく目的のフィールドを見つけることができます。フィールドタブを表示するには、レイアウトモードに切り替えオブジェクトパネルでフィールドタブを表示します。

▶ **フィールドタブで検索する**

登録したフィールドを検索するには、検索マーク🔍をクリックして、キーワード欄に任意の文字列を入力します。

例では、「勤務先」と入力すると即座に「勤務先」と「勤務先電話番号」が見つかりました。検索を解除するには、入力窓の右端に表示されている「×」マークをクリックします。

▶ フィールドタブでソートする

登録したフィールドをソートするには、検索ワード入力欄の右側にあるソートボタン  をクリックします。

メニューから「作成順」「フィールド名」「フィールドタイプ」「カスタム順位」が選択できるので、目的のソート順を選びソートを実行します。

「カスタム順位」を選択すると、選択したフィールドを移動して表示順を自由に変更できます。

クリックしてソート条件を選択します

■ フィールドタブからフィールドを配置するには

フィールドタブを使って定義したフィールドをデータベース画面にドラッグ＆ドロップ操作で配置することができます。フィールドタブには定義済みのフィールドがリストで表示されています。

❶ フィールドタブからドラッグ

フィールドタブから、作成したフィールドをドラッグして配置します。
複数のフィールドを Shift キーか Ctrl キーを押しながら選択して、一度にドラッグして配置ができます。

POINT

フィールドタブの下の「ドラッグ設定」では、複数フィールドの縦・横の配置方法、ラベルの有無、位置を指定して配置することができます。

❶ フィールドをドラッグ＆ドロップして配置します

❷ フィールドが配置される

フィールドラベルとフィールドがセットで配置されます。
配置されたラベルは、選択ツール で選択して位置やラベルの大きさを調整することができます。

POINT

フィールドタブの下部にあるドラッグ設定の「コントロールスタイル」プルダウンメニューで、フィールドのスタイルを指定できます（160ページ参照）。

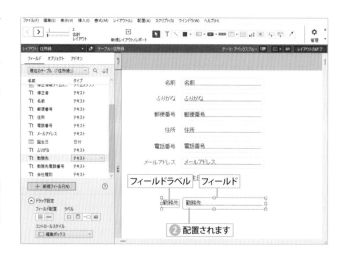

フィールドラベル　フィールド

❷ 配置されます

③ 他のフィールドも配置する

以降、他のフィールドも同じ手順でフィールドタブからドラッグしてレイアウト上に配置し、書式や位置を整えます。

以降、同じ手順で複数のフィールドを配置します

ブラウズモードで確認する

　配置が完了したら、「表示」メニューから「ブラウズモード」（Ctrl + B）を選択します。

　「このレイアウトへの変更を保存しますか？」の警告ダイアログボックスが表示されるので、「保存」ボタンをクリックします。

　表示モードがブラウズモードに切り替わり、これでデータを入力する用意が整いました。

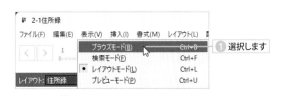

① 選択します

② クリックします

POINT

レイアウトの保存を確認するダイアログボックスは「環境設定」-「レイアウト」の「レイアウトの変更を自動的に保存する」をオンにして、表示せずに自動保存するようにできます。

TIPS フィールドタブでフィールドを新規作成する

フィールドタブを使って新規にフィールドを作成することができます。
初期設定で、新規ファイルのフィールド作成は「データベースの管理」ダイアログボックスから行いますが、レイアウト作成途中から補足的にフィールドを追加したい場合などに便利です。
新規作成するには、レイアウトモードからフィールドタブの「＋新規フィールド」ボタンをクリックします。すると、新規フィールドが選択状態で作成されるので、そこに付けたいフィールド名を入力しフィールドタイプを選んで定義します。

フィールドタブでフィールドのタイプ変更と削除

　一度、定義したフィールドは後から自由にタイプを変更したり、削除したりすることができます。

　タイプを変更するには、フィールドタブのフィールドタイプのメニューから変更するタイプを選択します。

　フィールドを削除するには、削除したいフィールドを選択しマウスの右クリックから「フィールドの削除」を選びます。

　また、「フィールド名を変更」を選択するとフィールド名を変更することができます。

　「フィールドオプション」を選択すると「フィールドオプション」設定が開き、入力値の自動化、制限など各種設定が行えます。

フィールドタイプを選びます

右クリックして選択します

TIPS 「データベースの管理」を使用してフィールドを定義する初期設定の変更

新規ファイルを作成する際に「データベースの管理」ダイアログボックスが表示されます。

「編集」メニューの「環境設定」のダイアログボックスの「一般」で「データベースの管理を使用してファイルを作成する」をオフにすると、ダイアログボックスは表示されず、フィールドのないレイアウトが表示されます。

この場合には、フィールドタブを使ってフィールドを定義し、ドラッグして配置すると効率的です。

オン（初期設定）の場合、「ファイル」メニューから「新規作成」コマンドを実行しても、データベース名を付けた後フィールドタブは出ず、「データベースの管理」ダイアログボックスが表示され、ここで常時フィールドの作成・定義が可能となります。

SECTION 2.2　データ入力とレコードの操作

使用頻度 ☆ ☆ ☆ ｜ フィールドを定義したら、ブラウズモードに切り替えてデータを入力します。データを入力するには、新規のレコードを作成し、フィールドにデータを入力します。

フィールドにデータを入力する

Section 2.1で作成した住所録にデータを入力してみましょう。レイアウトなど他のモードにしてある場合は、「表示」メニューから「ブラウズモード」（ Ctrl ＋ B ）を選びます。

1 入力するフィールドをクリック

データを入力するフィールドをクリックします。
初めてデータを入力する場合は、ステータスツールバーの「新規レコード」ボタンをクリックして、新しいレコードを作成してから入力します。

① 入力したいフィールドをクリックします

② 入力します

2 データを入力する

フィールド内で挿入カーソルが点滅しているのを確認し、データ（名前）をキーボードでタイプ入力します。

3 次のフィールドに移動

Tab キーを押すと（ Tab キーでの移動順は設定可能）、次の入力フィールドにカーソルが移動します。次のデータ（ふりがな）をタイプ入力します。

③ 次のフィールドをクリックするか Tab キーを押してカーソルを移動してから入力します

④ すべてのフィールドに入力します

4 他のフィールドも入力する

他のすべてのフィールドにも入力します。

POINT

FileMaker Proでは以下のアクションを行うとフィールド内に入力したデータが確定（保存）されます。

・他のフィールドに移動するか選択する
・他のレコードを選択する
・現在のフィールド以外の場所をクリックする
・プレビューなど他のモードに切り替える
・Windowsの場合は、テンキーの Enter キー、または Ctrl ＋ Enter （テンキーのないコンピュータの場合）を押す
・Macの場合は、 enter キーを押す（ return キーでは確定されない）

なお、Macの return キーやWindowsの Enter キー（テンキーではない）でデータを確定したい場合は、インスペクタの「データ」タブの「動作」項目の「次のオブジェクトへの移動に使用するキー」で、「Return」にチェックマークを付けます。
デフォルトでは、「Tab」だけにチェックマークが付いています。インスペクタ「動作」の詳細については、163ページを参照してください。

TIPS　Tabキーでフィールドを選択

キー入力でフィールドを選択する場合、 Tab キーを押すと次のフィールドが選択状態になります。 Tab キーでは、右から左、上から下のフィールドへと移動します。 Shift キーを押しながら Tab キーを押すと、逆に前のフィールドに移動できます。また、テンキーの Enter キーを押すと、レコード全体が確定します。

新しいレコードを作成する

1つ目のレコードを入力したら次の新しいレコードを作成します。2つの方法を覚えましょう。

① 「新規レコード」ボタンを使う方法

次（名簿でいうと2人目）のレコードデータを作成したい場合、「レコード」メニューから「新規レコード」（Ctrl＋N、Macは⌘＋N）を選択するか、ステータスツールバーの「新規レコード」ボタンをクリックします。

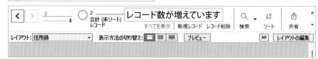

② 表形式でレコードを追加する方法

ツールバーの「表示方法の切り替え」で「表形式」を選びます。

表形式では、表の左余白の＋ボタンをクリックすると、最後の行に新しい2つ目のレコードが追加されます。

＋ボタンの右側のグレー部分をクリックしても新規レコード行が追加されます。

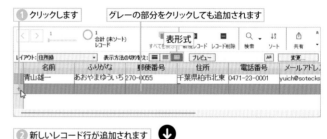

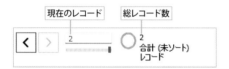

レコードを移動する（ブックツール）

画面左上端のブックツールに、作成したレコード数と現在表示しているレコードの番号が表示されています。特定のレコードに移動して表示するには、このブックツールを使います。なお、表示しているレコード数の12/12は、12レコード中12レコードが対象になっている、という意味です。レコード検索すると対象数字が変化します。詳しくはchapter6「検索を行う」を参照してください。

▶ 1つずつ移動する

ブックツールの▷ボタンをクリックする（Ctrl＋↓キー）と、次のレコードが表示されます。

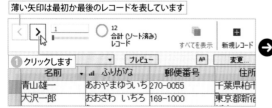

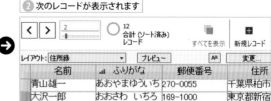

▶ **スライダですばやくレコード間を移動する**

すばやく移動する場合には、ブックツールのレコード数の下のスライダを左右にドラッグします。右にドラッグすると後のレコード、左に移動すると前のレコードへと一気に移動します。

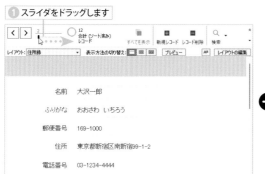

TIPS ‖ **直接、目的のレコードに移動する**

ブックツールの右にある現在のレコード番号をクリックすると、反転表示されます。そこに、レコード番号を入力し、Enterキーを押すと、目的のレコードに直接移動します。

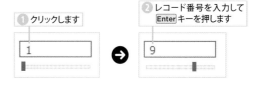

不要なレコードを削除する

不要となったレコードはデータベースから削除します。

1 「レコード削除」をクリックする

削除したいレコードを表示し、ステータスツールバーの「レコード削除」ボタンをクリックします。
または、「レコード」メニューから「レコード削除」（Ctrl + E、Macは ⌘ + E）を選択します。

2 レコードが削除される

確認のダイアログボックスが表示されるので、「削除」ボタンをクリックすると1レコード分削除されます。なお、削除したレコードは取り消して元に戻すことができません。

3つの表示形式を切り替える

ブラウズモードでは、データを「フォーム形式」「リスト形式」「表形式」の3つの形式で表示することができます。

ステータスツールバーの「表示方法の切り替え」ボタンで切り替えることができます。また「表示」メニューで切り替えることもできます。

フォーム形式　リスト形式　表形式

▶ フォーム形式

フォーム形式は1つ1つのレコードを1つのウインドウに表示します。

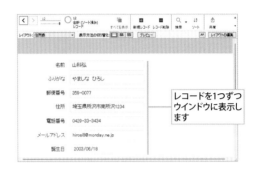

レコードを1つずつウインドウに表示します

▶ リスト形式

リスト形式ではフォームと同じレイアウトで、上下にスクロールして前後のデータをブラウズすることができます。

背景色が他のレコードと異なっているのが現在のレコードです。

スクロールすると、前後のレコードを見ることができます

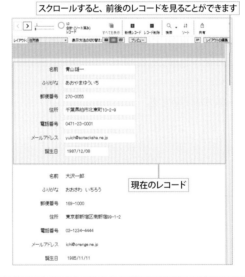

現在のレコード

▶ 表形式

表形式では、スプレッドシートのように升目状に1つのレコードが1行に表示されます。

Excelの行と列と同様の表示方法で操作ができ、フィールド定義やレコードの追加、ソート、フィールドタイプも設定できます。

Excelのような升目状の表形式。フィールド名の幅を調整できます　ドラッグして幅を調整できます

SECTION 2.3　レイアウトをつくってみよう

使用頻度
☆ ☆ ☆ ┃ レイアウトモードでは、自由に複数のレイアウトをファイル内にもつことができ、目的に応じて切り替えて使用することができます。また、レイアウト内に線や図形の描画も可能です。

レイアウトモードについて

フィールドの位置、大きさ、書式、背景色などのレイアウトのデザイン設定はレイアウトモードで行います。

▶ レイアウトモードに切り替える

レイアウトモードへの変更は、次の2つの方法があります。

❶「表示」メニューから「レイアウトモード」を選択（Ctrl＋L）
❷ ステータスツールバーの「レイアウトの編集」をクリック
（表形式は不可）

レイアウトモードのインスペクタではデータ書式やオブジェクトの設定が行えます（詳細は154ページ参照）。

また、「書式設定バー」はデフォルトでは表示されていません。表示するには、「表示」メニューから「書式設定バー」にチェックを入れるか、書式設定バー表示ボタン A# をクリックします。変更したレイアウトを保存した後は、常時表示されます。現在表示されているレイアウトに適用するテーマ変更ボタン や、デスクトップ、iPhone、iPadの各デバイスに最適化された範囲の表示／非表示ボタン を使ってレイアウトを行います。

また、「オブジェクトパネル」には「フィールドタブ」と「オブジェクトタブ」があり、タブをクリックするたびに切り替わります。インスペクタとオブジェクトパネルの表示・非表示の切り替えはツールバー右端上部のボタンで行います。クリックするたびに切り替わります。

オブジェクトの選択と移動、削除

フィールドやラベル、図形などの属性（カラーやサイズ、フォント等）を変更するには対象となるオブジェクトを選択します。選択ツール とオブジェクトタブを利用して選択することができます。

1つのオブジェクトを選択する

選択ツール でフィールドやフィールドラベルなどのオブジェクトをクリックすると選択できます。またはオブジェクトタブでラベルやフィールド等をクリックしてオブジェクトを選択することができます。

選択されたオブジェクトは書式やサイズ変更、移動などの対象にすることができます。

選択されたオブジェクトには、四隅と上下左右の８個の選択ハンドルが表示され周囲が水色でハイライト表示されます。

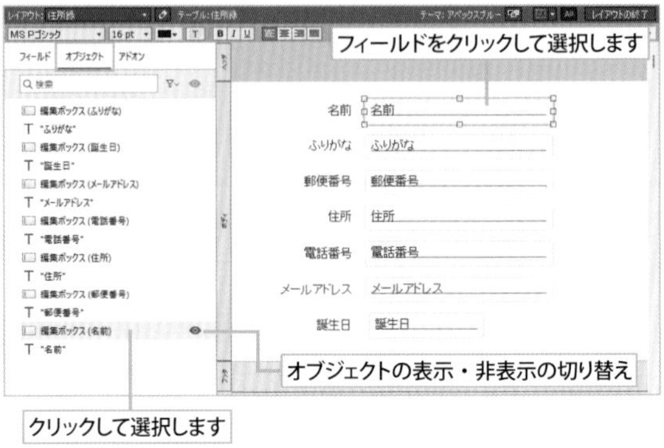

複数のフィールドを選択する

複数のフィールドを選択したい場合には、Shiftキーを押しながらクリックして選択するか、オブジェクト全体をドラッグし囲んで選択できます。またはオブジェクトタブでShiftキーを押しながらクリックします。

ドラッグして選択する

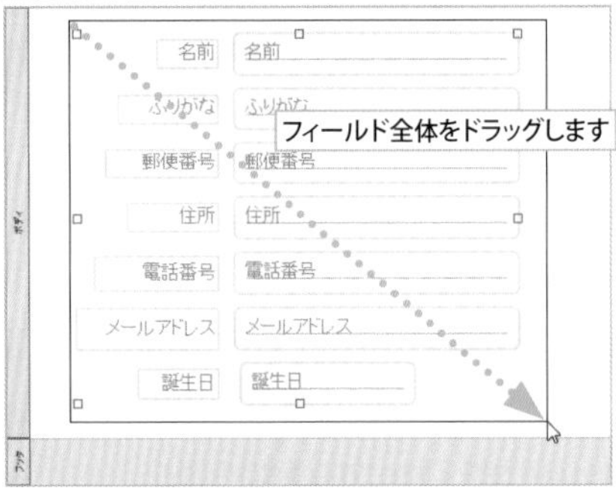

オブジェクトタブを使って選択する

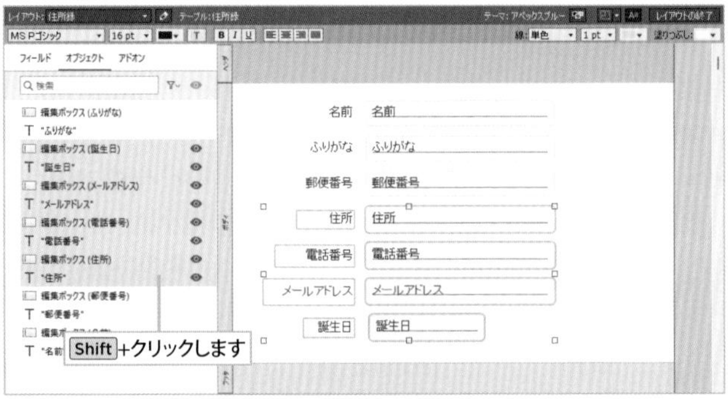

オブジェクトを移動する

選択ツール で、フィールドやフィールドラベルを選択し、希望の位置までドラッグします。複数のフィールドをまとめて移動したいときは、Shiftキーを押しながら複数のフィールドを選択し、ドラッグします。

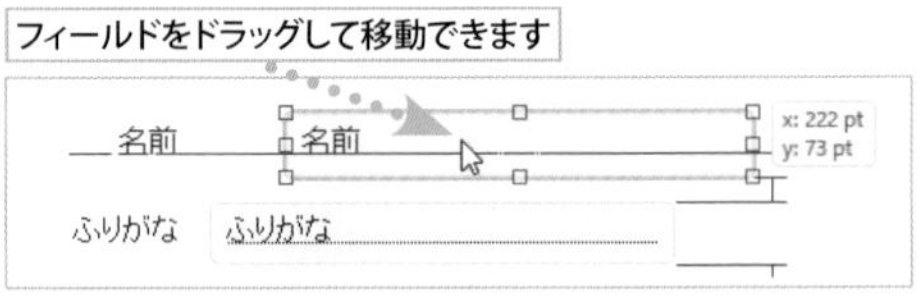

オブジェクトのサイズ変更

サイズを変えたいオブジェクト上をクリックすると、四隅とその各辺の中心部に選択ハンドルが表示されます。四隅の選択ハンドルをドラッグするとオブジェクトのサイズを変えることができます。

横または縦方向のみサイズ変更したい場合は、各辺の中心部の選択ハンドルをドラッグします。

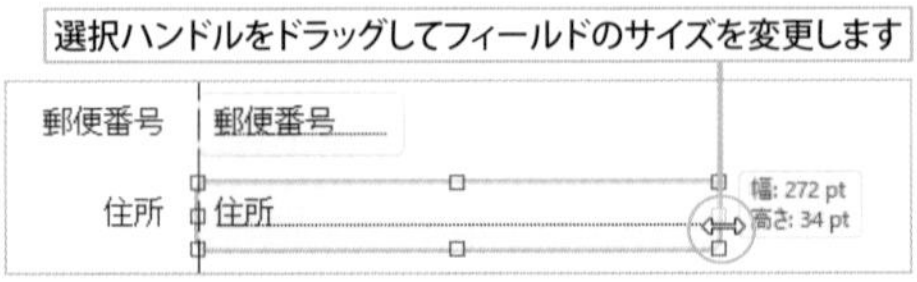

POINT

正確にフィールドサイズや位置を設定したい場合には、インスペクタの「位置」タブを使います（147ページ参照）。

▶ オブジェクトを削除する

オブジェクトを削除するには、選択ツール ▶ で選択して、Delete キーを押します。

▶ テキストツールで入力する

テキストツール T をクリックして選びます。
文字を入力する場所でクリックし、テキストを
入力します。フォント、サイズ、スタイルカラ
ーなどを変えたい場合は、書式設定バーか「書
式」メニューで設定します。

作例では、クラシックテーマのレイアウト上
で作業を行っています。

POINT

データベースのタイトルになる文字列は、文字を少し大きくしたり、ゴシック系の文字を使うなど書式設定バーやインスペクタで書式設定
をしてください。
また、タイトルにはエンボスやドロップシャドウのように、加工したグラフィックを配置してもかまいません。
ここでは、どのページにもタイトルが表示されるようヘッダエリアに入力しています。

TIPS テキストに色を付ける

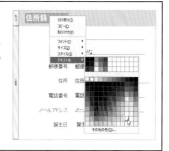

テキストツール T でテキストを範囲選択して、右クリック（Macは control ＋クリック）でショー
トカットメニューから「テキスト色」を選択するか、書式設定バー、インスペクタの外観タブの
「テキスト」パートから「テキスト色」を選択します。

▎パートの背景を指定する

パートラベル（ヘッダ、ボティ、フッタなど）を右クリックしショートカットメニューの「塗りつぶし色」、または
インスペクタの「外観」タブの「塗りつぶし」から色やグラデーション、イメージを選択してパートの背景を設定する
ことができます。

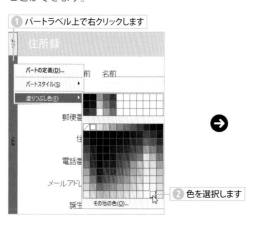

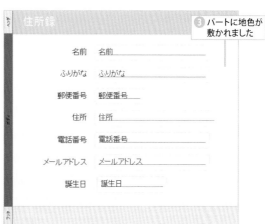

オブジェクトに塗りを設定する

フィールドオブジェクトの地色が「透明」な場合は、色の選択によってはフィールドに入力されたデータが見えにくい場合があります。

その場合は、フィールドオブジェクトの地色を変更しましょう。

フィールドオブジェクトを選択後、右クリックして「塗りつぶし色」、またはインスペクタの「外観」タブの「塗りつぶし」から任意の色を選択します。

例では白色を選択しています。

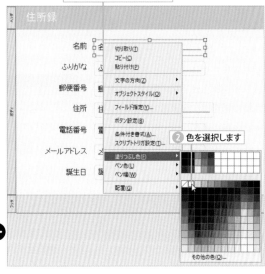

❶ フィールド上で右クリックします

❷ 色を選択します

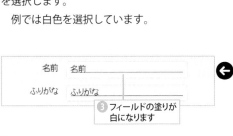

❸ フィールドの塗りが白になります

線、図形を描く

レイアウトモードで ■・ \ などの描画用のツールを選択して描画範囲をドラッグすると、図形、線が描かれます。図形の塗り、線、幅、種類などは、書式設定バーやインスペクタ「外観」タブの塗りつぶし色 [塗りつぶし: ▼]、線幅 [1 pt ▼] などで変更できます。

❶ ツールを選択する

図形ツールのプルダウンメニューから、長方形、角丸長方形、楕円のいずれか任意のツールを選択します。

❷ 角丸四角形を描画する

ドラッグして角丸四角形を書きます。
[Ctrl] キーを（Macは [⌘] キー）を押しながら描画して正方形や正円が描けます。

POINT

書式設定バーが表示されていないときは、「表示」メニューから「書式設定バー」を選択しチェックを付けて表示します。

POINT

角丸四角形の角丸の半径は、インスペクタの「外観」タブの「角丸の半径」の数値で変更することができます。

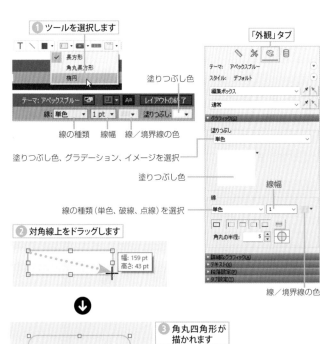

❶ ツールを選択します

長方形
角丸長方形
楕円

塗りつぶし色

テーマ: アペックスブルー
線の種類　線幅　線／境界線の色

塗りつぶし色、グラデーション、イメージを選択

「外観」タブ

線の種類（単色、破線、点線）を選択

塗りつぶし色

線幅

線／境界線の色

❷ 対角線上をドラッグします

幅: 159 pt
高さ: 43 pt

❸ 角丸四角形が描かれます

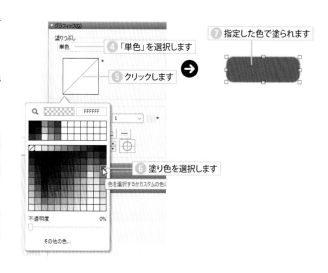

③ 塗りを設定する

書式設定バーかインスペクタ「外観」タブの「グラフィック」の「塗りつぶし」で「単色」を選び、塗りつぶす色を選択します。

POINT

描いた図形を右クリックして、ショートカットメニューから、塗りつぶし色、ペン幅、ペン色などを設定することができます。

POINT

「塗りつぶし」のメニューからは「単色」以外に「グラデーション」「イメージ」を選ぶことができます。

④ 線の色を設定する

書式設定バーかインスペクタ「外観」タブの「グラフィック」の「線」で線の種類（単色、破線、点線）、線の太さ、色を設定します。

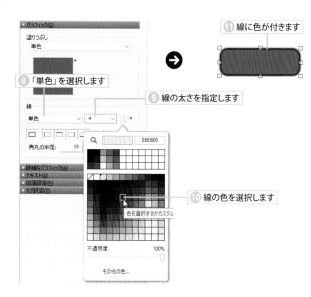

POINT

「線」では、メニューから「単色」以外に「破線」「点線」を選ぶことができます。

新規レイアウトを作成する

作成した住所録データベースに新規のレイアウトを作成してみましょう。

FileMaker Proでは、対話形式で目的のデバイスに最適化されたレイアウト／レポートが作成できます。一例として、コンピュータ向けのフォーム形式の新しいレイアウトを作成します。

① 「新規レイアウト／レポート」を選択

住所録データベース（住所録.fmp12）を開き、ブラウズモードからレイアウトモードに切り替えます。ステータスツールバーの「新規レイアウト/レポート」ボタンをクリックします。

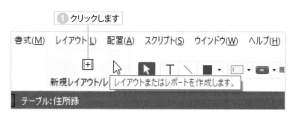

② 名前の入力とデバイスの選択

「新規レイアウト／レポート」ダイアログボックスが
表示されるので、「レイアウト名」に任意の名前を入力
します。
「コンピュータ」「タッチデバイス」「プリンタ」から、
目的のデバイスを選択します。

例では、名前は「詳細画面」、デバイス
は「コンピュータ」をクリックします。

③ レイアウトの種類を選択する

デバイスを選択すると、「新規レイアウト／レポート」
ダイアログボックスの下部に作成可能なレイアウト
の種類がアイコンで表示されます。
例では、「フォーム」を選択し、「完了」ボタンをクリッ
クします。

④ レイアウト上にフィールドを配置

空のレイアウトが作られ、レイアウトの数は合計「2」
となり、名前も指定通り「詳細画面」となっています。
次に、オブジェクトパネルのフィールドタブから、す
でに作成済みの「名前」フィールドなど必要なフィー
ルドをレイアウト上にドラッグして配置します。
なお、ボディパートの上には上部ナビゲーションパー
トが配置されます。

⑥ レイアウトが作成されます

▌レイアウトを切り替える

　複数のレイアウトを作成すると、表示・出力目的に応じてレイアウトを切
り替えて使い分けることができます。
　ブラウズモードで、ステータスツールバーの左上のレイアウト切り替えポ
ップアップメニューから目的のレイアウト名（テーブル名）を選択すると、レ
イアウトが切り替わります。

クリックしてレイアウトを選びます

テーブルの作成と追加

使用頻度
★ ★ ★

FileMaker Proにはテーブルという機能があります。テーブルとは任意のフィールドによるレコードの集合のことです。同じファイル内に複数のテーブルを定義してデータベースを作成できます。特に230ページで説明するリレーションで活用する際に便利な機能です。

テーブルを追加する

　テーブルは単一ファイル内にいくつでも作成することができます。初期状態ではファイル名と同じテーブルが1つ作成されているので、ここに別のテーブルを追加してみましょう。

① テーブルを作成する

「ファイル」メニューの「管理」から「データベース」（Ctrl + Shift + D、Macは ⌘ + shift + D）を選択します。
「データベースの管理」ダイアログボックスで、「テーブル」タブを選択します。ここで「テーブル名」欄に新たなテーブル名を入力し、「作成」ボタンをクリックすると2つ目のテーブルが作成されます。

> **POINT**
> FileMaker Proでは、最初に作成したデータベースのファイル名が1つ目のテーブル名として作成されています。

① クリックします
④ テーブルが作成されます
② テーブル名を入力します
③ クリックします

② フィールドを定義する

新たなテーブル名が表示されます。目的のテーブル（ここでは、今作成した新たなテーブル）が選択されていることを確認して、「フィールド」タブをクリックします。
ここでフィールドの定義を行い新しいフィールドを作成します。

＊ テーブルを新規に作成すると「主キー」などの5つのフィールドが自動的に定義されますが、ここでは解説をわかりやすくするためにこれらのフィールドを削除しています。

> **POINT**
> テーブルを作成すると、ブラウズモードでは、レイアウトポップアップにテーブル名が追加され、テーブルを表示することができます。

⑤ クリックします
選択したテーブル名を確認します
⑥ フィールドを作成します

③ テーブルを切り替える

フィールド定義の最中にテーブルを切り替えたい場合は、「テーブル」ポップアップから目的のテーブルを選択します。

⑦ テーブルを選択します

⑧ クリックします

④ ブラウズモードでテーブルを選択する

ブラウズモードでレイアウトポップアップを表示すると、登録したテーブル名があるので、選択します。

⑨ テーブルを選択します

⑤ テーブルが表示される

テーブルが切り替わり表示されます。
サンプルでは「勤務先」テーブルに設定したフィールドをレイアウトに配置していますが、レコードは作成していません。

⑩ テーブルが表示されます

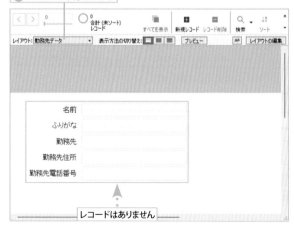

▶ フィールドタブからテーブルを追加する

　レイアウトの編集中にテーブルを追加したい場合は、オブジェクトパネルの
フィールドタブにあるテーブル選択プルダウンメニューから「データベース
の管理」を選択します。

　すると「データベースの管理」ダイアログボックスが表示されるのでテーブ
ルの作成が可能となります。

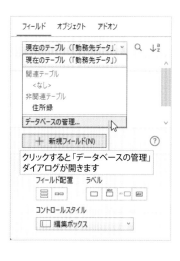

レイアウトとテーブルの関係

　FileMaker Proのレイアウトメニューには、テーブル名と後から作成したレイアウト名が表示されるので、データベー
スの構築にあたっては、テーブル名とレイアウト名を区別して把握しておかないと、その都度確認しなければならなく
なります。

　レイアウト名とテーブルについては次のような関係があります。

- ・FileMaker Proでは、新規にデータベースを作成する際に、ファイル名が最初のテーブル名、レイアウト名として
　設定される。
- ・定義したテーブルは、そのままレイアウトメニューに表示される。
- ・その逆、新規に作成したレイアウトはテーブルとはならない。
- ・レイアウトポップアップの表示名、表示・非表示は自由に設定できる。
- ・テーブル名は「データベースの管理」ダイアログの「テーブル」タブで変更できる。
- ・テーブルは、FileMaker Proの1つのドキュメント内の個別のデータベースソース。
　一方、レイアウトは、テーブルデータソースを基に、その表示方法を変更したもの。
- ・レイアウトにどのテーブルのレコードを表示するかを「レイアウト」メニューの「レイアウト設定」の「レコード
　を表示」で指定できる。
- ・テーブルは、リレーションシップグラフでは、テーブルオカレンスとして複数作成でき、名前を自由に設定でき
　る。

TIPS　テーブル間のリレーション定義の際の注意点

テーブルを新規に作成すると、元のテーブルで作成したフィールドの値（データ）を参照したい場合があります。

この場合は、Chapter9で詳しく解説するリレーション機能を利用します。

作例では、「住所録」テーブルの「住所」データを、新規に作成した「勤務先データ」テーブル上にも表示させるために、「名前」フィールドをキーにしてリレーション定義を作成しています。

ユニークな値をキーコードに使用する

この作例では、同姓同名のデータが入力された場合、識別に間違いが発生する可能性が大きく、データベースの運用に破たんが生じてしまいます。

リレーション定義の際のキーコードには、必ず一意に識別可能なユニークな値を割り当てましょう。下記では、「名前id」という新たなフィールドを作成し、フィールドオプションの「入力値の制限」タブから「ユニークな値」にチェックマークを付けています。

作例では、「住所録」テーブルに関連する「勤務先」テーブルの中の「勤務先」フィールドの値を、「住所録」テーブル内に表示させています。

「名前id」というユニークな値をもとにリレーションを定義しているので、たとえ同姓同名のレコードがあったとしても正しく識別し、正しい値を表示することができます。

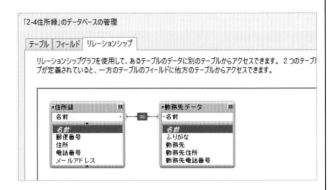

ユニークな値をもとにリレーションを定義

3

フィールド定義

このChapterでは、それぞれのフィールドを定義するにあたり、タイプごとに詳細にみていきましょう。特に計算、集計フィールドは計算や関数をともなう重要なフィールドです。

SECTION 3.1 フィールドのタイプ

使用頻度 ★★★

フィールド定義を行うときに、入力する内容によって適切なフィールドのタイプを指定する必要があります。ここでは、それぞれのフィールドタイプの意味を解説します。フィールドを定義する際、的確な定義を行っておくと、後々の検索やソートでのデータ処理が正確に行えます。

フィールド定義を行う

FileMaker Proの新しいデータベースでは、フィールドを作成する際には、入力するデータに応じてテキスト、数値、日付といった適切なフィールドタイプを設定します。

フィールドの定義は「データベースの管理」ダイアログボックスで作成していきます。「データベースの管理」ダイアログボックスには「テーブル」「フィールド」「リレーションシップ」の3つのタブがあります。

① データベースの管理

すでに作成したファイルを開いている場合は、「ファイル」メニューの「管理」から「データベース」（Ctrl＋Shift＋D）を選択します。

またはレイアウトモードでステータスツールバーの「管理」ボタンから「データベース」を選択します。

② フィールドオプションを設定

「データベースの管理」ダイアログボックスが表示されます。

ここで「フィールド」タブをクリックし、適切なフィールドとタイプ、オプションを設定します。

テキストフィールド

　フィールドタイプを「テキスト」に設定すると、文字を入力するフィールドになります。

　テキストフィールドには数字を入力することもできますが、ソートする際に、テキストフィールドでは数値の大きさ順で並べ替えることはできません。テキストフィールドでのソートは文字コード順（数字、英単語、ひらがな、カタカナ、漢字の順）になります。集計や計算フィールドでも使用することができますが、数値の計算を行う場合はテキストフィールドは適しません。

POINT

索引は単語、値の最初の100文字を基準に設定されます。

数字フィールド

　フィールドタイプを「数字」に設定すると、数字を入力するフィールドになります。10^{-400}から10^{400}までの値、および同じ範囲の負の値を保存できます。数字以外のテキストも入力することはできますが、計算・集計をしたり検索をするときなどには、数字以外は無視されます。

　また、真、偽、Yes、Noなどの論理値を含めることができます。数字フィールドには改行をすることはできません。

　数値の昇順（小さい方から大きい方へ）または降順（大きい方から小さい方へ）でソートすることができます。

　数字の表示形式は、レイアウトモードのインスペクタで設定できます（154ページ参照）。書式を設定すれば、自動的に数字に円、¥、%、カンマなどの記号をつけて表示することができます。

POINT

索引は値の最初の400文字（数字、小数点、記号）を基準に設定します。集計や計算フィールドで使用することができます。
計算式、集計フィールドでは、初期設定で小数点以下16桁が計算されます。

日付フィールド

　フィールドタイプを「日付」に設定すると、日付を入力するフィールドになります。入力できるのは日付だけで、最低でも月と日は入力しなければなりません。集計や計算フィールドで使用することができます。

　日付の表示形式は、レイアウトモードに切り替えて、日付フィールドを選択し、インスペクタ「データ」タブの「データの書式設定」パートから設定できます（156ページ参照）。書式を設定すれば自動的に西暦、元号、曜日の表示などさまざまな形式で日付を表示することができます。

　入力できる範囲は、0001年1月1日〜4000年12月31日の範囲です。

時刻フィールド

　フィールドタイプを「時刻」に設定すると、時刻を入力するフィールドになります。入力できるのは時刻だけです（「時:分:秒」の形式で入力）。集計や計算フィールドでも使用することができます。

　時刻の表示形式は、レイアウトモードに切り替えて、設定したいフィールドを選択し、インスペクタ「データ」タブの「データの書式設定」パートから設定できます（157ページ参照）。書式を設定すれば12時間表示、24時間表示などさまざまな形式で時刻を入力することができます。

タイムスタンプフィールド

「タイムスタンプ」フィールドには、西暦の特定の日時を参照するための日付と時刻を格納します。日付の後に時、分、秒を入力します。

Timestamp関数、Get（タイムスタンプ）関数で、日時を求めるために利用します。フィールドオプションの「入力値の自動化」で「作成情報」または「修正情報」にチェックを入れ、「タイムスタンプ」を指定すると、自動的にその時点の日時が入力されます。

オブジェクトフィールド

フィールドタイプを「オブジェクト」に設定すると、グラフィック（BMP、HEIF/HEIC（macOSのみ）、EPS、GIF、JPEG、PSD（macOS、iOSのみ）、PNG、TIFF、PDF（macOSのみ）など）、QuickTimeムービーまたはビデオ、サウンド、Word、Excel、PDFなどのドキュメントファイルを入力できるフィールドになります。

クリップボードからのペースト、ドラッグ＆ドロップも可能です。特に、「挿入」メニューの「ファイル」でファイルを挿入すると、ファイルのアイコンが表示されて、いつでもエクスポート可能です。表示形式はレイアウトモードのインスペクタで設定できます（158ページ参照）。

POINT

オブジェクトフィールドの「フィールドオプション」の「データの格納」タブでは、オブジェクトの保存先を指定できます。デフォルトではデータベース本体のフィールドに埋め込まれますが、保存先を外部にすることでデータベース本体の容量を小さくすることができます。

またファイルを他ユーザーと共有している場合には、保存先を外部の一つの場所に決めておくことでデータの整合性がとれて便利です。

さらに「セキュア格納」をオンにすると、外部とのデータのやりとりが暗号化され安全性が高まります。

保存先を変更した場合には、「オブジェクトデータの転送」ダイアログボックスが表示され、変更した保存先に既存のオブジェクトデータが転送されます。

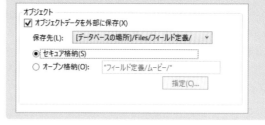

POINT

インスペクタの「データ」タブの「データの書式設定」で、「インタラクティブコンテンツ」を選択すると、PDF、オーディオ/ビデオファイルは、オブジェクトフィールド内でアイコン表示ではなく、PDFやオーディオ、ビデオのコントロールが表示され、フィールド内でスクロール、表示、自動再生の開始の設定を行なうことができます。

TIPS フィールド名で使えない文字

フィールド名は、100文字以内で、次の文字は使用できません。
,（コンマ）、+、-、*、/、^、&、=、≠、>、<、()、[]、{}、"、;（セミコロン）、:
（コロン）、::（リレーションを示す記号）、$（変数を示す記号）
AND、OR、NOTなどの論理値、FileMaker Proの関数名

計算フィールド

フィールドタイプを「計算」に設定すると、他のフィールドに入力したテキスト、数字、日付、時刻、オブジェクトのデータを計算できます。たとえば、特定のフィールドの値の合計や平均など計算式を設定して、計算の結果を表示できます（計算の設定方法の詳細は67ページ参照）。直接、データを入力することはできません。

① 「計算」タイプを選択する

フィールド名を入力し「タイプ」メニューから「計算」を選択して、「作成」ボタンをクリックします。作例は「金額」を計算で求めます。オブジェクトパネルのフィールドタブでも指定できます。

② 計算式を指定する

「計算を指定」ダイアログボックスが表示されます。
たとえば、「金額」フィールドのフィールドタイプを「計算」にして、計算式を「数量」×「単価」に設定します。
「単価」フィールドと「数量」フィールドにデータを入力すると、自動的に計算の結果が「金額」フィールドに入力されます。

「消費税」というフィールドタイプを「計算」にし、「金額」フィールドに10%を掛けて、消費税を自動的に計算することなどもできます。また、日付フィールドを計算対象にして所要日数を求めたりすることもできます。

計算式にはテキスト、数値、日付、時刻、他の計算フィールドからの値を使うことができ、加減乗除の他に、比較・論理・テキスト演算子、関数を用いることができます（関数一覧は360ページ参照）。

集計フィールド

計算フィールドは1つのレコード内での計算結果を算出するフィールドですが、集計フィールドは、同じテーブルの複数のレコードのデータの計算（集計）に使うフィールドです。データを直接タイプして入力することはできません。集計で設定した計算の結果が自動的に表示されます。

たとえば、複数のレコードの「金額」フィールドを集計したいときや、「顧客先」別にレコードをグループ化してその合計金額を表示したいときなどに使います。

① 集計フィールドを利用する

「データベースの管理」ダイアログボックスで、フィールド名を入力し、「タイプ」で「集計」を選択して「作成」ボタンをクリックします。

② 集計フィールドオプションを指定

「集計フィールドのオプション」ダイアログボックスが表示されます。
集計では、合計、平均値、カウント、最小値、最大値、標準偏差、合計に対する比、一覧を求めることができます。
対象フィールドを選択し、集計方法（ここでは「金額」）をクリックして選択します。

POINT

集計については75ページで詳しく解説していますので、参照してください。

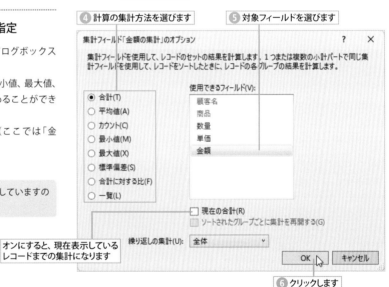

集計フィールドではレコード間のデータを計算できます。

フィールドオプションの設定

使用頻度
★ ★ ☆

ここでは、フィールド定義のオプションを解説します。フィールドオプションでは、必ず入力すべきフィールド、入力値の制限、自動入力、変更の禁止など、入力の際の条件を決められます。

フィールドオプションの設定

「ファイル」メニューの「管理」から「データベース」を選択します。「データベースの管理」ダイアログボックスで、フィールドを選択し「オプション」ボタンをクリックすると、選択した「フィールドのオプション」ダイアログボックスが表示され、フィールドへの入力値の自動化、入力値の制限、データの格納などの設定を行います。

①「オプション」ボタンをクリック

「データベースの管理」ダイアログボックスで、フィールド名を選択して、「オプション」ボタンをクリックします。

フィールドタブでは、フィールド名を右クリックして「フィールドオプション」を選びます。

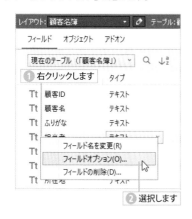

②「フィールドのオプション」

「名前」フィールドの「フィールドのオプション」ダイアログボックスが開き、4つのタブごとに設定を行います。

③「フィールドのオプション」ダイアログボックスが開きます

フィールドオプションの各タブ

「フィールドのオプション」ダイアログボックスには4つのタブがあり、クリックするとそれぞれのタブの内容（パネル）が表示されます。

▶「入力値の自動化」タブ

レコードを作成するたびに、選択したフィールドに指定したデータを自動入力するように設定できます。

▶「入力値の制限」タブ

フィールドに入力したデータが正しいかどうかを指定した基準でチェックさせる設定ができます。

▶「データの格納」タブ

グローバル格納、繰り返しフィールドの表示数や索引設定とそのデフォルト言語の設定を行います。

データの自動入力を設定できます　　　入力の値を制限して設定できます　　　繰り返し数と索引設定を行います

▶「ふりがな」タブ

ふりがなを自動入力する場合に設定します。

ふりがなフィールドを設定します

ふりがなの自動入力をする場合はチェックします

ふりがなの入力方法を選択します

POINT

ふりがなを自動入力するには、最初にふりがなを入力するためのフィールドを作成します。
たとえば、「名前」フィールドのふりがなを入力するには、ふりがなを入力するための「ふりがな」フィールドを作成し、「ふりがな」タブで設定します。このフィールドには「入力値の自動化」「入力値の制限」オプションを設定しないでください。

入力値の自動化

▶ 作成情報と修正情報

チェックボックスをチェックしたデータが自動入力されます。ポップアップの「日付」「時刻」「タイムスタンプ（日付と時刻）」「名前」「アカウント名」から選択します。フィールドに、レコードの作成日時、時刻、作成者名、アカウント名が自動的に入力されます。

▶ シリアル番号

新規レコードを作成すると、フィールドに連続した番号が自動的に入力されます。「作成時」は、レコードが作成されたとき、「確定時」はレコードを確定したときに番号が生成されます。
「次の値」には、連続番号の最初の値を入力します。

「増分」には、番号をいくつずつ増やすかを入力します。たとえば、「次の値」に「1」、「増分」に「1」を入力すると、新規レコードを作成した際に「1」「2」「3」……と連続した値が入力されます。

自動的に設定した増分値で入力されます

▶ 直前に参照したレコード値

新規レコードを作成すると、1つ前のレコードと同じデータが自動入力されます。

自動的に直前のデータと同じデータが入力される

▶ データ

新規レコードを作成すると、このダイアログボックスで入力したデータがフィールドに自動入力されます。

どのレコードにも設定したデータが入力される

▶計算値

新規レコードを作成すると、設定した計算式の結果が自動的に入力されます。

フィールドタイプで指定する「計算」フィールドと異なるのは、「入力値の自動化」タブの一番下の「データ入力時の値変更の禁止」をチェックしない限り、計算結果を直接キーボードから入力したり、変更することができる点です。

はじめて積立金5,000を入力したときは、参加費フィールドには15,000が入力されています。

計算フィールドは変更できませんが「計算値」にすると、入力の変更ができます

▶ルックアップ値

他のファイルのデータを、このオプションを設定したフィールドへコピーします。ルックアップについては、「Section 9.3 ルックアップ」（253ページ）で詳しく解説しますので参照してください。

▶データ入力時の値変更の禁止

自動入力したデータを変更できないようにします。逆にこれをチェックしていない場合、自動入力したデータも変更することができます。

☑ データ入力時の値変更の禁止(M)

入力値の制限

▶このフィールドの入力値を制限する

フィールドに入力するデータの制限を「常時」にするか「データの入力時のみ」にするかを設定します。

制限の警告を無視して上書きできるようにするには、「データの入力時にユーザによる上書きを許可する」をチェックします。

```
フィールド「ID」のオプション                            ×

入力値の自動化  入力値の制限  データの格納  ふりがな

  このフィールドの入力値を制限する:
    ○ 常時(A)              ● データの入力時のみ(O)
    ☑ データの入力時にユーザによる上書きを許可する(L)

  必要条件:
    □ タイプ(R):  数字                    ▼

    □ 空欄不可(N)    ☑ ユニークな値(U)    □ 既存値(E)

    □ 値一覧名(M):  <不明>                 ▼

    □ 下限値(I):            上限値(T):

    □ 計算式で制限(V)  指定(C)...

    □ 最大文字数(X):     1
```

▶ タイプ

ポップアップメニューの「数字」「西暦4桁の日付」「時刻」から選択できます。指定したタイプ以外のデータを入力すると警告が表示されます。

たとえば、「数字」をオプションとして指定すると、数字以外のデータを入力したときに警告が表示されます。

「フィールド復帰」をクリックすると、入力したレコードは消去され、入力前の状態に戻ります。

設定値と違うデータを入力すると警告が出ます

▶ 空欄不可

フィールドが空欄のまま次のデータを入力しようとすると警告が表示されます。データ入力を必ずしなくてはならないフィールドに対して設定します。

✓ 空欄不可(N)

空欄のままにすると警告が出ます

▶ ユニークな値

過去に作成したレコードと重複したデータを入力すると警告が出ます。重複したデータを入れたくないフィールドに対して設定します。

POINT

ファイル作成時に自動的に作成される「主キー」フィールドでは、「空欄不可」「ユニークな値」が指定されています。

✓ ユニークな値(U)

重複した値を入力すると警告が出ます

▶ 既存値

過去に作成したレコードと異なる、はじめてのデータを入力すると警告が出ます。

たとえば、「商品」というフィールドにこのオプションを設定し、これまで入力したことのない商品名を入力すると警告が出ます。商品名の入力ミスなどを防ぐことができます。

✓ 既存値(E)

過去に入力したデータがない場合に警告が出ます

▶値一覧名

ここをチェックすると、メニューにはファイルに定義されている値一覧名が表示されるので、選択しておくか、新たに定義を行います。定義にある値一覧以外のデータを入力すると警告が出ます。値一覧の設定方法については、94ページを参照してください。

定義されている値以外のデータを入力すると警告が出ます

▶下限値／上限値

「下限値」「上限値」を設定すると、範囲外のデータを入力すると警告が出ます。ここには設定したい下限と上限を入力します。一方だけの設定も可能です。「下限値」「上限値」には、フィールドタイプに応じて、テキスト、数字、日付、時刻などさまざまな値を設定することができます。

たとえば、数字フィールドの場合は、「下限値」を「1」に、「上限値」を「10」に設定すると、この範囲外の数値を入力すると警告が出ます。

「あ〜た」以外で始まるテキストを入力すると警告が出ます

またテキストフィールドの場合は、「下限値」を「あ」に、「上限値」を「た」に設定すると、先頭の文字が「あ」から「た」までで始まるテキストを入力できます。ただし、「た」までは範囲内ですが「た」の後に文字が続く場合は範囲外になります。たとえば「あおき」「さいとう」は範囲内ですが、「たかだ」「たちばな」は範囲外となります。

他にも日付、時刻フィールドなどのフィールドタイプに応じた値を設定できます。

▶計算式で制限

入力したデータが、設定した計算式と一致しているかどうかをチェックします。計算式と一致しない場合は警告が出ます。

計算式の結果は論理値の「真」または「偽」でなければなりません。したがって、比較演算子（<、>、<=、>=、など）または論理演算子（AND、OR）、関数（Exact）などを使って計算式を設定します。

たとえば、「原価」フィールドに「単価」フィールドの金額より大きい金額を入力しようとすると、警告が出るようにできます。この例では「原価」フィールドの計算式として、「原価<単価」と設定します。入力時に、「原価」フィールドに「単価」フィールドの金額より大きい金額を入力しようとすると警告が出ます。

TIPS Exact関数による文字種の制限

Exact関数を使って、フィールドに入力させる文字種をカタカナ、半角英数のみに制限することも可能です。
Exact((よみ); Katakana(よみ))
上の式は「よみ」フィールドにひらがなを入力できないように、制限をかけられます（詳細は74ページ参照）。

原価より単価が低いと
警告が表示されます

▶ 最大文字数

フィールドに入力できる文字数で入力を制限することができます。

▶ 制限値以外の入力時にカスタムメッセージを表示

制限値以外の値を入力した場合に、設定したメッセージをダイアログボックスに表示するようにできます。メッセージは、下の入力ボックスに入力します。自分でわかりやすいメッセージをダイアログボックスに表示させることができます。

制限値以外の値を入力した場合に、
設定したメッセージが表示されます

POINT

「必要条件」のいずれかの項目にチェックマークを付けていない場合は、グレー表示となり指定はできません。

データの格納

「データの格納」タブでは、グローバル格納の指定、繰り返し数の設定、索引設定を行います。

▶ グローバル格納

ファイル内のすべてのレコードに同じデータを入力する場合に
使うフィールドです。グローバル格納に設定した任意のレコードの
フィールドのデータを変更すると、他のすべての同じフィールドも
同様のデータに変更されます。

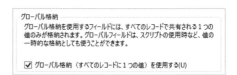

たとえば、消費税率というフィールドをグローバル格納にすると、消費税率を変更した場合に、1つのレコードのデータを変更するだけで、他のすべてのレコードの消費税率も同様に変更されます。

また、1つのファイルの「担当者」というフィールドのデータが同一名である場合には、これをグローバル格納にすると、担当者が変更されたときに、1つのレコードのデータを変更するだけで、すべてのレコードの担当者を変更することができます。

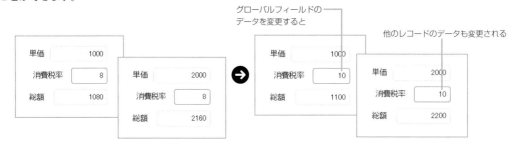

▶ 繰り返しと索引

「繰り返し」は89ページ、「索引」は207ページを参照してください。

ふりがな

「ふりがな」タブでは、ふりがなの自動入力を設定できます。

「ふりがなフィールドを使用する」をチェックして、「ふりがなを入
力するフィールド」欄から、ふりがなを自動入力させたいフィールド
を選びます。

たとえば「担当者」フィールドに、このオプションを設定して、「ふ
りがなを入力するフィールド」で「担当者ふりがな」フィールドを選
びます。そうすると、「担当者」フィールドにデータを入力したとき、
「担当者ふりがな」フィールドに、ふりがなが自動入力されます。

「ふりがなの形式」では、どんな文字種でふりがなを自動入力する
かを指定できます。

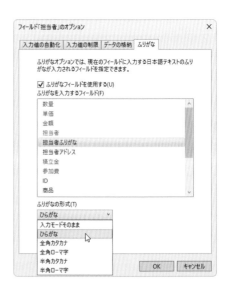

SECTION 3.3 計算フィールドの設定

使用頻度 ☆☆☆

フィールドタイプを「計算」に指定すると、他のフィールドの値を使った計算結果を自動的に表示するフィールドになります。ここでは、「計算」フィールドの設定の仕方を詳しく説明します。

数値の計算

「数量」フィールドと「単価」フィールドの数字を掛けて、「金額」フィールドに自動入力されるようにしてみます。

❶ タイプで「計算」を選択する

「データベースの管理」ダイアログボックスの「フィールド」タブで、フィールド名に「金額」と入力します。
ポップアップから「計算」を選択し、「作成」ボタンをクリックします。
フィールドタブからタイプで「計算」を選択してもかまいません。

❷ 計算式を設定する

「計算を指定」ダイアログボックスで、フィールド名（ここでは「数量」）をダブルクリックすると入力されます。
次に演算子の［*］（乗算）ボタンをクリックします。
「単価」フィールドをダブルクリックします。これで計算式が

数量 * 単価

と設定されます。
「計算結果」では「数字」を選び、「OK」ボタンをクリックします。

POINT

「計算式を指定」ダイアログボックスの左のフィールド欄で数字フィールドは#のアイコンで表示されています。

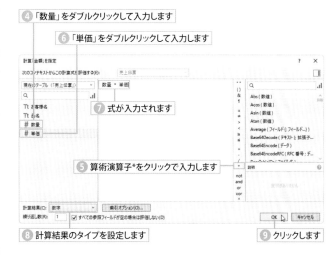

CHAPTER 3　フィールド定義

③ 計算式を確認する

「データベースの管理」ダイアログボックスに戻り、計
算式が設定されているのを確認します。
「OK」ボタンをクリックします。

⑩「データベースの管理」ダイアログボックスに戻ります

計算式が入力されています

⑪ クリックします

④ ブラウズで計算式を確認する

ブラウズモードで「数量」と「単価」フィールドに数値
を入力し、値を確認すると、自動的に「金額」フィール
ドに乗算値が求められます。

⑫ ブラウズ画面にします

⑬ 値を入力します ⑭ 計算結果が自動的に入力されます

日付の計算

「受注日」という日付フィールドに20日を加えた日付を計算し、「納入期限日」フィールドに入力されるようにします。

① 「計算」をタイプで選択する

「データベースの管理」ダイアログボックスの「フィ
ールド」タブでフィールド名を入力します。タイプに
「計算」を選択し、「作成」ボタンをクリックします。

① 入力します ② 「計算」を選択します

③ クリックします

② 計算式を指定する

「計算を指定」ダイアログボックスで、フィールド名
（ここでは「受注日」）をダブルクリックします。
次に演算子の［+］（加算）ボタンをクリックします。
「20」と入力します。
「計算結果」では「日付」を選びます。
「OK」ボタンをクリックします。

③ 計算式を確認する

「データベースの管理」ダイアログボックスに戻り、計
算式が設定されているのを確認します。
「OK」ボタンをクリックします。

④ ブラウズで計算式を確認する

「受注日」フィールドに日付を入力します（日付の入力
方法は185ページを参照）。
入力値を確定すると「納入期限日」には、入力した日
付の20日後の日付が自動的に入力されます。

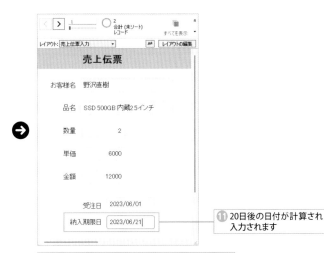

④ 項目をダブルクリックして入力します
⑤「加算演算子」をクリックで選択します
⑥ 入力します
⑦「日付」を選択します
⑧ クリックします

POINT

「計算結果」の選択には十分注意を払って目的のタイプを必ず確認してから
「OK」をクリックしましょう。特に日付や数字で誤った指定を行うと意図し
ない結果が返ります。

⑨ ブラウズ画面にします

⑩ 日付データを入力します

⑪ 20日後の日付が計算され入力されます

日付の表示形式はレイアウトモードにしてインスペクタ
「データ」タブで設定できます（156ページ参照）

TIPS 計算式内のコメント

計算式にコメントを追加することができます。コメントは計算されず、計算式の内容を説明するために使用します。
/* コメント内容 */ 　　行頭から1行で指定するコメント
// コメント内容 　　複数行で指定するブロックコメント（コード内で適用可）
のように記述します。

計算フィールドの式に関数を使う

計算フィールドの式に関数を使うこともできます。関数は引数を元に計算を行い、結果となる値を返します。

ここでは繰り返しフィールドの合計を「Sum(金額)」という合計を求める関数を使って作成してみます。繰り返しフィールドについての詳細は89ページを参照してください。

1 タイプで「計算」を選択する

「データベースの管理」ダイアログボックスの「フィールド」タブで、フィールド名に「合計金額」と入力し、タイプで「計算」を選択して、「作成」ボタンをクリックします。

「計算を指定」ダイアログボックスで、右側の関数リストでSum関数をダブルクリックします。

> **POINT**
>
> 関数は、名前順、種類順または分類ごとに表示できます。また検索ボックスに「sum」と入力して選択できます。

① 「計算を指定」ダイアログボックスを開きます

② 使用する関数名をダブルクリックします

2 合計の計算式を設定する

引数内が選択された状態で「金額」フィールドをダブルクリックすると、

Sum (金額)

という式が設定されます。

なお、「金額」フィールドはオプションの「データの格納」タブで「繰り返し」数を4に指定しているので、その合計となります。

> **POINT**
>
> 関数が複数の引数を必要とする場合は、セミコロン ; で区切ります。

③ 引数となるフィールドをダブルクリックします

選択されていなければ選択しておきます

3 計算式を確認する

「計算結果」では「数字」を選びます。

「OK」ボタンをクリックすると、「データベースの管理」ダイアログボックスに戻ります。

関数の計算式が設定されているのを確認します。

「OK」ボタンをクリックします。

Sum (金額)

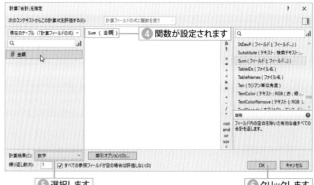

④ 関数が設定されます

⑤ 選択します

⑥ クリックします

④ ブラウズで計算式を確認する

ブラウズモードで「金額」フィールドに数値を入力すると、「合計金額」フィールドに「金額」の合計が自動的に計算されます。

「金額」フィールドの合計

▶ 小数点以下を切り捨て整数にするInt関数

小数点以下を切り捨てて整数にするときには、Int関数を使います。たとえば、「合計金額」フィールドに0.1を掛けて消費税の金額を求めるときに、小数点以下の端数を切り捨てます。

式は「Int(合計金額*.1)」とします。計算結果は「数字」を指定します。

このフィールドに設定

Int (金額合計 * .1)

▶ 平均を求めるAverage関数

繰り返しフィールドの平均を求めるときには、Average関数を使います。たとえば、「得点」という繰り返しフィールドの「平均得点」を求めるときには、式を「Average(得点)」とします。計算結果は「数字」にします。

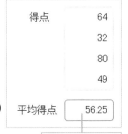

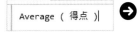

Average (得点)

このフィールドに設定

TIPS ## 関数名を素早く探すには

「計算を指定」ダイアログボックスで、使いたい関数を素早く探す方法には2つの方法があります。

1つ目は、ダイアログボックス右端上部にある検索ボックス内で、目的の関数名を入力します。すると候補が絞り込まれながら表示されるので、目的の関数が見つかったら、その関数名をクリックして指定します。

2つ目は、関数名検索ボックスの右にある .ilマークをクリックします。すると全関数（名前順）、全関数（種類順）の他、その下に関数の種類名が表示されるので目的の種類を選択します。関数名が絞り込まれ表示されるので、設定したい関数を選んで指定します。

また、目当ての関数を見つけ名前をクリックすると下欄にその関数の説明が表示されます。関数使用時に便利な機能です。

関数名を途中まで入力します

候補が表示されます

関数の説明が表示されます

メニューから種類を選択します

▶ **四捨五入するRound関数**

消費税額の小数点以下の端数を四捨五入する場合、Round関数を使います。この関数を使うときは、引数となる数値またはフィールドの後に、桁数を指定します。

桁数を正の数にすると、小数点以下の桁数を表します。「Round（176.22；1）」にすると結果は、176.2となります。

桁数を負の数にすると、整数部分の指定した桁で四捨五入します。「Round（176.22；-1）」とすると結果は180になります。

小数点以下1桁目を四捨五入して整数にしたいときは、桁数を0にします。「Round（176.22；0）」にすると結果は、176になります。切り捨てや四捨五入するときは、インスペクタ「データ」タブの「データの書式設定」項目の中の「書式」プルダウンメニューで「小数」を選択した場合に表示される、「小数点以下の桁数」欄のチェックマークは外しましょう。切り捨てや四捨五入は、必ずInt関数で切り捨てるか、Round関数で四捨五入して表示するようにします。

関数の中で関数を使う（ネスティング）

関数の中に関数を入れることもできます。たとえば、先ほど「得点」という繰り返しフィールドの「平均得点」を求めるときには、式を「Average(得点)」としました。結果は整数になるとは限りません。

結果を小数点以下1桁で四捨五入して整数にする場合は、

Round（Average(得点)；0）

とします。計算結果は「数字」にします。

ここでは、Round関数の中にAverage関数を入れ子にして使っています。関数の後のかっこの閉じ忘れに注意してください。関数分だけかっこが必要です。

この例では、平均得点は「56.25」になりますが、Round関数で四捨五入され整数になるので「56」となります。

日付の関数

関数を使って日付の計算もできます。たとえば、「注文日」という日付フィールドに入力した日付の翌月末日の日付を求める計算をしてみます。

Date関数で日付を求めるよう設定し、引数の月に「Month(注文日)+2」で2カ月先の月を求めるようにします。引数の日を「0」にします。日が0ということは、1カ月前の月末を意味します。年はYear(注文日)です。

これで翌月末日付を求めることができます。

```
Date ( Month ( 受注日 ) + 2 ; 0 ; Year ( 受注日 ) )
```

| 受注日 | 2023/05/25 |
| 翌月末日 | 2023/06/30 |

また、「受注日」から月だけを抜き出して求めることもできます。「受注月」というフィールドを計算フィールドにします。「MonthNameJ(受注日)」という式にして、計算結果を「テキスト」にします。

```
MonthNameJ ( 受注日 )|
```

➡

受注日	2023/05/25
受注月	5月

If関数で条件分岐

あるフィールドの値によって、別のフィールドの計算式や関数を変更することができます。

たとえば、請求書が届き、それらを経理に回す際の入力伝票では、ほとんどの場合、消費税は四捨五入されますが、切り捨てられる場合もあります。四捨五入と切り捨てでは計算結果が異なる場合があるため、ここでは「消費税計算方式」というテキストフィールドを作成し、ここに「四捨五入」「切り捨て」の値一覧を作成します。

一方、「請求金額」を入力すると「消費税額」が求められる「消費税額」フィールドにIf関数を使用した計算式を設定します。

If関数の書式は

If (条件式; 結果1; 結果2)

POINT

条件の数は126まで設定できます。

となります。条件式の部分には「If(消費税計算方式="切り捨て")」のように、消費税計算方式というフィールドの値が"切り捨て"ならばという条件を設定します。

条件式の後を半角のセミコロンで区切って、条件に合致した場合の値（結果1）、さらにセミコロンでくくって条件に合致しない場合の値（結果2）を入力します。

```
If ( 消費税計算方式 = "切り捨て" ; Int ( 請求金額 * .1 ) ; Round ( 請求金額 * .1 ; 0 ) )
```

つまり「消費税計算方式というフィールドの値が"切り捨て"ならば、Int(請求金額*.1)の値を返し、そうでなければRound(請求金額*.1;0)の値を返す」という式です。

"切り捨て"ならば

消費税計算方式	切り捨て
請求金額	3577
消費税額計算	357

Int (請求金額*.1)

さもなければ

消費税計算方式	四捨五入
請求金額	3577
消費税額計算	358

Round (請求金額*.1;0)

住所録などで、よみの入力欄でひらがな、カタカナのどちらかに統一したい場合があります。たとえばカタカナのみにする場合、64ページで解説した「入力値の制限」に「計算値」を指定し、「ヨミ」というテキストフィールドに次のような関数を使います。

Exact(Katakana(ヨミ); ヨミ)

上の関数を説明すると、

Katakana(ヨミ)で、「ヨミ」入力フィールドを全角カタカナに変換します。

Exact関数は、Katakana(ヨミ)と(ヨミ)を比較し、同じ場合に「1」(真)を返すので、アラートは表示しません。つまり、カタカナを入力した場合には、アラートは表示しません。

ひらがなを入力すると、Katakana(ヨミ)でカタカナに変換したテキストと異なりますので、「0」(偽)を返しアラートを表示します。

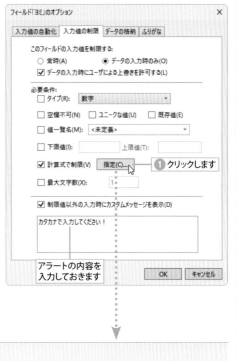

ひらがなを入力した場合のアラート画面

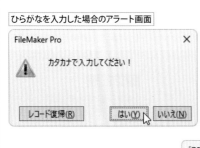

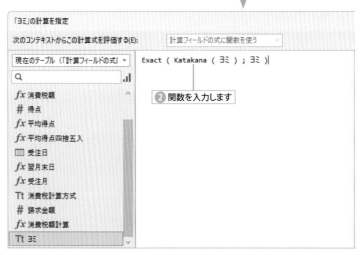

3.4　集計フィールドの設定

使用頻度　★ ★ ☆　｜　フィールドタイプの「集計」について、設定の仕方を詳しく解説します。集計フィールドは、複数のレコードの集計に使うフィールドです。簡単に言うと、レコードごとの串刺し計算です。

集計フィールドとは

　計算フィールドは、1つのレコード内の計算に使用するのに対して、集計フィールドは**レコード間の集計**に使います。集計するのは、現在ブラウズしているレコードです。検索を行うと、選び出されたレコードのみの集計が表示されます。

　「データベースの管理」ダイアログボックスでタイプを「集計」にして「作成」ボタンをクリックすると、「集計フィールドのオプション」ダイアログボックスが表示されます。

　ここで集計したいフィールドと集計の種類を選択します。

　あるフィールドのレコード全体の合計を求めるときは、「総計」パートを作成して、集計フィールドを配置します。小計（レコード内の同じデータごとの合計など）を求めるときは、「小計」パートを作成して、集計フィールドを配置します。

　たとえば、「商品」ごとの小計を求める場合は、「小計」パートを作成し、商品の集計フィールドを配置します。「小計」パートのソート対象フィールドは「商品」に指定します。

ブラウズモード　　集計フィールドを総計パートに配置

集計フィールド

ブラウズモード

総計は一番下に印刷される

小計パートをつくりソートすると顧客ごとに合計が出る

　小計を表示するには

FileMaker Proでは、小計は、ソート対象フィールドでソートを行ってから、「ブラウズモード」に切り替えて確認することができるようになっています。

データを集計してみよう

▶レコードの集計（合計）

あらかじめ「顧客名」（テキストフィールド）と「金額」（数字フィールド）、「日付」（日付フィールド）というフィールドを作成し、データを入力しておきます。次に「総金額」という集計フィールドを作成します。

① 「集計」をタイプで選択する

「データベースの管理」ダイアログボックスの「フィールド」名に新規フィールド名を入力します。
タイプで「集計」を選択し、「作成」ボタンをクリックします。
フィールドタブからドラッグして新規の集計フィールドを作成することもできます。

② 集計の設定

「集計フィールドのオプション」ダイアログボックスで、集計対象フィールド（ここでは「金額」）を選択します。
集計の方法は「合計」を選択します。
「OK」ボタンをクリックします。

表示レコードまでの集計を出す場合はここをチェック

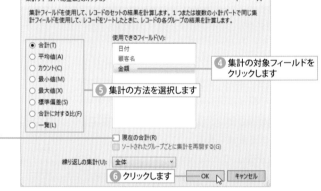

③ 計算式を確認する

「データベースの管理」ダイアログボックスに戻ります。「総金額」フィールドに「集計」タイプで「=金額合計」が設定されているのを確認します。
「OK」ボタンをクリックします。

POINT

「計算」フィールドの「合計」（Sum関数）は同じレコード内ですが、「集計」フィールドの「合計」はレコード間になります。

④ パートツールでパートを追加

レイアウトモードに切り替え、ステータスツールバーのパートツール  をクリックして、ボディパートとフッタパートの間にドラッグし、集計用パートを追加します。

⑨ レイアウトモードに切り替えます

⑩ パートツールをボディパートの下にドラッグします

⑤ パートを定義する

「パートの定義」ダイアログボックスが表示されます。ここで「後部総計」を選択し「OK」ボタンをクリックします。

⑪「後部総計」をクリックします

⑫ クリックします

⑥「後部総計」にフィールドを移動

「フィールドタブ」を表示させ、「総金額」フィールドをドラッグして、「後部総計」パートに配置します。パート間が狭い場合には、ドラッグして広くしてから移動してください。

⑬「総金額」フィールドを「後部総計」パートに配置します

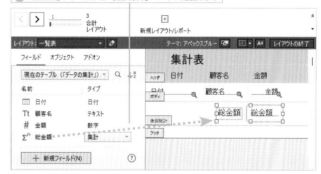

⑦ ブラウズモードで確認する

ブラウズモードにすると、すべての金額の合計が「総金額」フィールドに表示されています。

日付	顧客名	金額
2023/12/20	青山一郎	35,000
2023/12/12	中川恵美子	80,000
2023/08/20	山川太郎	50,000
2023/10/02	山川太郎	40,000
2023/10/25	中川恵美子	50,000
2023/05/20	青山一郎	40,000
2023/09/13	青山一郎	20,000
	総金額	315,000

すべての金額の総合計が一番下に表示されています

▶ グループごとに小計を求める

「小計」とは、グループごと（75ページの例では「顧客名」ごと）の合計のことです。レコードをグループごとに並べるにはソートを行います。

小計を求めるには、集計フィールドを小計パート内に配置します。レコードをソートしプレビューモードにすると、グループの区切りごとに小計が表示されます。

たとえば、「日付」ごとに合計を求めるような場合には、「日付」フィールドを小計パート内に配置し、ソートすると、売上日の区切りごとに小計を表示できます。

ここでは、先ほどのファイルを使って、「顧客名」別に小計を求めてみます。

❶ 新規の集計フィールドを作成

新たに「顧客別集計」という集計フィールドを作成します。

POINT

新たなレイアウトを作成する際に、ダイアログボックスの指示にしたがって、小計や総計を含む集計レポートを簡単に作成することができます（112ページ参照）。

❷ 集計オプションの設定

「集計フィールドのオプション」ダイアログボックスで、集計の対象で「金額」をクリックし、集計の方法を「合計」にします。
「OK」ボタンをクリックします。

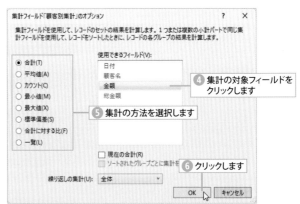

❸ パートツールでパートを追加

レイアウトモードに切り替え、パートツール▦を後部総計パートの上にドラッグします。

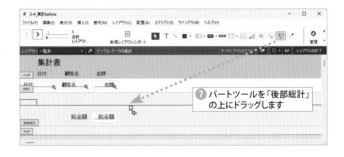

④ パートを定義する

「パートの定義」ダイアログボックスで「小計 ソート対象」を選択し、小計のためのソート対象フィールド（ここでは「顧客名」）を選択します。
「OK」ボタンをクリックします。

⑧「小計」を選択します

⑨ 小計のためのソート対象を選択します

⑩ クリックします

⑤ 小計パートが追加される

レイアウトモードで小計パートが追加されているのを確認します。

⑪ 小計パートができます

⑥ フィールドを配置する

フィールドタブを使って「総金額」フィールドを「後部総計」パートに、「顧客別集計」フィールドを「小計」パートにドラッグして配置します。

⑫ 小計パートに配置します

⑬ 後部総計パートに配置します

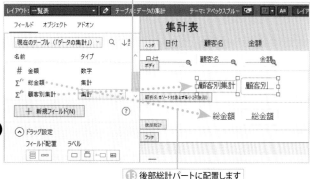

⑭ ブラウズモードに切り替えます

❼ 顧客名と日付でソート

「顧客名」「日付」をソートの基準にしてソートを行います（Ctrl+S）。

POINT

詳しいソート方法については214ページを参照してください。
ここでは顧客名でソートして、同じ顧客名なら日付順にするというように2つのフィールドを優先順位の対象にしています。

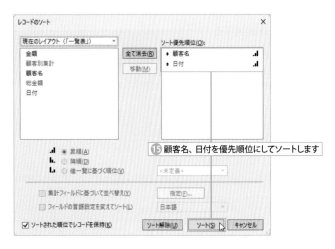

⑮ 顧客名、日付を優先順位にしてソートします

❽ ブラウズモードにする

ブラウズモードで確認します。
顧客別、さらに日付別にデータがソートされ、それぞれの集計が行われているのが確認できます。

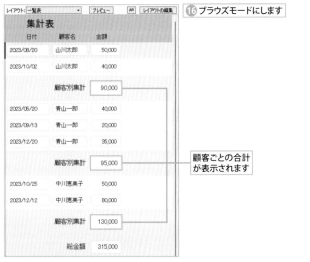

⑯ ブラウズモードにします

顧客ごとの合計が表示されます

▶ レコードの変更の集計への反映

レコードの追加、削除、データの変更などを行った場合、ブラウズモードのままでも、小計に変更が反映され結果が即座に確認できます。

中川恵美子の2023年12月12日の80,000を100,000に変更すると、顧客別集計、総金額とも変更がすぐに反映されます。

GetSummary関数を使う

GetSummaryを使った計算フィールドを作成すると、集計を求めることができます。この場合、「総計」「小計」などの特別なパートを作成する必要はありません。ブラウズモードで集計結果を確認することができます。

① 新規の計算フィールドを作成

先の例に、「顧客別集計2」フィールドを作成し、タイプを「計算」にします。

② GetSummary関数を設定

「計算を指定」ダイアログボックスで、
GetSummary（顧客別集計；顧客名）
という式を作成します。
第1引数は集計フィールドを指定し、第2引数で区分けフィールド（ソート基準のフィールド）を指定します（374ページ参照）。
「計算結果」は「数字」です。

③ 計算フィールドを配置する

フィールド定義を終了し、レイアウトモードに切り替え、フィールドタブを使って、「顧客別集計2」フィールドを「ボディ」パート上に配置します。
その後、ブラウズモードに切り換えます。

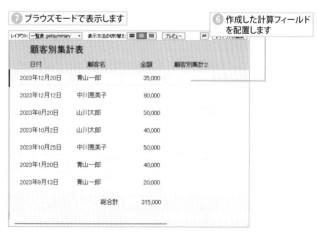

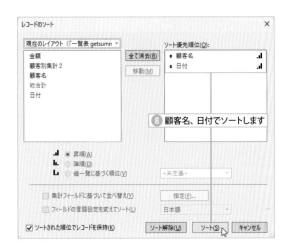

④ 「顧客名」「日付」でソートする

「顧客名」「日付」フィールドを基準にソートします。

⑧ 顧客名、日付でソートします

⑤ 小計が表示される

「顧客別集計2」フィールドには顧客名ごとの小計が表示されます。

顧客別集計表

日付	顧客名	金額	顧客別集計2
2023年8月20日	山川太郎	50,000	90000
2023年10月2日	山川太郎	40,000	90000
2023年1月20日	青山一郎	40,000	95000
2023年9月13日	青山一郎	20,000	95000
2023年12月20日	青山一郎	35,000	95000
2023年10月25日	中川恵美子	50,000	130000
2023年12月12日	中川恵美子	80,000	130000
	総合計	315,000	

⑨ 顧客ごとの合計がブラウズモードで表示されます

平均値を集計するには

ここでは、クラスごとのテストの平均点を求める例で、平均を求めてみます。

① フィールドを作成しデータ入力

「名前」（テキストタイプ）、「クラス」（テキストタイプ）、「得点」（数字タイプ）というフィールドを作成し、データを入力しておきます。
すべての平均を求める「平均得点」という集計フィールドを作成します。
フィールドタブからも「集計」フィールドを作成することができます。

① 3つのフィールドを作成し、データを入力します

② 「平均得点」の集計フィールドを作成します

② 「平均得点」の集計オプション指定

「作成」をクリックすると、「集計フィールドのオプション」ダイアログボックスが表示されます。
「平均値」を指定し、「得点」フィールドを選択します。

③ 「平均値」を指定し、「得点」フィールドを選択します

④ クリックします

③ 「クラス平均得点」の集計オプション指定

さらに「クラス平均得点」という集計フィールドを作成します。
これも、「集計フィールドのオプション」ダイアログボックスで「平均値」をチェックして、「得点」フィールドを選択します。
「OK」ボタンをクリックします。

⑤ 「クラス平均得点」の集計フィールドを作成します

⑥ クリックします

④ パートを作成する

「後部総計」パートと「クラスをソート対象とする小計（後部）」パートを配置して、それぞれの平均得点フィールドを「フィールドタブ」を使って配置します。

⑤ ブラウズモードにする

ブラウズモードにすると、全体の平均得点が計算されています。

⑦ 総計と集計パートを作成、それぞれの平均得点フィールドを配置します

⑧ ブラウズモードにします

⑨ 全体の平均得点が表示されます

⑥ レコードをソートする

クラスごとの平均を求めるので、「クラス」フィールドでソートを行います。

⑦ ブラウズモードにする

ブラウズモードにするとクラスごとに並び変わります。

集計の種類

▶合計

　現在ブラウズ中のレコード内の対象となるフィールドの合計を求めます。

　たとえば、「金額」フィールドの合計を「総合計」という集計フィールドに入力します。

　「現在の合計」をチェックすると、それまでに操作したレコードの値に現在の値を加算した合計を表示します。顧客名をソート対象とする「小計パート」にこのフィールドを配置します。

　たとえば、検索でレコードを抽出しているときに、新規レコードを作成した場合、別のグループに区分けされる新規レコードの値も加算して合計を表示します。

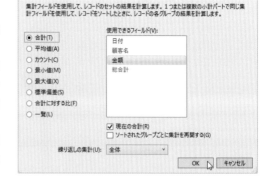

　「ソートされたグループごとに集計を再開する」をチェックするとグループごとの合計が表示されます。新規レコードを作成した場合にもグループごとの合計が求められます。

▶平均値

対象となるフィールドの平均を求めます。ブラウズ中のレコードの平均です。ただし、データの入力されていないレコードは対象外です。

たとえば、各レコードの「時給」フィールドを平均して、1レコードあたりの金額を「時給の平均」集計フィールドに入力します。

名前をソート対象とする「小計パート」に、この「時給の平均」フィールド（集計フィールド）を配置すると、名前ごとの時給の平均値を求めることができます。対象フィールドでソートしてから確認します。ブラウズモード、プレビューモードのいずれでも確認が可能です。

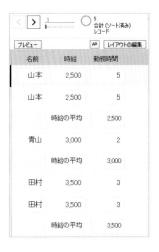

加重平均

「加重平均」をチェックすると、「平均」を出すフィールドに「加重対象」のフィールドをかけた値の平均を求めます。この場合は、「総計」パートにフィールドを配置します。

たとえば、社員全員の時給の平均を求める場合、「時給」フィールドと「平均値」を選択します。このとき、「加重平均」をチェックし「加重対象」に「勤務時間」フィールドを選択すると、それぞれのレコードの「時給」フィールドと「勤務時間」フィールドをかけたものの平均を求めます。ただし、「総計」パートにフィールドを配置してください。

なお、「時給の加重平均」フィールドの集計結果が、小数点以下の数字で返される場合を考慮して、「時給の加重平均表示用」フィールドを設けて、表示しています。このフィールドは、関数「Round (時給の加重平均 ; 0)」を指定して、小数点以下を四捨五入して表示しています。

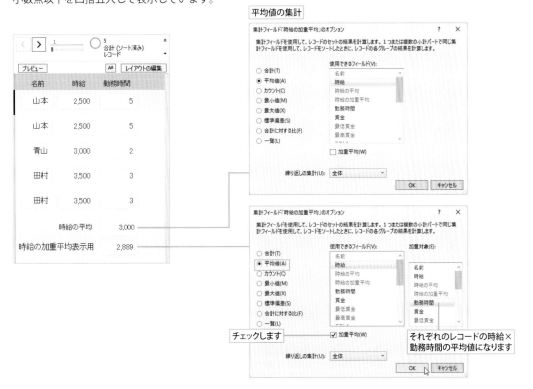

平均値の集計

チェックします

それぞれのレコードの時給×勤務時間の平均値になります

▶ カウント

　対象となるフィールドに、データが入っているレコード数を求めます。

　たとえば、各レコードの「会員」フィールドにデータが入っているものをカウントして、「会員数」という集計フィールドに入力します。「会員」フィールドにデータが入っているレコードの数が出ます。データが入っていないレコードは数えません。この例では、データが入っているレコード、すなわち会員の人数がわかります。

　「総計」パートにこの集計フィールドを配置すると、全体の集計を求めることができ、「小計パート」に配置すると小計を求めることができます。小計は対象フィールドでソートしてから、ブラウズモードで確認します。

▶ 最小値

　対象フィールドの最小値を求めます。フィールドタイプによって最小値は変わってきます。たとえば、「賃金」フィールドの最小値を求めて「最低賃金」という集計フィールドに入力します。

　「総計」パートに、この集計フィールドを配置すると、全体の中の最小値を求めることができます。「小計パート」に配置すると、グループごとの最小値を求めることができます。この場合は、対象フィールドでソートしてから、プレビューモードで確認します。

▶ 最大値

　対象フィールドの最大値を求めます。フィールドタイプによって最大値は変わってきます。たとえば、「賃金」フィールドの最大値を求めて「最高賃金」という集計フィールドに入力します。

　「総計」パートに、この集計フィールドを配置すると、全体の中の最大値を求めることができます。「小計パート」に配置すると、グループごとの最大値を求めることができます。この場合は、対象フィールドでソートしてから、プレビューモードで確認します。

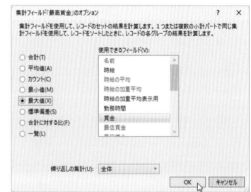

▶ 標準偏差

　対象フィールドの値の平均値からの標準偏差を求めることができます。標準偏差はデータのばらつきを表します。

「テスト1」フィールドの標準偏差を求め「標準偏差1」という集計フィールドに入力します。「テスト2」フィールドの標準偏差は「標準偏差2」という集計フィールドに入力します。

　「標準偏差1」と「標準偏差2」を比較して、「標準偏差1」の方の値が大きい場合は、「標準偏差2」よりもデータのばらつきが大きいことを示します。

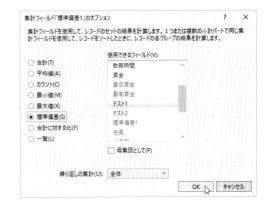

▶ 合計に対する比

対象フィールドの合計に対して、そのレコードがどれだけの比率を占めるかを求めます。

① 集計フィールドを作成する

たとえば、「販売台数」フィールドの合計に対して、そのレコードの占める比率を求め、「市場シェア」という集計フィールドに入力します（「ボディ」パートに配置した場合）。

「合計に対する比」にチェックマークを付け、使用できるフィールドは「販売台数」を選択します。

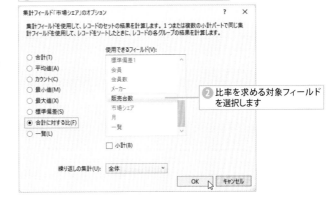

① 「市場シェア」フィールドの集計オプションを設定します

② 比率を求める対象フィールドを選択します

② 小計パートに配置する

レイアウトモードで、「市場シェア」フィールドを「ボディ」パートと「小計」パートに配置します。

小計パートに配置すると、小計ごとの構成比を求めることができます。

③ ボディと小計の2つのパートに配置します

③ 数字書式を設定する

「市場シェア」フィールドを選択し、インスペクタを表示します。

インスペクタ「データ」タブの「データの書式設定」パートで「書式」項目のプルダウンメニューから「パーセント」を選択します。

また「小数点以下の桁数」も指定します。

④ パーセントを選択します

④ ソートしてから確認する

集計結果は、「小計パート」のソート対象フィールド（ここではメーカー）でソートしてから、ブラウズモードで確認します。
5月のデータを検索して市場シェアを表示しています。

⑤ メーカーでソートしてからブラウズモードにします

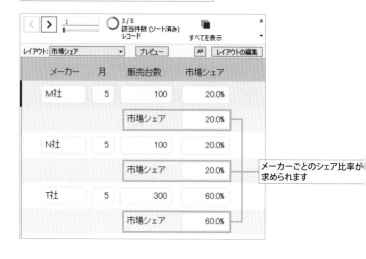

メーカーごとのシェア比率が求められます

▶ 比率の小計を求める

「オプション」ダイアログボックスで「小計」をチェックするとポップアップメニューから選択したフィールドでソートしたとき、グループごとに100%になります。各グループの中の比率を求めることができます。

❶ チェックします

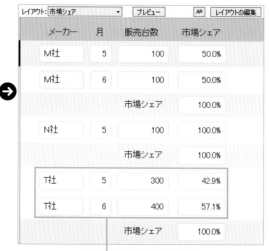

❷ 月別の比率が求められます

▶ 一覧

改行で区切られた値の一覧をフィールド内に作成します。

TIPS　繰り返しフィールドの集計

「集計フィールドのオプション」ダイアログボックスの「繰り返しの集計」では、集計するフィールドが繰り返しフィールドの場合に、繰り返しをまとめて集計するか、個別に集計するかを選択することができます。

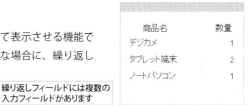

SECTION 3.5 繰り返しフィールドの活用

使用頻度 ★ ★ ☆

同じ種類のフィールドを複数作成したい場合には、繰り返しフィールドを使うと一度に作成でき便利です。「単価」×「価格」のように複数行にわたるレイアウトをした場合などの計算を行うことも可能です。

繰り返しフィールドとは

繰り返しフィールドとは、1つのフィールドを連続して表示させる機能です。1つのレコードにいくつかの同じフィールドが必要な場合に、繰り返しフィールドを使用します。

商品名	数量
デジカメ	1
タブレット端末	2
ノートパソコン	1

繰り返しフィールドには複数の入力フィールドがあります

▶ 繰り返しフィールドの作成手順

繰り返しフィールドを作成するには、次の手順で行います。

① テキストフィールドを作成する

「データベースの管理」ダイアログボックスで「商品名」というテキストフィールドを作成します。「オプション」ボタンをクリックします。
または、フィールドタブで「商品名」フィールドを右クリックして「フィールドオプション」を選択します。

① 右クリックします
② 選択します

① 「データベースの管理」ダイアログボックスを表示します

② クリックします

② 最大繰り返し数の設定

「データの格納」タブで「最大繰り返し数」を4と指定します。
「OK」ボタンをクリックします。

③ クリックします

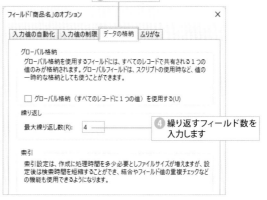

④ 繰り返すフィールド数を入力します

③ 繰り返しフィールドの配置

レイアウトモードでない場合、レイアウトモードに切り替えます。

フィールドタブから「商品名」フィールドをボディパートに配置します。

④ インスペクタでフィールドの設定

繰り返しに設定したいフィールドを選択し、インスペクタを表示し、「データ」タブをクリックします。

⑤ 繰り返し数と方向を設定する

「フィールド」パートの「繰り返しを表示」で、繰り返し数と方向を設定します。

⑥ 繰り返しフィールドの完成

繰り返しフィールドが設定されます。必要に応じて書式を設定します。

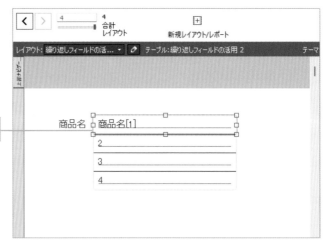

繰り返しフィールドの計算

繰り返しフィールドの「数量」フィールドと「単価」フィールドの数字を掛けて、繰り返しフィールドの「金額」フィールドに入力させることができます。

① 繰り返しフィールドを作成

前ページと同様の手順で「商品名」「数量」「単価」の繰り返しフィールドを作成します。

① 数量と単価の繰り返しフィールドを作成します

② 最大繰り返し数の設定

「金額」フィールドを「計算」タイプ（数量*単価）、繰り返し数を1、計算結果は「数字」と指定して作成します。
「OK」ボタンをクリックします。

② 「金額」フィールドを計算にして、計算式を設定します

③ 設定します
④ クリックします

③ インスペクタの設定

フィールドタブで「金額」フィールドをドラッグして配置し、クリックして選択します。
インスペクタを表示して、インスペクタの「データ」タブをクリックして、「繰り返しを表示」の設定項目を表示します。

⑥ インスペクタの「データ」タブを表示します

⑤ クリックします

④ 繰り返しの設定

「繰り返しを表示」項目で、表示する繰り返し数と方向を設定します。

⑦ 設定します

⑤ 繰り返しフィールドの完成

「金額」の計算フィールドの繰り返しが設定されます。必要に応じて位置と書式を整えます。

⑧ 位置と書式を整えます

繰り返し関数を使う

前項では繰り返しフィールド同士の掛け算を行いましたが、繰り返しフィールドと非繰り返しフィールドの計算を行う場合には、Extend関数を使います。

① グローバル格納を設定する

先の例に「税率」フィールドを「数字」タイプで作成し、フィールド「オプション」の「データの格納」のグローバル格納（66ページ参照）で、値を10%（百分率で0.1)にします。

① グローバルフィールドを作成します

② 繰り返しフィールドを作成する

このフィールドと「金額」フィールドを掛けて消費税額を求める場合には、「消費税額」という「計算」タイプの繰り返しフィールドを作成します。

② 入力します　　③ 選択します

④ クリックします

③ Extend関数を設定する

計算式の指定をExtend関数（372ページ参照）を使って、

Int (金額 * Extend (税率))

と設定します。
「計算結果」は「数字」にします。
繰り返し数は「4」にします。
「OK」ボタンをクリックします。

⑤ 計算式をこのように設定します

⑥ 「数字」を選択します

⑧ クリックします

⑦ 「繰り返し数」を設定します

④ 計算フィールドが設定される

「データベースの管理」ダイアログボックスに計算式
フィールドが設定されます。
「OK」ボタンをクリックします。
フィールドタブを使って、「消費税額」フィールドを配
置します。繰り返しもインスペクタで指定します。

⑨ クリックします

⑤ ブラウズモードで確認

ブラウズモードで確認します。
右下図のように消費税率が10％から12％に変更され
た場合でも、1カ所を書き換えるだけで対応すること
ができます。

⑩ 金額（繰り返し）×税率（非繰り返し）が
消費税額（繰り返し）に求められます

商品名	数量	単価	金額	税率	消費税額
内臓SSD	1	5,000	5,000	0.1	500
タブレット端末	2	40,000	80,000		8,000
ノートパソコン	1	100,000	100,000		10,000
					0

12％に変更すると、繰り返し
フィールドに反映されます

商品名	数量	単価	金額	税率	消費税額
内臓SSD	1	5,000	5,000	0.12	600
タブレット端末	2	40,000	80,000		9,600
ノートパソコン	1	100,000	100,000		12,000
					0

TIPS │ 繰り返しの表示初期値

繰り返しの表示初期値を設定できます。これによ
り、繰り返しフィールドを複数並べて、それぞれ
初期値を設定し、繰り返しフィールドを個別の入
力オブジェクトにしたレイアウトが可能になりま
す。
インスペクタ「データ」タブの「繰り返しを表示」
に表示させたいフィールドの最初の番号と最後の
番号を入れます。

値一覧の活用

使用頻度
★ ★ ☆

データを入力する際に、あらかじめ入力される内容がいくつかに決まっている場合には、値一覧の機能を利用し設定しておくと、入力する手間が省けます。また、値一覧は指定したフィールドの値を利用することも可能です。

値一覧の種類

入力される項目がいくつかに限定されている場合、値一覧を設定しておくと入力の手間が省けます。

たとえば、「会員種別」フィールドに「ゴールド会員」、「シルバー会員」という値を設定すると、どちらかをクリックするだけで入力できます。

値一覧の表示形式には、ドロップダウンリスト、ポップアップメニュー、チェックボックスセット、ラジオボタンセット、ドロップダウンカレンダー、マスク付き編集ボックスがあります。

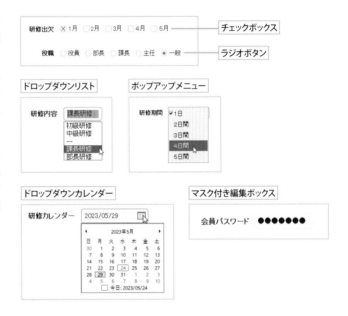

値一覧の設定手順

値一覧の作成（カスタム値を使用）は、次のような手順で行います。

① 値一覧のフィールドを定義する

値一覧用の「会員種別」テキストフィールドを作成します。
「オプション」ボタンをクリックします（フィールドタブでフィールド名を右クリックしても選択できます）。

② 値一覧の管理

「フィールドのオプション」ダイアログボックスで「入力値の制限」タブを選択します。
「値一覧名」をチェックし、メニューから「値一覧の管理」を選択します。

③ 「新規」ボタンをクリックする

「値一覧の管理」ダイアログボックスが表示されます。
「新規」ボタンをクリックします。

POINT

「値一覧の管理」ダイアログボックスは、「ファイル」
メニューの「管理」から「値一覧」を選んでも表示で
きます。

④ 値一覧の編集

「値一覧の編集」ダイアログボックスが表示されます。
「値一覧名」に任意の名称を入力します。
「カスタム値を使用」をクリックし、値一覧の候補として表示される項目を改行で区切って入力します。ここでは「ゴールド会員」「シルバー会員」と入力します。
「OK」ボタンをクリックします。

⑤ 値一覧の管理の終了

「値一覧の管理」ダイアログボックスに戻り、値一覧が登録されたのを確認し、「OK」ボタンをクリックします。

⑥ インスペクタのデータタブを表示

レイアウトモード（ Ctrl + L ）に切り替えます。
フィールドタブで「会員種別」フィールドを配置した後、このフィールドを選択してから、インスペクタ「データ」タブを表示します。

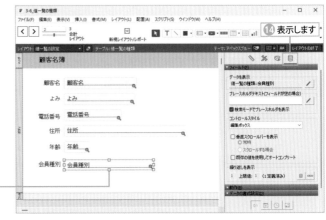

⑬ レイアウトモードで、値一覧が設定されたフィールドを選択します

⑦ コントロールスタイルの設定

「フィールド」パートの「コントロールスタイル」のプルダウンメニューから「ラジオボタンセット」を選択します。
「値一覧」で定義した「会員種別」の値一覧を選択します。

⑮ 値一覧の表示形式と値の一覧名を選択します

⑧ ブラウズモードで確認

ブラウズモードにして、値一覧の入力をテストします。

⑯ ブラウズモードにします

ラジオボタン形式の値一覧の完成です

入力するごとに候補が増える値一覧

前項では「値一覧の編集」ダイアログボックスの「カスタム値を使用」をオンにして値一覧として入力できる項目を設定しましたが、ここで「フィールドの値を使用」をオンにして、特定のファイルの特定のフィールドを指定し、フィールドに入力されているデータを値一覧として表示することができます。

ここでは、請求書の送付先のデータベースを作成します。請求書の送付先は、何度も同じ請求先に出すことが多いので、一度入力した請求先が値一覧に登録されるようにします。

① フィールドオプションの設定

ここでは「取引先」というテキストフィールドを作成し、「データベースの管理」ダイアログボックスで「オプション」ボタンをクリックし、値一覧の設定を行います。

POINT

値一覧はリレーション機能を使用して、あるフィールドの値にしたがって値一覧の値が変更されるように設定することができます。これについては262ページを参照してください。

② 値一覧の管理

「フィールドオプション」ダイアログボックスで「入力値の制限」タブを表示します。
「値一覧名」をチェックし、メニューから「値一覧の管理」を選択します。

③ 「新規」ボタンをクリックする

「値一覧の管理」ダイアログボックスが表示されます。「新規」ボタンをクリックします。

④ 値一覧の編集

「値一覧の編集」ダイアログボックスが表示されます。
「値一覧名」に任意の名称を入力します。
「フィールドの値を使用」を選択します。
「OK」ボタンをクリックします。

⑤ 使用するフィールドの指定

「値一覧に使用するフィールドの指定」ダイアログボックスが表示されます。
ここで、値一覧に表示するファイルと表示フィールドを選択します。
ここでは「取引先」ファイルの「取引先」フィールドを選択します。
「OK」ボタンをクリックします。

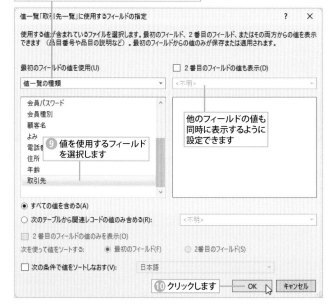

⑥ 値一覧の確認

「値一覧の編集」ダイアログボックスに戻ります。
「フィールドの値を使用」で指定したファイルとフィールドを確認し、「OK」ボタンをクリックします。

⑦ 値一覧の定義の管理

「値一覧の管理」ダイアログボックスに戻ります。内容を確認し「OK」ボタンをクリックします。

⑧ インスペクタのデータタブ表示

レイアウトモードにしてフィールドタブで「取引先」フィールドを配置します。
指定した値一覧の「取引先」フィールドをクリックし、インスペクタ「データ」タブを表示します。

⑨ コントロールスタイルの設定

「コントロールスタイル」でプルダウンメニューから「ドロップダウンリスト」を選択します。
「値一覧」では定義した「取引先一覧」を選択します。

⑩ ブラウズモードで確認

ブラウズモードでデータを入力します。

⓫ 「はい」をクリックする

確認のダイアログボックスが表示されます。「はい」を
クリックします。

⓲ 確定しようとするとダイアログボックスが表示されます

⓳ クリックします

⓬ 値一覧に登録される

入力した値が値一覧のドロップダウンリストに登録
されます。

⓴ 値一覧に登録されます

⓭ 次の値も登録される

このフィールドに次の値を入力するごとに、ドロップ
ダウンリストに登録されていき、次回の入力ではメ
ニューから選択することができるようになります。

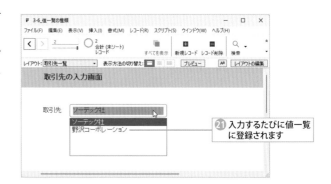

㉑ 入力するたびに値一覧
に登録されます

TIPS 値一覧の表示切替用矢印を表示

「インスペクタ」の「一覧の表示切り替え用矢印を表示」にチェックマークを付けると、
フィールドの右端に矢印ボタンが表示されるようになり、他の一般のフィールドとは
異なり値一覧が利用できるフィールドと視認されやすくなります。
また、「値一覧を使用してオートコンプリート」にチェックマークを付けると、フィー
ルドの索引を利用した入力補助が可能となります。

CHAPTER

4

レイアウトをつくろう

このChapterでは、さまざまなレイアウトを
作成するための方法に加え、テキストや図形
の描画、ボタンを使ったレイアウトの遷移、
ポップオーバー、グラフについて学びます。
また、数字、日付、画像の表示形式についても
解説しています。

SECTION 4.1 フォームレイアウトの作成

使用頻度
★ ★ ★

レイアウトを作成する際には、コンピュータ、タッチデバイス、プリンタの3つのデバイスに最適化されたレイアウトを対話形式で簡単に作成することができます。ここでは、データ入力に適したコンピュータ向けのフォームレイアウトを作成します。なお、レポートとは主に印刷向けのレイアウトのことを言います。

フォームレイアウトとは

フォームレイアウトとは、1レコードを1画面に表示するレイアウトで、自由にフィールドを配置できます。ヘッダとフッタの各パートも設定されています。

1レコードごとにページを切り替えるカード形式の表示となるので、わかりやすい利点があります。

POINT

レイアウトを作成する際には、パソコンでの入力用、タッチデバイスでの操作・入力用、プリント用など大きなカテゴリで考え作成します。
フォームレイアウトは、パソコンでデータを入力する際の初期状態のレイアウトです。これを目的に応じた使いやすいレイアウトにブラッシュアップしながらデータベースを作りましょう。

フォームレイアウトの作成

現在開いているデータベースファイルに新たにフォームレイアウトを作成してみます。

❶ レイアウトモードにする

「表示」メニューから「レイアウトモード」（Ctrl + L）を選択するか、ステータスツールバーの「レイアウトの編集」ボタンをクリックして、レイアウトモードにします。

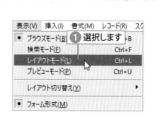

❷「新規レイアウト/レポート」を選択

ステータスツールバーの「新規レイアウト/レポート」をクリックします。
または、「レイアウト」メニューの「新規レイアウト/レポート」（Ctrl + N）を選択します。

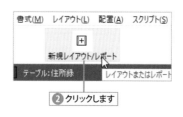

③ テーブルの選択とレイアウト名の入力

「新規レイアウト/レポート」ダイアログボックスが表示されるので、「レコードを表示」プルダウンメニューから新規レイアウトを作成したいテーブルを選択します（選択したテーブルのフィールドをフィールドタブから配置できます）。

「レイアウト名」の入力欄には、わかりやすい任意のレイアウト名を入力して指定します。例では、「入力画面」としています。

③ テーブルを選択します　④ レイアウト名を入力します

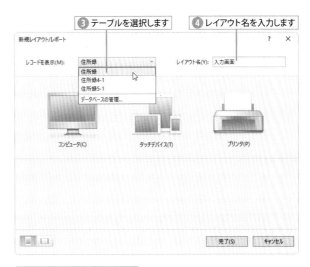

④ デバイスとレイアウトタイプの選択

「新規レイアウト/レポート」ダイアログボックスに、「コンピュータ」「タッチデバイス」「プリンタ」の3つのアイコンが表示されているので、目的のアイコンを選択します。ここでは、「コンピュータ」を選択します。

すると、ダイアログボックスの下部に、「フォーム」「リスト」「表」「レポート」の4つのレイアウト形式のアイコンが表示されるので、ここでは「フォーム」を選択します。

最後に「完了」ボタンをクリックします。

リストは109ページ、表は111ページ、レポートのレイアウト作成は112ページを参照してください。

⑤ 目的のデバイスを選択します

⑥ 「フォーム」を選択します　⑦ クリックします

⑤ フィールドタブの表示

フィールドが配置されていない新しいレイアウトが表示されるのでオブジェクトパネルを表示させ、フィールドタブをクリックします。

フィールドタブには、データベースで定義されたフィールドが一覧表示されています。

オブジェクトタブには、作成されたレイアウト内にあるオブジェクトが一覧表示されます。

新規レイアウトには、ボディパートと上部ナビゲーションパートが自動作成されます。

POINT

作成された新規のレイアウトには、「アペックスブルー」というデフォルトテーマが適用されています。この「テーマ」は105ページで詳述しますが、いつでも変更が可能です。

⑧ クリックします

適用されているテーマ名

⑥ フィールドタブからフィールドを配置

フィールドタブから、作成済みの「フィールド」をドラッグ＆ドロップして順次レイアウト上に配置します。

TIPS　複数のフィールドを配置する

配置するフィールドが多いデータベースでは、複数のフィールドを Ctrl キーや Shift キーを押して選択（または Ctrl ＋ A キーですべて選択）し、一度にフィールドを配置することもできます。

⑦ レイアウトの完成

すべてのフィールドを配置したらレイアウトの完了です。
「レイアウトの終了」をクリックしブラウズモードに切り替えるとデータを入力できます。

POINT

フィールドタブの「ドラッグ設定」では、フィールドの並ぶ方向やラベルの位置を設定してからドラッグして配置することができます。
また、コントロールスタイルからフィールドの表示方法を指定することができます。

TIPS　フィールドツールを使ってフィールドを配置する

フィールドツール を使ってフィールドを配置することもできます。配置するには、レイアウトツールバーのフィールドツール を選択し、ボディパートにドラッグします。
「フィールド指定」ボックスが表示されるので、目的のフィールドを選択して「OK」ボタンをクリックします。
「フィールド指定」ボックスは、レイアウト上に自由に移動が可能なので、あとからフィールドを追加するのに便利な機能です。

テーマの変更、タッチデバイスに最適化したレイアウトの作成

使用頻度
★★★

レイアウトデザインの配色や書式が設定された「テーマ」機能が備わっています。また、好みのカスタムスタイルを作成して他のレイアウトに適用することもできます。ここでは、一度適用されたテーマを別のテーマに変更する手順と、レイアウト幅の調整、デバイスに最適な範囲を表示する方法を解説します。

デフォルトテーマを変更する

はじめてデータベースを作成するとレイアウトデザインには、デフォルトの「アペックスブルー」テーマが適用されています。これを落ち着いた色のテーマに変更してみましょう。

① レイアウトモードにする

「アペックスブルー」テーマが適用されている画面を表示して、「表示」メニューから「レイアウトモード」（Ctrl＋L）を選択し、レイアウトモードにします。
または、ステータスツールバーの「レイアウトの編集」ボタンをクリックします。

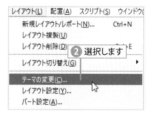

② 「テーマの変更」を選択する

「レイアウト」メニューから「テーマの変更」を選択します。
または、ステータスツールバーの「テーマの変更」ボタン 🔁 をクリックします。

③ 変更したいテーマを選択する

「テーマの変更」ダイアログボックスが表示されるので、左の「レイアウトテーマ」ボックスから変更したいテーマを選択します。
作例では、「トランキルタッチ」を選びました。

> **POINT**
>
> 「ユニバーサルタッチ」テーマは、Starter Appやアドオンテーブルで設定されます。1つのテーマに複数のスタイルのセットがあるので、同じレイアウト内でさまざまなスタイルを簡単に組み合わせることができます。

④ テーマが変更される

すると一瞬でレイアウト全体が指定テーマに変わります。フィールド枠の形、ヘッダやフッタ、ボディパートの塗り色、フォントの大きさもすべて変わっています。

TIPS インスペクタで微調整する

テーマを変更した後、フォントの大きさや種類、フィールドの地色など、さらに微調整を行いたい場合があります。その場合は、レイアウトモードから対象のフィールドやオブジェクトを選択後、インスペクタを表示し個々の属性を指定し直します。インスペクタの使い方は、122ページを参照してください。

また、FileMaker Pro 11以前のファイルを変換して開いた場合は、外見上レイアウトに変化はありませんが、Ver.2023での定義上は「クラシック」というテーマが適用された状態になります。

POINT

現在表示されているテーマを活用して、オブジェクトや各パートのスタイルを任意に変更して、それらを別のテーマとして新規保存することができます（129ページ参照）。

新しく作ったテーマは、別のレイアウトに適用することができるのでデータベースの外観に一貫性を持たせることが簡単にできて便利です。

▌ レイアウト幅を調整する

　フィールド定義の数が多かったり、レイアウトテーマを変更した場合、レイアウトの幅が足りないケースが出てきます。そのときは、レイアウトの幅を指定（変更）することができます。

① インスペクタで幅を数値指定する

レイアウト幅を指定したいレイアウトを表示して、レイアウトモードに切り替えます。

（オブジェクトは選択せずに）インスペクタを表示して、「位置」タブをクリックし、その中の「位置」欄の「サイズ」(幅)を「22cm」と指定します。

レイアウトの幅が右に拡大し、「セミナー出欠」フィールドがうまく収まります。

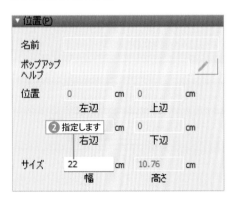

① レイアウトモードに切り替えます 　　　**変更前のレイアウト幅**

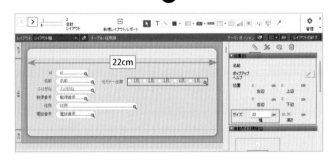

▶ **選択ツールのハンドルを使って幅を変更する**

レイアウトモードで選択ツールを幅の境界
部分に移動すると、マウスカーソルが変化しハ
ンドルが現れます。これを使って境界を左右に
動かし幅を変更することができます。

境界線上でドラッグします

デバイスに最適な範囲を表示する

ステータスツールバーの「画面とデバイスの範囲を表示または非表示」プルダウンメニューをクリックすると、以下
の画面サイズに最適化されたガイドラインをレイアウト上に表示できます。

「カスタムサイズ」を選ぶと「カスタムサイズ」ダイアログが表示され「高さ」「幅」に任意のサイズ（ポイント）が
指定できます。チェックを外すとガイドは非表示になります。

- デスクトップ: 640×480
- デスクトップ: 1024×768
- デスクトップ: 1280×960
- デスクトップ: 1600×1200
- iPhone 14: 390×763（縦）
- iPhone 14: 754×371（横）
- iPhone 13 mini: 375×728（縦）
- iPhone 13 mini: 712×354（横）
- iPhone SE 3: 375×647（縦）
- iPhone SE 3: 667×375（横）
- iPad Pro 9.7 インチ: 768×1004（縦）
- iPad Pro 9.7 インチ: 1024×748（横）
- iPad mini6: 744×1089（縦）
- iPad mini6: 1133×700（横）

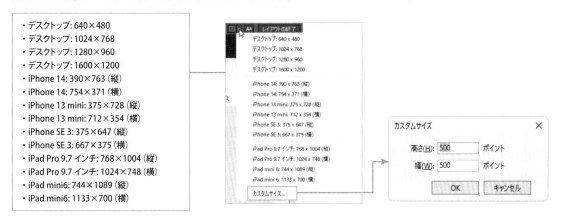

タッチデバイスに最適化したレイアウトの作成

前項の「画面とデバイスの範囲を表示または非表示」の機能を使って、範囲内でレイアウトを作成することで、iPad、
iPhoneに最適化されたタッチデバイス対応のレイアウトが作成できます。

❶ テーブルとレイアウト名の設定

ステータスツールバーの「新規レイアウト/レポート」
をクリックして、ダイアログボックスを表示させま
す。
「レコードを表示」プルダウンから、表示したいテーブ
ルを選択しレイアウト名に「入力画面」と入力します。

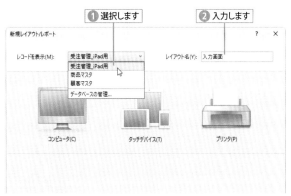

❶ 選択します　❷ 入力します

2 「タッチデバイス」を選択

ダイアログボックスの中の「タッチデバイス」アイコンをクリックしメニューから「iPad Pro 9.7 インチ」をクリックして選択します。

3 表示形式を選択する

デバイスアイコンの下の「フォーム」「リスト」「表」「レポート」から任意の形式を選びます。作例では「フォーム」形式です。
表示させる方向を「縦」か「横」のいずれかを選択します。作例では、「横」方向を選択しました。
最後に「完了」ボタンをクリックします。

4 テーマを変更する

iPadの横向きに最適化された空のレイアウトが表示されます。これにはデフォルトテーマが適用されています。
作例では、タッチデバイスに最適化されたテーマ「エンライトンドタッチ」を適用して、その後スクリプトボタンの色指定など微調整を行っています。

5 フィールドを配置する

フィールドタブから必要なフィールドを配置します。作例では、「商品マスタ」テーブルの在庫一覧を表示するためのポータルや、顧客宛てのメールを送信するためのスクリプトを定義したボタンも配置しています。ヘッダにはタイトル「注文入力画面__iPad」とテキスト入力しています。

6 「FileMaker Go」で開く

iPadのFileMaker Goで作例のデータベースを開くと、パソコン上でレイアウトした状態と同じレイアウトで表示されます（共有方法は324ページ参照）。
作例では、「顧客コード」を入力すると「顧客名」「メールアドレス」の顧客情報が自動的に入力されます。右に配置した「在庫商品一覧」ポータル部分の「商品コード」フィールドをタッチすると、左側の注文データ入力フィールドに当該データが自動入力されます。

4.3 リスト形式、レポートの作成

使用頻度

ここでは、リスト形式、表形式でのレコード表示、集計レポートを作成する方法について説明します。
リスト形式では、1つの画面で縦にレコード、横にフィールドを配置して集計用紙のようにして見ることができます。

リスト形式とは

複数のレコードを1行ずつ表示します。一覧表などリスト形式で数多くのデータを表示したい場合に使います。

1行に1レコードが配置されています

TIPS　リスト形式に必要なフィールドのみ配置

「表形式」の場合、一覧表での表示が可能ですが、フィールド数が多い場合は画面に収まりきれず、画面を横にスクロールし確認しなければならない場合があります。
フィールド数が多い「リスト形式」では、下にスクロールが必要になってきます。
確認したいフィールドデータが限定されるタスクの場合、このリスト形式では、必要なフィールドのみ一行で配置すると、一度にたくさんのデータ参照や確認ができて便利です。例えば、スクリプト内での検索結果表示レイアウト画面に指定すると良いでしょう。

リスト形式のレイアウト作成

リスト形式のレイアウトを作成するときには、ソートを行ってから表示したり、スクリプトを作成したりすることもできます。

❶ レイアウトモードにする

「表示」メニューから「レイアウトモード」（Ctrl + L）を選択し、レイアウトモードにします。
または、ステータスツールバーの「レイアウトの編集」ボタンをクリックします。

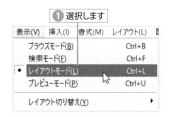

❷ 「新規レイアウト/レポート」を選択

ステータスツールバーの「新規レイアウト/レポート」ボタンをクリックします。
または、「レイアウト」メニューの「新規レイアウト/レポート」（Ctrl + N）を選択します。

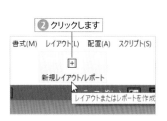

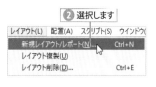

③ レイアウト名とタイプの選択

「新規レイアウト/レポート」ダイアログボックスが表示されるので、「レコードを表示」プルダウンメニューから、表示するテーブルを選択し、レイアウト名を入力します。

デバイスは「コンピュータ」、表示方法は「リスト」をクリックして選択し、「完了」ボタンをクリックします。

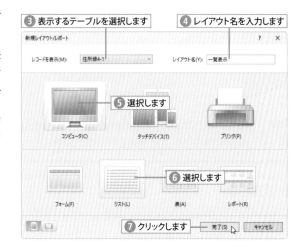

④ フィールドを配置する

リスト形式は、ボディパートに横一列にフィールドを並べるレイアウトです。

オブジェクトパネルのフィールドタブからid、名前、ふりがな、住所のフィールドをボディパートにドラッグして配置します。

POINT

フィールドタブの「ドラッグオプション」でフィールドの配置方向を横、ラベルの位置を上にすると表形式が作成しやすくなります。

⑤ フィールドとラベル位置の調整

フィールドの配置を横一列になるようにフィールドとラベルの位置を調整します。必要であればフィールドの幅も調整します。フィールド項目はヘッダパートに配置することも可能です。

⑥ レイアウトを保存する

フィールドの調整が終了したら、レイアウトの完成です。ブラウズモードに切り替えてうまく表示できるかテストします。

ブラウズモードに切り替える前に、「このレイアウトへの変更を保存しますか？」との警告ダイアログボックスが表示されるので、「保存」ボタンを必ずクリックします。

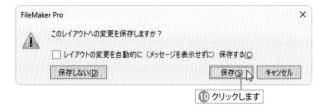

⑦ ブラウズ画面で確認する

ブラウズ画面でレイアウトを確認します。

POINT

すでにデータベースを作成済みの場合は、新規レイアウトを作成すると、現在表示されているテーマが引き続き利用されるので、テーマによっては見にくいレイアウトになる場合があります。
その場合は、レイアウトテーマを明るく見やすいテーマに変えてみましょう。

⑪ ブラウズ画面で確認します

TIPS レイアウト保存の確認ダイアログボックスを表示しない

レイアウトの変更を保存していない場合は、「このレイアウトへの変更を保存しますか？」との警告ダイアログボックスが必ず表示されます。この警告が面倒な場合は、警告ダイアログボックスの中の「レイアウトの変更を自動的に（メッセージを表示せずに）保存する」にチェックマークを付けます。

表レイアウトの作成

　表レイアウトは、表計算ソフトで作成するような表形式のレイアウトです。フィールド項目が「列」、各レコードが「行」のような見え方になります。

① 新規レイアウト/レポートを選択

表レイアウトを作成したいデータベースを開き、レイアウトモードに切り替えて、「新規レイアウト/レポート」ダイアログボックスを表示します。
表示するテーブルを選択し、「レイアウト名」入力欄に名前を付けます。
デバイスは「コンピュータ」、表示方法は「表」をクリックして選択し、「完了」ボタンをクリックします。

① 表示するテーブルを選択します　② レイアウト名を入力します

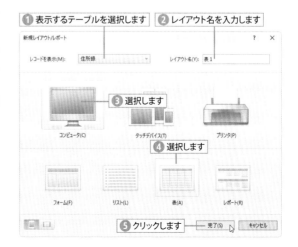

② フィールドを配置する

「フィールドを追加」ダイアログボックスが表示されるので、追加したいフィールドを選択して「OK」ボタンをクリックします。

⑥ 追加したいフィールドを選択します

⑦ クリックします

③ 表の完成

「表形式の変更」ダイアログボックスが表示され、変更が必要ない場合は「OK」ボタンをクリックします。
データベース画面には、指定したフィールドが「列」の位置に配置され、レコードが「行」のようにブラウズモードで表示され、これで表が完成しました。

POINT

「表形式の変更」ダイアログボックスで、フィールド名の先頭に付いているチェックマークを外すと、レイアウト画面には配置されません。表示に不要なフィールドがある場合は変更すると良いでしょう。

表示しない場合チェックをはずします

⑧ クリックします

▌集計レポートを作成する

レイアウトを作成する途中で、集計フィールドを設定し集計レポートを作成することができます。この機能を使うと、集計が簡単に設定できます。集計レポートを作成する前に、あらかじめ小計、総計などの集計フィールドを作成しておくと便利です。

①「レポート」を選択

「新規レイアウト/レポート」ダイアログボックスで表示するテーブル、レイアウト名、デバイスを選択し、「レポート」を選択します。
「続行」ボタンをクリックします。

POINT

集計方法、選択項目については、「Section 3.4 集計フィールドの設定」(75ページ)で解説した内容と同じですので、参照してください。

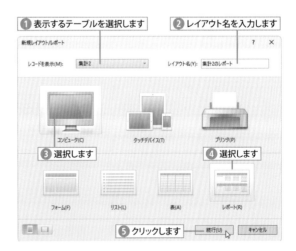

① 表示するテーブルを選択します

② レイアウト名を入力します

③ 選択します

④ 選択します

⑤ クリックします

② 小計を含める、総計を含めるにチェック

「小計を含める」と「総計を含める」にチェックを付けます。
「次へ」ボタンをクリックします。

③ 配置フィールドを設定する

レイアウトに配置するフィールドを左フィールド欄から右フィールド欄に移動して指定します。
「次へ」ボタンをクリックします。

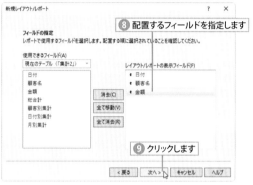

④ 区分けフィールドの設定

区分けしてソートするためのフィールドを設定します。
「次へ」ボタンをクリックします。

POINT

「区分けフィールド」とは、レコードのグループごとの集計の計算の基準となるフィールドです。「顧客名」にすると、顧客ごとにソートを行い、グループ化して計算を行って集計することができます。

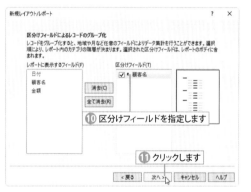

⑤ ソート優先順位を設定する

ソートの優先順位となるフィールドを設定します（ここでは「顧客名」フィールド）。
「次へ」ボタンをクリックします。

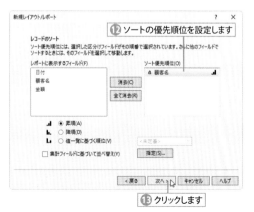

⑥ 小計の指定

区分けグループごとに小計を行うフィールドを指定します。
「指定」ボタンをクリックします。

⑦ 小計対象フィールドの指定

小計の対象となるフィールドを指定します。
ここでは「顧客別集計」を指定し「OK」ボタンをクリックします。

⑧ 小計を追加

「新規レイアウト/レポート」ダイアログボックスに戻ります。
「小計を追加」ボタンをクリックすると指定したフィールドが「小計」欄に登録されます。
「次へ」ボタンをクリックします。

⑨ 総計の指定

「新規レイアウト/レポート」ダイアログボックスで総計の配置する場所（ここでは「レポートの後部」）を設定し、「指定」ボタンをクリックします。

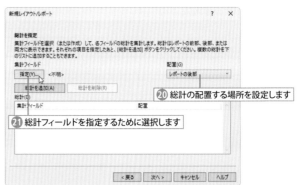

⑩ 総計フィールドを指定する

総計を表示するフィールドを指定し「OK」ボタンをクリックします。

㉒ 総計の対象を指定します

㉓ クリックします

⑪ 総計を追加

「総計を追加」ボタンをクリックすると、下のリストに登録されます。
「配置」ではレポートの前部、後部のどこに配置するかを指定します。
「次へ」ボタンをクリックします。

㉔ クリックするとリストに追加されます

㉕ クリックします

⑫ ヘッダ、フッタの追加

ヘッダ、フッタに追加する項目をメニューから選択します。
「次へ」ボタンをクリックします。
例ではフッタ中央に「現在の日付」を指定しています。

㉖ ヘッダ、フッタを各メニューから選び設定します

㉗ クリックします

⑬ スクリプトの指定

レポートのスクリプトを作成するかしないかを指定します。ここでは「スクリプトを作成しない」を選択します。
「完了」ボタンをクリックします。

㉘ 選択します

㉙ クリックします

⑭ 集計のレイアウト完成

小計、総計のフィールドが配置された集計レイアウト
が完成しました。
ブラウズモードに切り替えて、小計、総計が正しく計
算されているのが確認できます。

㉚ 集計フィールドが配置されて表示されます

㉛ ブラウズモードで集計を確認します

顧客ごとの小計
（合計）

金額すべて
の総計

TIPS 集計フィールドを追加する

手順7（114ページ）のフィールドの指定のとき、「フィールド指定」ダイアログボックスの「追加」ボタンをクリックすると、新しい集計
フィールドを作成することができます。「ファイル」メニューの「管理」の「データベース」に戻ることなく、この「追加」ボタンをクリッ
クしてフィールドを作成できます。

❷ 新しい集計フィールドを作成します

ラベルレイアウト

使用頻度
★ ☆ ☆

新規レイアウト/レポートでは、印刷用に「ラベル」「縦書きラベル」「封筒」のレイアウトが用意されています。ラベルは、作成したデータベースから、宛名などのラベル印刷用に使用するレイアウトです。「カスタムラベル」ではラベルのサイズをユーザー側で自由に設定することもできます。

ラベルレイアウトの作成

ここでは、はがきや封筒に貼って使用するタックシール用のラベルのレイアウトを新たに作成してみます。

1 「新規レイアウト/レポート」を選択

レイアウトモード（ Ctrl + L ）にして、「レイアウト」メニューから「新規レイアウト/レポート」（ Ctrl + N ）を選択します。

2 レイアウト名と種類を選択

「新規レイアウト/レポート」ダイアログボックスで、表示するテーブルを指定し、レイアウト名を入力し、「プリンタ」を選択し、「ラベル」レイアウトを選択します。
「続行」ボタンをクリックします。
なお、ラベルはこの横書きラベルのほか、縦書きラベル、封筒レイアウトも可能です。

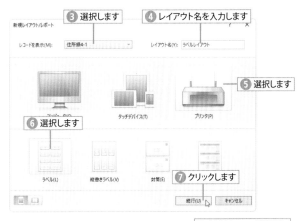

3 ラベルの種類を選択

印刷に使用するラベルの種類を選択します。「標準ラベル」のメニューには市販のラベルが登録されているので、使用するラベルがあれば選択します。
「次へ」ボタンをクリックします。

POINT

「標準ラベル」のメニューに印刷に使うラベル用紙が登録されていない場合には、「カスタムラベル」を選択します。

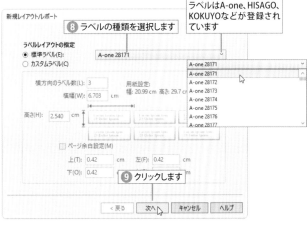

④ 配置するフィールドを指定する

ラベルに配置するフィールドを指定します。
指定したら「完了」ボタンをクリックします。

POINT

名前のあとに付ける「様」「殿」「御中」といった敬称
などは挿入されたフィールド名に続けて入力してく
ださい。

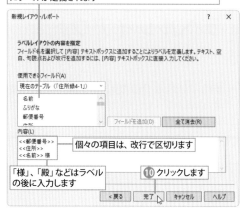

ダブルクリックすると、「内容」の挿入カーソルのある場所
にラベルが定義されます

個々の項目は、改行で区切ります

「様」、「殿」などはラベル
の後に入力します

⑩ クリックします

⑤ ラベルレイアウトの完成

完成したラベルレイアウトがレイアウトモードで表
示されます。

⑪ ラベルレイアウトが完成します

⑥ プレビューモードで確認

意図したように印刷されるかどうかをプレビューモ
ードで確認してください。

POINT

縦書きラベルで住所等に半角英数字が入っている場
合は、横向きで表示されてしまいます。
「住所」フィールドの数字を全角に変換すると数字も
縦向きで表示されます。
「住所全角」のような計算フィールドを作成し

RomanZenkaku(住所)

のように指定します。

⑫ プレビューモードで印刷の状態を確認します

▶ ラベルレイアウトの変更

　作成したラベルレイアウトを変更する場合は、レイアウトモードにして、ラベル部分をダブルクリックします。フィ
ールド名が表示されるので、フィールドの削除、改行、空白の挿入などを行います。
　また、ラベルに「様」、「御中」、「〒」を印字させるには、「新規レイアウト/レポート」ダイアログボックスの「内
容」ボックス内にカーソルを挿入して文字を入力します。また、スペースを入れてラベル内での余白を調整すること も
できます。

SECTION 4.5 レイアウトモードの基本操作

使用頻度 ★★★

レイアウトモードでの基本操作、メニュー、ツールの使い方などを説明します。さまざまなレイアウト機能を使うと、より使いやすく、美しいレイアウトを作成することができます。

レイアウトを切り替える

▶ レイアウトポップアップメニューを使った切り替え

複数のレイアウトを作成している場合、ブラウズモードではレイアウトポップアップメニューを使って、レイアウトを切り替えることができます。

① レイアウトポップアップから選択

ブラウズモードでステータスツールバーのレイアウトポップアップメニューから、表示したいレイアウト名を選択します。

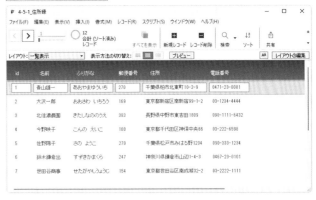

POINT

レイアウトメニューにフォルダを作成してレイアウト名を管理することができます（121ページ参照）。

② レイアウトが変更される

ポップアップメニューで選択したレイアウトに変わります。

TIPS 切り替えショートカット

レイアウト切り替えはキー操作で行うことができます。

・次のレイアウトに移動 `Ctrl`＋`↓`、`Shift`＋`PageDown`

・前のレイアウトに移動 `Ctrl`＋`↑`、`Shift`＋`PageUp`

・名前を指定して切り替え `Ctrl`＋`Ctrl`＋KでOpen Quicklyボックスにレイアウト名を入力

・番号を指定して切り替え `Ctrl`でレイアウト番号ボックスに番号を入力

ブックツールを使った切り替え

レイアウトモードでは、画面左のブックツール ＜ ＞ をクリックしても、レイアウトを切り替えることができます。

① レイアウトモードのブックツール

レイアウトモードに切り替えます。
ブックツールのページはレコードでなく、レイアウトの切り替え用のツールになります。
＜をクリックすると前のレイアウトに、＞をクリックすると後のレイアウトに切り替わります。

POINT

レイアウトバーのレイアウトポップアップから選んで切り替えることもできます。

② レイアウトが切り替わる

ここでは、＞アイコンをクリックしたので、次のレイアウトに表示が変更されます。

レイアウト名の変更

新しいレイアウトを作成する場合、レイアウト名は自動的に「レイアウト1」「レイアウト2」というように連番で付けられます。

① 「レイアウト設定」を選択する

レイアウト名を変更する場合は、レイアウトモードで変更したいレイアウトを表示し、レイアウトバーの「レイアウト設定」ボタン 🖉 をクリックします。

② 新しい名前を入力する

「一般」タブの「レイアウト名」欄に、新たな名前を入力し「OK」ボタンをクリックします。レイアウトを選択するポップアップメニューに新たな名前が表示されます。

> **TIPS** テーブルとの区別
>
> レイアウトポップアップにはレイアウト名とテーブル名が両方区別なく表示されます。紛らわしい場合には、区切り線で区切るか（122ページ参照）、名称にTやLなどを追加して区別するといいでしょう。

レイアウトの順序変更と表示

レイアウトポップアップに表示させるレイアウトの順序は次の手順で変更します。

❶ 「管理」の「レイアウト」を選択

「ファイル」メニューの「管理」から「レイアウト」を選択します。

> **POINT**
>
> 「レイアウトの管理」ダイアログボックスは、「レイアウト」プルダウンメニューから「レイアウトの管理」を選択して開くことも可能です。

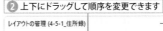

❷ 順番を変更する

「レイアウトの管理」ダイアログボックスのレイアウト名を上下にドラッグして、順番を変えます。
×ボタンをクリックしてダイアログボックスを閉じます。

> **POINT**
>
> レイアウトを選択して、「レイアウトメニューに表示させる」のチェックをクリックしてはずすと、ブラウズ画面でレイアウトポップアップメニューにレイアウト名が表示されません。スクリプトだけを利用して、レイアウトを切り替える場合には、このチェックをはずしておきます。

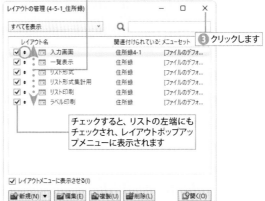

レイアウトフォルダの作成

❶ 「新規」ボタンの「フォルダ」を選択

「ファイル」メニューの「管理」から「レイアウト」を選択します。
「レイアウトの管理」ダイアログボックスの、「新規」ボタンの右側の▼をクリックして「フォルダ」を選択します。

❷ フォルダ名を入力する

フォルダ名を入力し「OK」ボタンをクリックします。

③ フォルダの階層に入れる

フォルダに入れたいレイアウトの左側の矢印をドラッグして、フォルダの下の階層に入れます。

④ ブラウズモードでフォルダを確認

ダイアログボックスを閉じて、ブラウズモードに切り替え、レイアウトポップアップメニューをクリックすると、作成したメニュー項目の下の階層項目が表示されます。

TIPS レイアウトポップアップに区切り線を付ける

区切り線を挿入するには、「レイアウト」メニューの「管理」から「レイアウト」を選択します。仕切り線を挿入したい位置をクリックし、「新規」ボタンの右側の▼をクリックして「区切り線」を選択します。
区切り線を上下にドラッグすると位置を変更できます。

フィールドに枠線を付けるには

初期設定ではフィールドに枠は付いていません。フィールドの周りに罫線を付けることができます（テーマを適用すると枠が付く場合があります）。フィールド枠の設定はすべてのモードに反映されます。

① オブジェクトを選択する

レイアウトモードでフィールドを選択ツール ▶ で選びます。

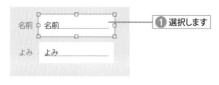

② インスペクタを表示する

インスペクタパネルが表示されていない場合は、ウインドウ右上の「インスペクタパネルを表示」ボタンをクリックします。

③ 枠の設定

「外観」タブをクリックします。「外観」タブの「グラフィック」パートの「線」で、どこに枠線を付けるか、ボタンをクリックします。

「すべての枠」ボタンをクリックすると、フィールドが線で囲まれて枠になります。

また、色・枠線の種類・枠線の太さ、角丸の半径を選択することができます。

- すべての枠
- 上の枠
- 下の枠
- 左の枠
- 右の枠
- 繰り返しフィールドの項目間の線

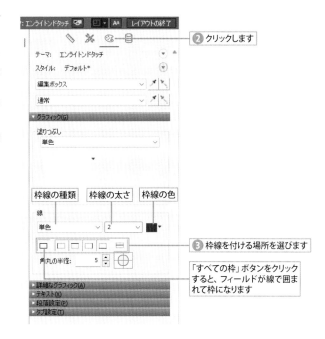

② クリックします

枠線の種類　枠線の太さ　枠線の色

③ 枠線を付ける場所を選びます

「すべての枠」ボタンをクリックすると、フィールドが線で囲まれて枠になります

④ フィールド枠が付けられる

フィールドの境界線に設定したフィールド枠が付けられます。

名前　青山雄一

④ 枠が付けられます

よみ　あおやまゆういち

POINT

フィールド枠とフィールド内の文字がくっついている場合は、128ページを参考にパディングを設定します。

TIPS フィールド枠とフィールド境界

フィールド枠で線の設定がない場合、どこがフィールドなのかわかりません。そのために、実際に枠の設定はありませんが、レイアウトモードだけで枠の位置を見るために、「表示」メニューの「オブジェクト」から「フィールド境界」にチェックを入れます。そうすることで、枠の設定がなくてもフィールドの枠がレイアウトモードで表示されるようになります。

TIPS テキストの基線

インスペクタ「外観」タブの「テキスト」パートの「テキストの基線」で線の種類、太さ、カラーを設定すると、ブラウズモードや検索モード時に、テキストの基線（ベースライン）が表示されます。

テキストの基線

名前　青山雄一

よみ　あおやまゆういち

オブジェクトの塗りつぶしを指定する

インスペクタパネル「外観」タブの「グラフィック」パートの「塗りつぶし」項目では、選択したフィールド、ラベル、描画オブジェクト、パートラベルの塗り色を設定することができます。

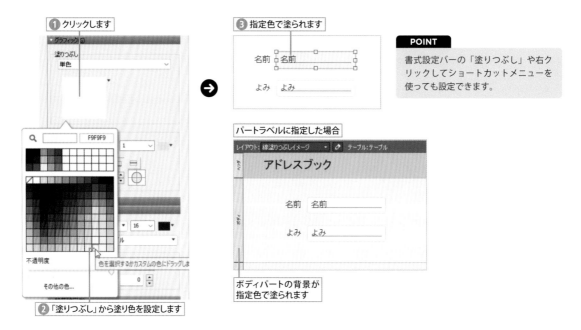

① クリックします

② 「塗りつぶし」から塗り色を設定します

③ 指定色で塗られます

パートラベルに指定した場合

ボディパートの背景が指定色で塗られます

▶カスタム色を追加するには

インスペクタではカラーピッカーにカスタム色を追加して使用することができます。

カスタム色を追加するには、カラーパレットから好みの色を上部のテーマの色領域にドラッグします。指定した色と濃淡の異なる2つの色が追加され、計3つの色がテーマ色として縦一列に追加されます。

カラーピッカー上部に指定した色の見本が表示され、右のテキスト領域には指定した色のRGB値（16進数形式）が表示されます。なお、RGB値を入力して見本の色を表示させてから、それをテーマの色にドラッグして追加することも可能です。

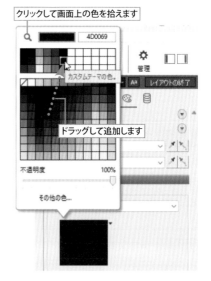

クリックして画面上の色を拾えます

ドラッグして追加します

オブジェクトの塗りつぶしにグラデーションを指定する

フィールド、矩形、パートなどのオブジェクトの塗りつぶしにグラデーションを指定することができます。

❶ グラデーション対象を選択する

レイアウトモードで対象オブジェクトを選択後、インスペクタを表示します。

ここでは、フッタパートのラベルを選択し、フッタに対してグラデーションを適用してみます。

「外観」タブの「グラフィック」パートにある「塗りつぶし」プルダウンメニューから「グラデーション」を選択します。

❷ グラデーションの起点、終点色を指定

グラデーションの起点と終点となる位置を指定するスライダーが表示されます。

両端のハンドルをクリックすると色を指定するためのパレット（カラーピッカー）が現れるので、任意の色を選択します。

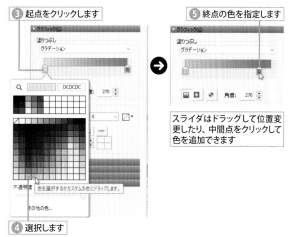

❸ グラデーションを確定する

左右どちらかのハンドルを選択し、左右にドラッグするとグラデーションの位置を指定できるので任意の位置に合わせます。

グラデーションの変化の様子が、レイアウト上にリアルタイムに表示されるので、好みの状態になったら、レイアウト上の他のパートをクリックしてグラデーションの設定を確定します。

作例では、フッタパートに指定しました。

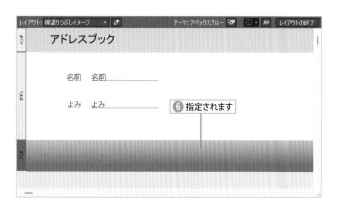

オブジェクトをイメージ画像で塗りつぶす

フィールド、矩形、パートなどのオブジェクトの塗りつぶしにイメージ画像を指定することができます。

1 塗りつぶしで「イメージ」を選択する

イメージを指定したいオブジェクトを選択後、インスペクタパネルを表示します。

ここでは、フッタパートのラベルを選択し、フッタに対してイメージを適用してみます。

「外観」タブの「グラフィック」パートにある「塗りつぶし」から「イメージ」を選択します。

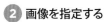

POINT

イメージの塗りつぶしの方法を指定できます。作例では「並べて表示」を選びました。なお、塗りに使用可能な画像形式は、「.PNG」「.BMP」「.TIF」「.GIF」「.JPG」です。

2 画像を指定する

「ピクチャを挿入」ダイアログボックスが表示されるので、事前に用意しておいた画像を指定します。

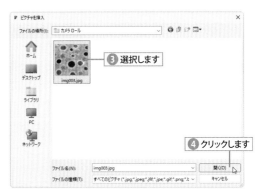

3 イメージが適用される

指定したイメージが対象オブジェクトに反映されます。

作例の場合はフッタパートに指定しました。

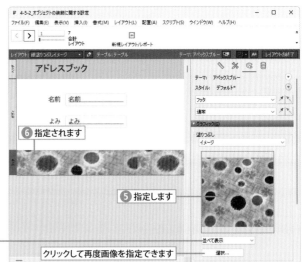

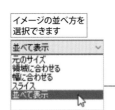

「塗りつぶし」にスライスを指定

「塗りつぶし」に「イメージ」を選択すると、塗りつぶしのオプションで「スライス」を選ぶことができます。

赤い四本の線をドラッグして、イメージを4つのセグメントにスライス（切り抜き）して、塗りつぶしの部分に適用できます。

右の例は、ボディパートの塗りつぶしに、角が丸くなるように緑色の円のイメージを指定しています。

ボディパートのサイズを変更しても、塗りつぶしの指定がそのまま活かされるので便利です。

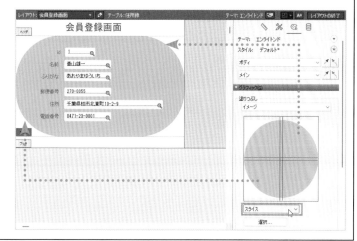

オブジェクトに影を設定する

インスペクタ「外観」タブの「詳細なグラフィック」パートの「効果」で、レイアウトモードのオブジェクトに「外側の影」と「内側の影」を指定できます。

指定するには、対象のオブジェクトをクリックし、「外側の影」または「内側の影」をチェックし、右にある指定ボタン／をクリックすると、指定ポップアップ画面が表示され「色」「不透明度」「水平オフセット」「垂直オフセット」「ぼかし」「スプレッド」を指定できます。

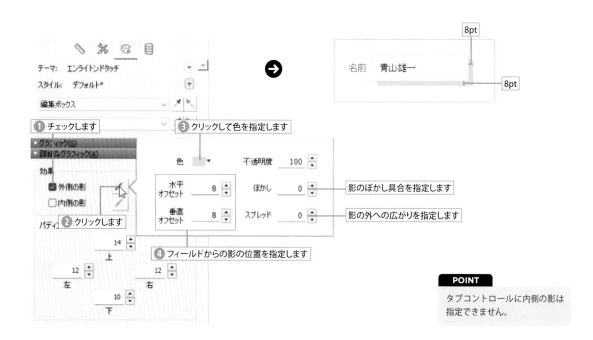

POINT

タブコントロールに内側の影は指定できません。

オブジェクトにパディングを指定する

インスペクタ「外観」タブの「詳細なグラフィック」の「パディング」では、オブジェクトの端と内容との空き（パディング）を指定することができます。あらかじめ設定されているスタイルや配置したフィールドやボタンでテキストが上に寄っている場合などはパディングを設定するときれいに見えます。

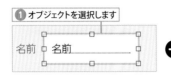

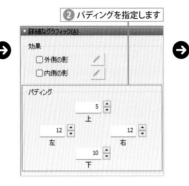

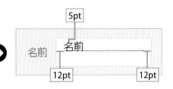

POINT

パディングは、ボタンやポップオーバー、スライドコントロールなどにも設定できます。
Ver.12以前の「浮き出し」などが設定されている場合、「線」の種類として反映されます。

ブラウズ時の状態でオブジェクトの「外観」を個別に設定する

インスペクタ「外観」タブにブラウズモード時の状態に応じて、オブジェクトに対する各種外観設定が可能です。選択できる状態は下記の4つです。

- ・通常　　　　　　　　　何も選択されていない状態
- ・ポイントしたときに表示　オブジェクト上にマウスポインタがある状態
- ・押したとき　　　　　　マウスでクリックしたとき
- ・フォーカス　　　　　　クリック、 Tab キー移動等でオブジェクトが選択されている状態

▶ **オブジェクトの状態を選択する**

状態を選択するには、レイアウトモードでオブジェクトを選択後にインスペクタ「外観」タブで、スタイル設定ボタンの下にあるプルダウンメニューから選択します。

① フォーカスされたときの設定

「名前」フィールドが選択されたとき、そのフィールドの地色・枠色、入力されているテキストのフォントの大きさを変えてみます。まず、レイアウトモードで「名前」フィールドを選択します。
インスペクタ「外観」タブの状態プルダウンメニューから、「フォーカス」を選択します。

② 線と塗りを設定する

次に「グラフィック」パートの「塗りつぶし」プルダウンメニューから「単色」を指定し、カラーパレットから任意の色を選びます。
「線」のプルダウンメニューから「単色」を選び、線幅を「3」に指定し、色は「黒」として、「すべての枠」ボタン□をクリックします。

③ フォントを設定する

「テキスト」パートのフォント指定の大きさを「24」とし、「太字」ボタン**B**をクリックします。
すべての指定が終了したらボディパートなどをクリックして指定を確定します。

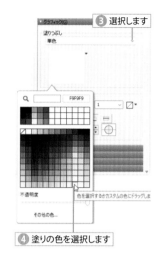

④ ブラウズでフォーカスしてみる

ブラウズモードに切り替えて、「名前」フィールドをクリックすると、指定した内容通りの外観に「名前」フィールドが変化します。

書式のコピー/貼り付け

レイアウトで文字フォント、サイズ、色、枠線などの書式を他のオブジェクトに合わせたい場合に、ステータスツールバーの「書式のコピー/貼り付け」ボタン ✒ を使うと、一度の操作で書式を統一することができます。
　ボタンをダブルクリックして選択してから行うと連続して書式コピーが可能です。

カスタムスタイルを作成しテーマに保存する

フィールドなどのオブジェクト、レイアウトの各種パート、背景に対して任意のスタイル（書式）を指定して、それらをまとめて一つの新規テーマとして保存できます。
　保存したテーマは、他のレイアウトに適用でき、デザイン変更の作業効率がアップします。

① 対象を選択する

カスタムスタイルを作成したいデータベースを開き、レイアウトモードに切り替えます。
スタイルを変更したい対象を選択します。作例では、ヘッダパートがデフォルトテーマではタイトル文字が小さいので、もっと大きくして見やすくします。

② インスペクタでスタイル指定

ヘッダパートのタイトル文字をクリックして、インスペクタの「外観」タブをクリックし、指定します。
インスペクタの「テキスト」指定欄で、文字を大きく、かつ太字、イタリックに指定しました。
なお、作例のレイアウトにはデフォルトの「エンライトンド」テーマが事前に適用されています。

③ 変更したスタイルを保存する

インスペクタ上部の「スタイル:」に「＊」アスタリスクマークが付き、赤い⊙ボタンになります。
⊙ボタンをクリックすると、プルダウンメニューが表示されるので、「変更を現在のスタイルに保存」を選択します。

④ 新規テーマとして保存

インスペクタのスタイル項目の上にあるテーマ項目が、「テーマ：エンライトンド＊」になり、かつ右端のボタンが⊙になります。
⊙ボタンをクリックしメニューから「新規テーマとして保存」を選択します。

⑤ テーマに新しい名前を付ける

「テーマ名を指定」ダイアログボックスが表示されるので、名前を付けます。作例では「エンライトンド_ヘッダ変更」としました。

⑥ 「スタイル」タブで登録を確認

インスペクタの「スタイル」タブを表示すると、先ほど指定したテーマ名が正しく表示されています。
これで新規テーマが登録されました。

⑦ ブラウズモードで表示確認

指定したスタイル、登録したテーマがうまく表示されるかブラウズモードに切り替えて確かめてみましょう。

⑧ スタイルを追加する

作成したカスタムテーマに新しいスタイルを追加できます。
レイアウトモードから、インスペクタを表示させ、「外観」タブをクリックし、ヘッダパートの背景色を明るい緑色に変更して見やすくし、このスタイルを追加します。

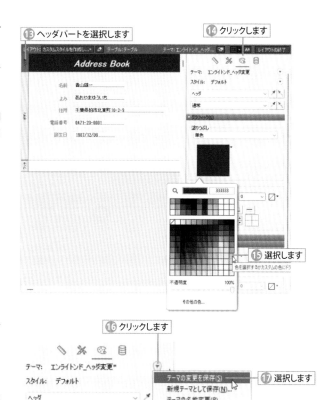

⑨ 変更したスタイルを保存する

前述した手順と同様に変更したスタイルを保存します。
次に、テーマを保存する際には、新しくテーマを作成するのではなく、現在表示されているテーマに変更を追加するので、「テーマの変更を保存」を必ず選択してください。
ブラウズモードで指定の完了を確認します。

⑩ テーマを他のレイアウトに適用する

適用したい他のレイアウトを表示させ、オブジェクト
のない部分を右クリックし「テーマの変更」を選択し
ます。
「テーマの変更」ダイアログボックスが表示されるの
で、「レイアウトテーマ」で作成したテーマ「エンライ
トンド_ヘッダ変更」を選択し、「OK」ボタンをクリッ
クします。

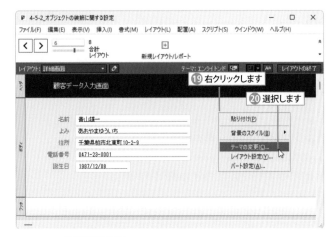

⑪ テーマが適用された

すると、瞬時にテーマが切り替わり、作成したテーマ
が他のレイアウトに適用されます。

TIPS カスタムテーマの削除/インポート

カスタムテーマはいくつでも追加して使用することができますが、不要なテー
マは削除が可能です。ただし、現在データベース内で使用中のカスタムスタ
イルは削除できません。削除したい場合は、すべてのレイアウトからカスタム
テーマの適用を外しておく必要があります。
「ファイル」メニューの「管理」から「テーマ」を選択して、「テーマの管理」ダイ
アログボックスからテーマ名を指定して「削除」ボタンをクリックします。ま
た、テーマの「複製」や「名前の変更」も可能
です。
さらに、「インポート」ボタンをクリック
すると、他のデータベースで使用している
テーマをインポートして現在使用している
データベースファイルで使用することがで
きます。

レイアウトツール

使用頻度
★ ★ ★

ステータスツールバーのレイアウトツールには、線、矩形、円などのオブジェクトを描画したり、さまざまなフィールドやタブコントロール、Webビューアを配置するためのツールがあります。ツールボタンをクリックすると、さまざまなオブジェクトを描画できます。

ステータスツールバーのレイアウトツール

レイアウトモードでは、ステータスツールバーにレイアウトツールが表示され、オブジェクトの選択・描画、ボタン、コントロール、グラフ、ポータル、Webビューア、フィールド、パートなどを配置することができます。

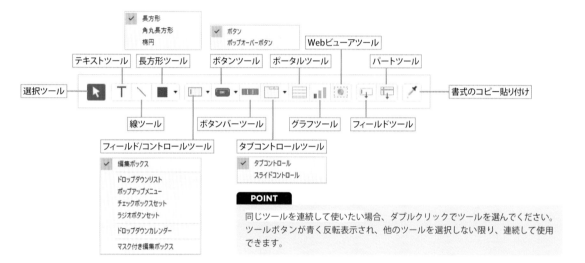

POINT

同じツールを連続して使いたい場合、ダブルクリックでツールを選んでください。ツールボタンが青く反転表示され、他のツールを選択しない限り、連続して使用できます。

オブジェクトを作成・選択するツール

▶ 選択ツール

フィールドなどのオブジェクトを削除、複製、移動、変形などを行うときに、その対象オブジェクトをクリックして選択します。ポインタは矢印の形になります。

▶ テキストツール

テキストを書き込むためのツールです。テキストを書き込みたい位置でクリックして書き込みます。任意の入力エリアはドラッグして作成することができます。

▶ 線ツール

ドラッグすると直線が引けます。 Shift キーを押しながらドラッグすると水平、垂直、 Ctrl （Macは option ）キーを押しながらドラッグすると水平、垂直、45度の線になります。

▶ 図形ツール

長方形ツール、角丸長方形ツール、楕円ツールはプルダウンメニューから選択します。

長方形ツール ■

四角形の対角線にドラッグすると、四角形が描けます。Ctrl（Macはoption）キーキーを押しながらドラッグすると、正方形になります。

角丸長方形ツール ■

角の丸い四角形を描くために使います。斜めにドラッグすると角が丸い四角形が描けます。

楕円ツール ●

楕円を描くために使います。斜めにドラッグすると、楕円が描けます。Ctrl（Macはoption）キーを押しながらドラッグすると、正円になります。

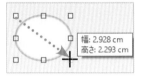

斜めにドラッグして楕円を描画します

┃ フィールドツールでフィールドを配置する

フィールドを追加するときに使います。追加するフィールドは、フィールド定義で作成してあるものの中から選びます。

① レイアウト上でドラッグ

フィールドツール□を希望の位置までドラッグします。

② フィールドの指定

「フィールド指定」ダイアログボックスが表示されます。
一覧の中から追加したいフィールド名を選択し、「OK」ボタンをクリックします。

③ フィールドが配置される

フィールドとラベルが配置されます。

POINT

ここではフィールドツールの使い方を解説していますが、オブジェクトパネルのフィールドタブから配置する方法が標準的です（36ページ参照）。

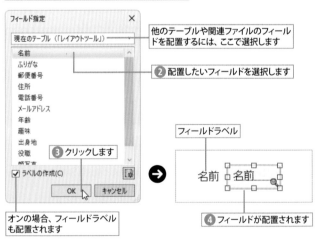

フィールド/コントロールツール

フィールド/コントロールツールを使うと、通常の文字入力を行なう編集ボックスのほかにメニュー、チェックボックス、ドロップダウンカレンダーなどの入力コントロールを配置することができます。

① 挿入する表示形式を選択

フィールド/コントロールツール ▣・の右の▼ボタンをクリックして、メニューから挿入する表示形式を選択します。
ここでは、「ポップアップメニュー」を選択します。

① ▼ボタンをクリックします

② メニューから挿入する表示形式を選択します

② レイアウト上でドラッグ

レイアウト上でフィールドの大きさでドラッグします。

③ レイアウト上でドラッグします

幅: 5.045 cm
高さ: 1.376 cm

③ 値の設定

「フィールド指定」ダイアログボックスが表示されます。
作成したいフィールドを選択し「OK」ボタンをクリックしてフィールドを配置します。

POINT

「ラベルの作成」をチェックすると、ラベルも配置されます。

④ 作成したいフィールドを選択します

「データベースの管理」ダイアログボックスが開きます

⑤ クリックします

④ 値一覧の指定

インスペクタパネル「データ」タブの「フィールド」パートの「値一覧」項目でポップアップさせる値を選択します。

⑤ フィールドの完成

形式を設定したフィールドができます。ブラウズモードで確認します。

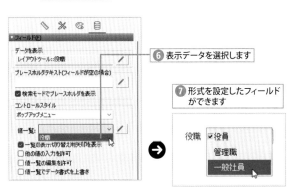

⑥ 表示データを選択します

⑦ 形式を設定したフィールドができます

POINT

ボタンツールは282ページ、パートツールは171ページ、グラフツールは178ページ、書式のコピー/貼り付けは129ページを参照してください。

CHAPTER 4　レイアウトをつくろう

▋ タブコントロールツール

タブ形式で切り替え可能なパネルを作成します。

① レイアウト上でドラッグ

レイアウト上でコントロールツールボタンのタブコントロールツール▭・を選択し、タブ内でフィールドが入る大きさにドラッグします。

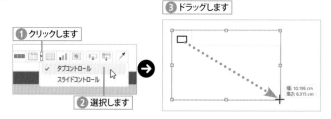

② タブコントロールの作成

「タブコントロール設定」ダイアログボックスが表示されるのでタブ名を入力し「作成」ボタンをクリックします。
タブ名を複数入力すると、複数のタブが作成できます。
タブ上には必要なフィールド、ボタン、オブジェクトを配置したり、インスペクタで塗り色などを設定することができます。
複数のタブを作成したら「OK」ボタンをクリックします。

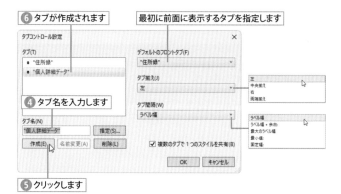

③ タブが完成

タブが完成します。タブをクリックするとパネル表示を切り替えることができます。

POINT

配置したタブは、ダブルクリックしてダイアログボックスで編集することができます。

▋ スライドコントロール

「スライドコントロール」は主にiPhoneやiPadなどのタッチデバイスで左右にフリックして画面を切り替えることができるエリアを作成します。

① スライドコントロールを選択

レイアウトモードで「スライドコントロール」にチェックマークを付け選択します。ドラッグし、ボディパートに領域を指定します。

② 領域を選択する

「スライドコントロール設定」ダイアログボックスが表示されるので、スライドパネルの数をここで指定します。［＋］マークをクリックすると1つ増え、［－］マークで1つ減ります。デフォルトは「3」です。

また、領域下部に表示されるドット（丸印）の大きさも指定できます。必要に応じてポイントの大きさを変えてください。

なお、作例ではiPhone14の縦レイアウト（390×763）に最適化した「CONTACT_memo」を作成しています。連絡先やテキストメモ、画像も保存できる実用的なFileMaker Go対応のテンプレートです。

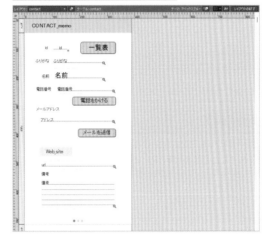

③ ドラッグしてコントロールの領域を指定します

④ クリックしてパネルの数を指定します

ドットのサイズを設定できます

③ フィールド等の指定

各パネルに配置するフィールドの指定を行います。パネル外をクリックすると「スライドコントロール設定」ダイアログボックスが消えます（再度ダブルクリックすると表示されます）。

フィールドツールもしくは、フィールドタブを使って配置します。

1枚目のパネルには、「名前」「ふりがな」などの必要項目を配置しました。

その下に「電話をかける」、「メール送信」のスクリプトを作成しボタンに配置しています。

⑤ コントロール内にフィールドを配置します

④ スライドコントロールの完成

2枚目にはテキストメモ、3枚目にはオブジェクトフィールドの「写真」を配置しました。

PCでは ●・・ をクリックしてページを切り替えますが、iPhone/iPadではスライドでコンテンツを切り替えることができます。

右図はiPhoneのFileMaker Goで表示してページを切り替えた状態です。

iPhoneではスライドしてコンテンツを切り替えます

2枚目

3枚目

ポップオーバーボタン

ポップオーバーボタン機能を活用すると、ボタンをクリックすると吹き出し表示領域が表示され、詳細データなどを表示させるときに便利な機能です。この領域には各種オブジェクトが配置できます。

① レイアウト上でドラッグ

レイアウトモードでボタンツール ◻・をクリックして、「ポップオーバーボタン」◻・を選択します。
ポップオーバーボタンのサイズの方形をドラッグします。

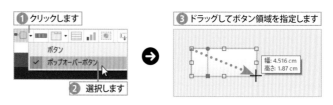

② ポップオーバーボタンの設定

「ポップオーバーボタンの設定」ダイアログボックスとポップオーバー領域が表示されます。
ポップオーバーのタイトルバー、ボタン名を付けることができます。
作例ではタイトルは「個人情報」、ボタン名は「個人情報を表示」としました。

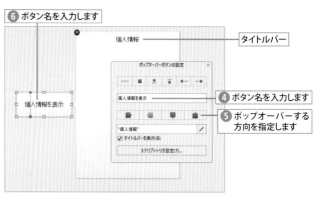

③ フィールド等の指定

配置するフィールドなどのオブジェクトを指定します。「名前」フィールドなど必要事項を「フィールドタブ」から指定しました。

POINT

フィールドなどオブジェクトを配置するときに、ポップオーバー領域がデフォルトのサイズでは狭い場合があります。その場合は、領域をマウスで広げています。縦横両方とも拡大可能です。

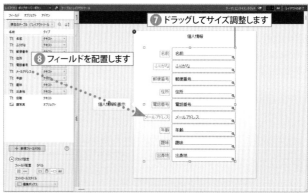

④ ポップオーバーの完成

レイアウトの保存を行ない、ブラウズモードに切り替えて、「個人情報を表示」ボタンをクリックして、うまくポップオーバーするか確認します。

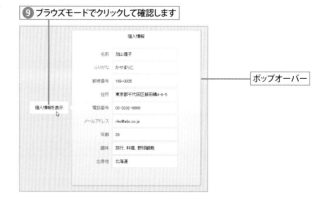

TIPS　ポップオーバーボタンにアイコンを表示させるには

「ポップオーバーボタンの設定」ダイアログボックスで、ボタンにアイコンを表示させることができます。デフォルトでは従来通りラベル名のみが表示されます。

ポップオーバーボタンにアイコンを表示させたい場合は、ボタンをダブルクリックして、「ポップオーバーボタンの設定」ダイアログボックスを表示させます。ダイアログボックス内の一番上に6個ある表示設定マークの左から2番目以降の任意のマークをクリックします。すると、アイコン選択窓が表示されるので、その選択窓内の中から任意のアイコンをクリックして選択します。

ラベルの設定は、上下左右4つの位置、ラベルのみ表示、アイコンのみ表示を選ぶことができます。

サンプルでは、「アイコンのみ表示」を選択しています。スライダーを左右に動かしてアイコンを適当な大きさに調整します。ポップオーバーする方向も選択します。

なお、アイコンは「+」マークをクリックしてデフォルトアイコンの他にオリジナルアイコンなどを追加して使用することができます。

ボタンのタイプを選びます

絵柄を選びます

サイズを設定します

TIPS　ポップオーバーボタンにスクリプトトリガを指定する

「ポップオーバーの設定」ダイアログボックスでは、スクリプトトリガを指定することができます。

作例では、ボタンをクリックしたタイミングで「正確な文字入力をお願いします。」という「警告」メッセージを表示させ、「OK」ボタンをクリックすると、「名前」フィールドに移動する、というスクリプトを実行させています。

なお、「スクリプトトリガ」の詳しい解説は301ページにありますので参照してください。

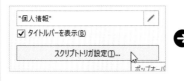

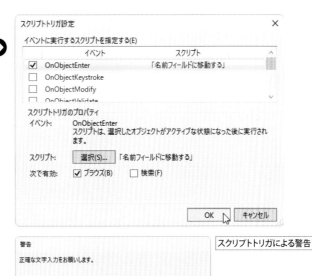

スクリプトトリガによる警告

Webビューアツール

Webサイトを表示するオブジェクトを配置できます。インターネットに接続すると、配置したオブジェクト内にリアルタイムで指定したWebページが表示される機能です。

① レイアウト上でドラッグ

レイアウトモードでツールのWebビューアツール を選択し、ビューアの広さでドラッグします。

POINT

Webビューアには、あらかじめGoogle Maps、Google Web検索、Wikipedia、Wikinewsなどが登録されているので、レコードの住所フィールドの地図、レコードのサイト、レコードの調べたい言葉などをWebビューアオブジェクトに表示することができます。

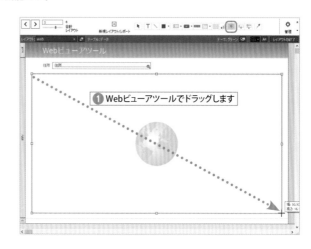

② Webサイトの設定

「Webビューアの設定」ダイアログボックスが表示されます。
ここでは、「Webサイトの選択」で「Google Maps」を選択してみます。
「住所」には、住所データが入力されている「住所」フィールドを指定します。

③ フィールドの指定

「フィールド指定」ダイアログボックスが表示されます。
「住所」フィールドを選択して「OK」ボタンをクリックします。

④ ブラウズモードで確認

ブラウズモードに切り替え、インターネットに接続するとWebページが表示されます。
「Google Maps」の住所データの地点が表示されます。
「住所」フィールドの住所データを参照して、Webビューアのオブジェクト内にGoogle Mapが表示されます。

⑥ 住所を入力すると該当するマップが表示されます

TIPS　カスタムWebアドレス

あらかじめ用意されたWebページ以外にも、インターネット上のページを表示することができます。「Webビューアの設定」ダイアログボックスの「カスタムWebアドレス」を選択します。「Webアドレス」の「指定」をクリックして、「計算式の指定」ダイアログボックスでURLデータの入力されているフィールドを指定します。ブラウズモードに切り替え、インターネットに接続すると、指定したURLのページが表示されます。

また、「Webアドレス」欄に表示したいページのURLを直接入力しても表示できます。

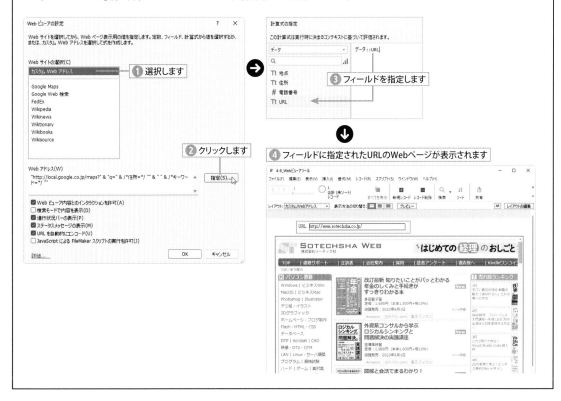

① 選択します

② クリックします

③ フィールドを指定します

④ フィールドに指定されたURLのWebページが表示されます

Web ビューアでJavaScriptを活用したスクリプトを作成する

Ver.19以降に搭載される「WebビューアでJavaScriptを実行」スクリプトステップでは、JavaScriptからFileMakerスクリプトを呼び出すこともできるようになり、これにより相互に引数を渡すことが可能となり、よりインタラクティブな機能実装が可能となっています。

作例では簡単なWeb用の「受付フォーム」を作成し、入力されたデータをFileMakerのフィールドに取り込むというものです。

▶ Webビューアの設定

最初に、Webビューアツールで「Webビューアソース」フィールドを作成します。このフィールドにJavaScriptを含んだHTMLソースを入力します。「登録者」「会社名」フィールドも作成して配置します。

「Webビューアの設定」ダイアログボックスで「カスタムWebアドレス」を選択し、「Webアドレス」では「指定」をクリックしWebビューアツールで作成したフィールドを指定します。

オプションで、「Webビューア内容とのインタラクションを許可」と「JavaScriptによるFileMakerスクリプトの実行を許可」に必ずチェックマークを付けてください。また、レイアウトメニューからこの「Webビューア」にオブジェクト名を指定してください。作例では「Webビューア」としています。

▶ HTMLソースの記述

レコードを1つ作成し、「Webビューア」内に表示させるためのHTMLソースを「Webビューアソース」フィールドに入力します。HTMLソースは下記の通りです。

```
data:text/html,
<html>
  <head>
    <style>
      div { padding-bottom: 0.5em; }
    </style>
  </head>

  <body>
    <div>
      <label for="name">登録者:<br></label>
      <input id="name" type="text" value="default">
    </div>
    <div>
```

次ページへ続く

```
      <label for="company">会社名:<br></label>
      <input id="company" type="text" value="default">
    </div>
    <button onclick="submitForm()">送信</button>
  </body>

  <script>
    function submitForm() {
      var name = document.getElementById("name").value;
      var company = document.getElementById("company").value;
      var param = name + '¥n' + company;
      FileMaker.PerformScript("formからデータを取得", param);
    }

    function setUserData(name, company) {
      document.getElementById("name").value = name;
      document.getElementById("company").value = company;
    }
  </script>
</html>
```

② WebビューアのフィールドにHTMLとJavaScriptで指定されたフォームとボタンが表示されます

① HTMLソースを入力します

▶FileMakerのスクリプトを作成

　まずフォームに入力されたデータをテーブル上のフィールドに値を挿入するスクリプト「formからデータを取得」を作成します。

　「フィールド設定」スクリプトステップを使って指定します。

　JavaScript内で作成したファイルメーカーのスクリプトは「FileMaker.PerformScript」を指定することで呼び出すことができます。

　今度はフィールド値をフォームの入力窓に反映させるスクリプト「フィールド値でformデータを設定」を作成します。

　「WebビューアでJavaScriptを実行」スクリプトステップを活用し値を得ています。

スクリプトを作成します

スクリプトを作成します

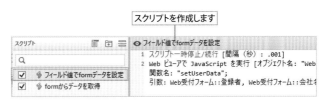

▶ブラウズモードで確認

　ブラウズモードからフォームに値を入力し、「送信」ボタンをクリックします。するとテーブル内に配置した「登録者」と「会社名」の各フィールドに値が自動入力されます。

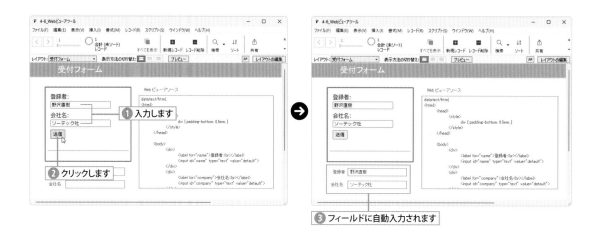

　次に、テーブル内に配置した「登録者」「会社名」フィールドの値を書き換えて、スクリプト「フィールド値でformデータを設定」を実行すると、書き換えた値がフォームに反映されます。

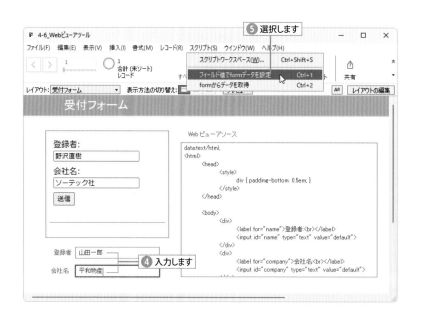

オブジェクトの表示に関する設定

レイアウト作業をより正確に行うためのオブジェクト位置、サイズ調整のためのツール、オブジェクトの表示に関するメニュー、コマンドについて説明します。主に「表示」メニューから、こうした設定を行うことができます。

ページ余白

レイアウトモードで「表示」メニューの「ページ余白」を選択しチェックすると、ページの余白部分をレイアウト上に表示します。余白は印刷対象になりません。

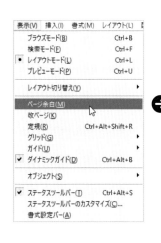

定規

「表示」メニューの「定規」（Shift + Alt + Ctrl + R）を選択しチェックすると、オブジェクトの距離の測定、配置に使用する定規が表示されます。

定規の交差点に距離の単位が表示されています。その部分をクリックすると、単位を切り替えることができます。単位はセンチ、インチ、ピクセルの3種類です。

オブジェクトをドラッグまたはマウスでプレスすると、定規上にオブジェクトの範囲が白く反転して表示されます。

ガイド・ダイナミックガイド

▶ ガイド

ガイドは、定規を表示し定規目盛りからドラッグして何本も配置することができます。

「表示」メニューの「ガイド」から「ガイドを表示」（ Alt ＋ Ctrl ＋：）をチェックすると、オブジェクトを整列させるためのガイドラインが表示されます。ガイドラインはドラッグして位置を移動できます。

また、「ガイドに沿わせる」（ Shift ＋ Alt ＋ Ctrl ＋：）にチェックマークを付けるとオブジェクトがガイドに吸着して正確な位置合わせをすることができます。

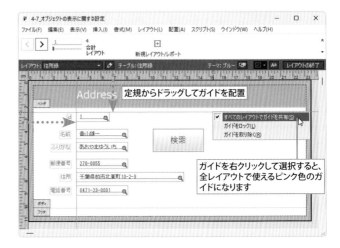

▶ ダイナミックガイド

「表示」メニューの「ダイナミックガイド」（ Alt ＋ Ctrl ＋B）にチェックマークを付けると、オブジェクトの移動、サイズ変更、作成時に青色のガイドが表示されます。

このガイドは他のオブジェクトとの位置関係により表示が動的に変化し、オブジェクトはガイドに吸着します。この機能により短時間でオブジェクトの一貫した整列が可能になります。

グリッドライン

「表示」メニューの「グリッド」から「グリッドを表示」（ Alt ＋ Ctrl ＋Y）を選択しチェックすると、グリッドラインが点線で表示されます。

オブジェクトを揃えるときにグリッドラインが参考になります。

オブジェクトのサイズや位置を数値指定する

インスペクタの「位置」タブの「位置」パートでは、選択オブジェクトの位置や大きさが表示されます。ボックス内に新たな数値を入力すると位置や大きさを変更することができます。「名前」欄に入力すると、選択したオブジェクトに名前が付けられます。

オブジェクト名は「オブジェクトへ移動」スクリプトステップで使用します。

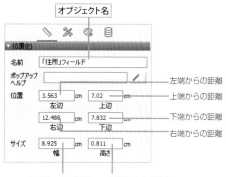

オブジェクト名
左端からの距離
上端からの距離
下端からの距離
右端からの距離
オブジェクトの幅　オブジェクトの高さ

▶ サイズと位置を自動変更する

インスペクタ「位置」タブの「自動サイズ調整」パートでは、ウインドウの大きさに応じて自動的にオブジェクトのサイズを変更したり、水平、垂直方向への位置の移動を設定できます。

レイアウトモードで設定したいオブジェクトを選択し（例では住所のフィールドオブジェクト）、位置のロックマークのオン・オフによって、水平、垂直方向へのサイズを変更・位置の移動を設定します。

オブジェクトを作成したときの初期設定です

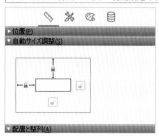

距離が固定

距離が固定

上と右をチェックするとオブジェクトが右端に移動します

距離が自由　　距離が固定

上、左、右をチェックするとウインドウサイズに合わせてオブジェクトが左右に展開します

距離が固定

距離が固定　　距離が固定

上と下をチェックするとウインドウサイズに合わせてオブジェクトが上下に展開します

距離が固定

距離が固定

サンプルデータを表示する

「表示」メニューの「オブジェクト」から「サンプルデータ」を選択しチェックすると、レイアウトモードでフィールドにサンプルのデータを表示します。実際のデータが入った状態でレイアウトを調整できます。

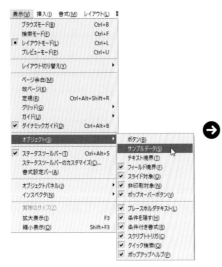

テキスト境界の表示

「表示」メニューの「オブジェクト」から「テキスト境界」を選択しチェックすると、ラベルやテキストオブジェクトなどテキストの境界線を表示します。

テキストの場合、どこにその大きさの境界線があるかはっきりしない場合があります。これを表示させると、他のテキストやレイアウトとぴったり合わせるときに便利です。

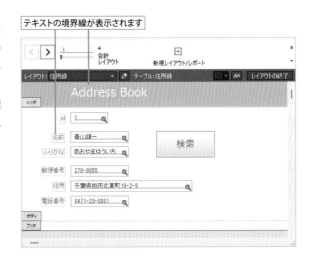

テキストの境界線が表示されます

フィールド境界の表示

「表示」メニューの「オブジェクト」から「フィールド境界」を選択しチェックすると、レイアウト時にフィールドの境界線が表示されます。初期設定では、この機能がオンの状態になっています。

解除すると、フィールドの位置がわからなくなることもありますので、オンのまま使用するとよいでしょう。フィールドに入力されたテキストの基準線も表示されますので、データの行を揃えるときにも便利です。

テキストの基準線

フィールドの境界線

オブジェクトやレイアウトに表示されるバッジ

レイアウトモードのフィールドやボタン、レイアウトの右下には、それぞれの属性や設定の種類を示すバッジが表示されます。

バッジ名	バッジ	説明
プレースホルダテキスト	⊟	インスペクタ「データ」タブでプレースホルダテキストが設定されたオブジェクト。「表示」メニューの「オブジェクト」から「プレースホルダテキスト」を選択。
条件付き書式	◆	条件付き書式が定義されたオブジェクト。「表示」メニューの「オブジェクト」から「条件付き書式」を選択。
スクリプトトリガ	👆	スクリプトトリガが設定されたオブジェクト。「表示」メニューの「オブジェクト」から「スクリプトトリガ」を選択。
レイアウトスクリプトトリガ	👆	スクリプトトリガが定義されたレイアウト。「表示」メニューの「オブジェクト」から「スクリプトトリガ」を選択。
クイック検索	🔍 🔍 🔍	クイック検索を使用するフィールド。🔍は無効、🔍は検索に時間がかかるフィールド、🔍は検索可能を示す。「表示」メニューの「オブジェクト」から「クイック検索」を選択。
ポップアップヘルプ	Ⓘ	ポップアップヘルプ（インスペクタの「位置」で指定）が設定されたオブジェクト。「表示」メニューの「オブジェクト」から「ポップアップヘルプ」を選択。
ボタン	▭	ボタンが設定されたオブジェクト。「表示」メニューの「オブジェクト」から「ボタン」を選択。
ポップオーバーボタン	▱	ポップオーバーボタン。「表示」メニューの「オブジェクト」から「ポップオーバーボタン」を選択。
グラデーション	•—■	インスペクタで「塗り」に「グラデーション」を指定したオブジェクト。
条件を隠す	👁	インスペクタで条件を隠すよう指定されたオブジェクト。「表示」メニューの「オブジェクト」から「条件を隠す」を選択。

> **TIPS** ## アクセシビリティラベルとスクリーンリーダーの利用
>
> アクセシビリティラベルを追加すると、画面読み上げ機能などのアプリケーションを利用して、フィールドラベルのテキストを読み上げるようにできます。画面読み上げ機能をもつ支援アプリケーションをデータベース内で利用することができます。
> レイアウトモードで「表示」メニューの「インスペクタ」から「アクセシビリティインスペクタ」を選択します。フィールドなどのオブジェクトを選択します。
> アクセシビリティインスペクタのラベルをクリックしてから、そのままフィールドラベルなどのラベルオブジェクトをクリックします。アクセシビリティインスペクタのラベルが、クリックしたフィールドラベルなどの名称に変更されます。
>
>
>
> 「タイトル」に入力すると、そのテキストが読み上げられます。最初に選択したフィールドなどのオブジェクトがアクティブな時、ラベルのテキストまたはタイトルに入力したテキストが読み上げられます。
> 読み上げ対象のオブジェクトには、任意のタイトルや説明のためのヘルプを付けることができます。また、それらは計算式を使って指定することもできます。

4.8 文字スタイルを設定する

使用頻度

ここでは、テキストフィールドやラベルなどのテキストデータの書式を設定する方法について説明します。きれいなデザインを作成するには、フォント、サイズ、カラーなど読みやすい書式をこころがけます。

フォント、書式の設定の基本事項

テキスト、オブジェクト、データの書式設定に関するコマンドは、「書式」メニュー、インスペクタの「外観」タブの「テキスト」パート、書式設定バーに収められています。

レイアウトモードに切り替え、書式を設定したいオブジェクトを選択ツール ▶ で選び、書式のコマンドを選択します。テキストツール T で選択すると、部分的に書式を変更できます。

オブジェクトを何も選択しないでコマンドを選ぶと、初期設定が変更されます。その後作成するオブジェクトには、この変更後の設定が適用されます。

書式設定バー

フォントの設定

フォントの種類やサイズなどは、レイアウトモードの書式設定バーやインスペクタを使用すると楽に行えます。また、「書式」メニューの「フォント」「サイズ」「スタイル」「テキスト配置」からも設定できます。

❶ 対象を選択する

テキストオブジェクトやフィールドを選択し、書式設定バーか、インスペクタの「外観」タブの「テキスト」パートでフォントを選択します。

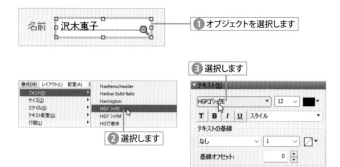

❶ オブジェクトを選択します

❸ 選択します

❷ 選択します

❷ フォントが変更される

テキストオブジェクトやフィールドに選択したフォントが反映されます。

❹ フォントが変更されます

名前 沢木恵子

POINT

書式設定バーはステータスツールバーの ボタンをクリックして表示します。

▶ フォントサイズを設定する

① 対象を選択する

テキストオブジェクト、フィールドを選択し、書式設定バーの「サイズ」、インスペクタ「外観」タブの「テキスト」パートでサイズを選択します。

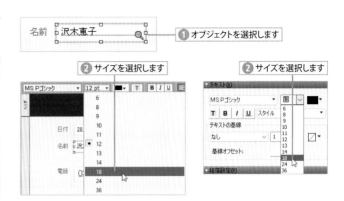

① オブジェクトを選択します

② サイズを選択します

② サイズを選択します

② フォントサイズが変更される

フィールドを選択した場合は、そのフィールドのデータのサイズが変更されます。フィールドの中のテキストのサイズを大きくした場合は、フィールドの縦幅サイズも連動して大きくします。

③ サイズが変更されます

▶ フォントスタイルの設定

① 対象を選択する

テキストオブジェクト、フィールドを選択し、書式設定バー、またはインスペクタの「外観」タブの「テキスト」パートで「太字」「斜体」「下線」ボタンをクリックします。

① オブジェクトを選択します

② 選択します

② 選択します

② スタイルが変更される

フィールドを選択した場合は、そのフィールドのデータのスタイルが変更されます。

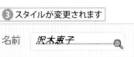

③ スタイルが変更されます

TIPS 書式設定関数

関数を使って、フィールドの書式を設定することができます。詳細は364ページ「書式設定関数」を参照ください。

行揃え

　テキストオブジェクト、フィールド内のデータをボックス内の左、中央、右、両端、さらに上、中央、下に揃えることができます。

　インスペクタの「外観」タブの「段落設定」パートか書式設定バーから目的の行揃えを選択します。

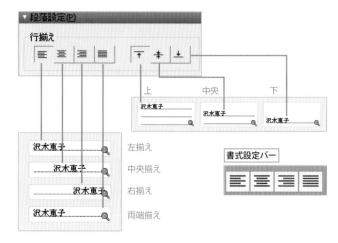

行間の設定

　文字の行間を設定します。「書式」メニューの「行間」から「標準」「1行おき」「その他」の中から選びます。またはインスペクタの「外観」タブの「段落設定」パートの「行間」項目で単位ごとの数値指定ができます。ここで「2」行を入力すると「行間」コマンドで「1行おき」を選んだのと同じになります。

文字色の設定

　テキストオブジェクト、フィールドなどの文字色を設定することができます。書式設定バーかインスペクタ「外観」タブの「テキスト」で目的の色を選びます。

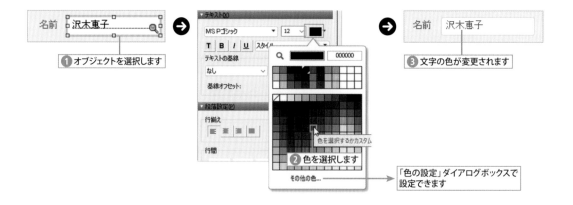

文字を縦書きにするには

フィールド、テキストを縦書きにすることができます。全角の文字が90度回転して縦書きになります。

① オブジェクトを選択する

オブジェクトを選択ツール ▶ でクリックして選択します。

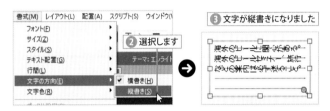

② 「縦書き」を選択する

「書式」メニューの「文字の方向」から「縦書き」を選択します。

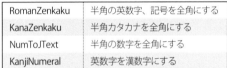

▶ 半角文字を縦書きにするには

縦書きは、全角の文字が90度回転するだけです。半角の文字は回転しないので、横書きのままです。

半角文字を横書きにするには、別に計算フィールドを作成し、関数を使って半角文字を全角に変換します。その計算フィールドの文字方向を縦書きにします。

半角から全角の変換に使用できる関数は右の通りです（詳しくは「Section 13.1 関数一覧」360ページを参照してください）。

RomanZenkaku	半角の英数字、記号を全角にする
KanaZenkaku	半角カタカナを全角にする
NumToJText	半角の数字を全角にする
KanjiNumeral	英数字を漢字にする

▶ 半角数字を漢数字に変換し縦書きにする

ここでは、「住所」フィールドの半角数字を漢数字に変換し、縦書きにする例を挙げます。

新規レイアウトを作成するか、現在のレイアウトの複製を作成します（全角に変換する計算フィールドを追加する際に現在のレイアウトがくずれるので、新たなレイアウトにします）。

「ファイル」メニューの「管理」→「データベース」で、「住所縦書き」計算フィールドを作成し、計算式の指定で、「KanjiNumeral(住所)」にします。「計算の結果」は「テキスト」にします。

レイアウトモードに切り替え、「住所縦書き」フィールドを選択し、「書式」メニューの「文字の方向」から「縦書き」を選択します。

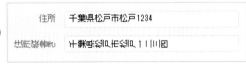

> **POINT**
> 「kanjiNumeral」はテキスト内の全角および半角の数字文字列を漢数字にする関数です。

数字、日付、時刻、画像の書式設定

使用頻度
★ ★ ★　金額、日付、時刻や画像など、入力したデータを適切な形式で表示できるよう設定します。金額などは3桁区切り、通貨記号、小数点の桁数など必ず設定しましょう。

数字の書式を設定する

　数字フィールド、計算フィールド、集計フィールドに入力された数字の書式の初期設定を変更します。

　フィールドを選択した状態で、インスペクタの「データ」タブの「データの書式設定」パートで、「論理値」「小数」「通貨」などの数字の書式を設定します。フィールドを選択してから実行すると、選択したフィールドに対して書式が設定されます。

① クリックします

▶ 一般／入力モードそのまま

　「一般」「入力モードそのまま」では、入力したままの形式で表示します。

② 数値の書式を設定します

▶ 論理値

　フィールドに、0以外の数字を入力した場合には、「はい」が表示されます。数字の0を入力した場合には、「いいえ」が表示されます。

▶ 小数

　数字が小数の場合「小数」を選択し小数の表記方法を指定します。

▶ 小数点以下の桁数

　小数点以下の桁数を設定します。チェックすると、小数点以下の桁数、数字の形式、表記法、通貨記号、位取りなどを設定できます。

▶ 0の場合は数値を表示しない

　0を入力した場合には、何も表示しないようにします。

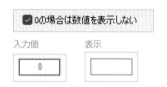

▶ 表記法

数字に付ける記号と位置を指定します。

▶ マイナス表示

負の数字の表示形式と色を選ぶことができます。

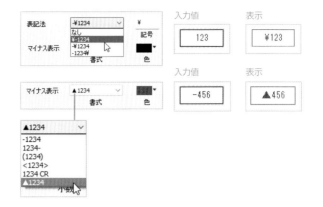

▶ セパレータ

「小数」は小数点の記号を設定します。

「3桁区切りを使用」は3桁の区切り記号を入れるかを設定します。記号も設定できます。

「システム設定」をオンにすると、使用しているコンピュータの「コントロールパネル」で設定している書式が使用され、「小数」「3桁区切りを使用」が選べなくなります。

▶ 数字の形式

半角、全角、漢数字の種類を指定します。

▶ 漢字の区切り

漢字の区切りを入れる場合に、その位置を指定します。

▶ 通貨

通貨表示に設定する場合に使用します。設定項目の指定方法は、基本的には「小数」の場合と同様です。

▶ パーセント

パーセント表示に設定する場合に使用します。設定項目の指定方法は、基本的には「小数」の場合と同様です。

▶ 指数表記

指数表示に設定する場合に使用します。小数点以下の桁数も指定できます。

コンピュータにおけるE表記で表示されます。

日付の書式設定

　日付フィールド、計算結果として日付が入る計算フィールド、集計フィールドの日付の書式の初期設定を変更します。

　インスペクタ「データ」タブの「データの書式設定」パートの「日付」ボタンをクリックして、設定します。

　フィールドを選択してから実行すると、選択したフィールドに対してのみ書式が設定されます。

▶入力モードそのまま

　入力したままの形式で表示します。

　この指定では、使用可能なオプションはありません。

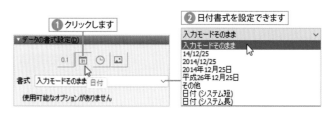

▶メニューから日付形式を選ぶ

　入力した日付をポップアップメニューから選択した形式で表示します。例では、元号表示を指定しています。年月日の区切りを記号にする形式を選ぶと、「数字セパレータ」欄で区切り記号を設定できます。

▶その他

　「その他」を選ぶと、年月日のそれぞれをポップアップメニューから選択したオリジナルの形式で表示できます。メニューには日付、期間に関するさまざまな形式が用意されています。

▶前置文字

　月、日が1桁の場合に、最初に0を入れるか、空白にするか、なしにするかを選択できます。この選択によって、各ポップアップメニューの表示も変わります。

▶数字の形式

　数字の表記を半角、全角、漢数字から選択します。

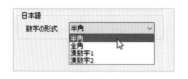

時刻の書式設定

時刻フィールドや計算結果が時刻になる計算フィールド、集計フィールドの日付書式の初期設定を変更します。

インスペクタの「データ」タブの「データの書式設定」パートで「時刻」ボタンをクリックします。

フィールドを選択してから実行すると、選択したフィールドに対して書式が設定されます。

クリックします

▶ 書式の選択

「書式」メニューから時刻の書式を選択します。

入力モードそのまま

入力したままの形式で表示します。

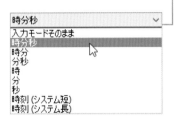

▶ 区切り線

時分秒の入力時の区切りを指定します。記号の場合は、変更することもできます。「漢字」を選ぶと、自動的に「時」「分」「秒」が設定されます。

▶ 24時間制と12時間制

時刻を24時間制で表示するか、12時間制で表示するかを指定します。

24時間制の場合は、時刻の前後に文字などを入れることもできます。12時間制の場合は、時刻をAM、PM、午前、午後などで表示できます。午前、午後を表す文字、記号などは変更することができます。

前置文字

1桁の時、分、秒の最初に0を入れるか、空白にするか、なしにするかを選択できます。

▶ 日本語／数字の形式

数字の表記を半角、全角、漢数字から選択します。

グラフィックの書式設定

オブジェクトフィールドの書式の初期設定を変更します。

インスペクタ「データ」タブの「データの書式設定」の「グラフィック」ボタンをクリックし設定します。

① クリックします

② グラフィックの書式を設定します

ピクチャを枠内にどのように表示するか、縮小、拡大の仕方をポップアップメニューから選択します。

また、「グラフィックの縦横比率を維持」で縦横比を保つかどうかを設定します。

「行揃え」では、取り込んだオブジェクトの揃えを指定します。

書式

そのままのサイズで表示する

枠に合わせて縮小する

枠に合わせて拡大する

枠に合わせて拡大/縮小する

行揃え

左揃え

中央揃え

右揃え

上

中央

下

▶ 次の用途に最適化

グラフィックの書式設定では「次の用途に最適化」オプションが指定できます。

「JPEG」「PNG」「BMP」形式の画像ファイルを保存する場合は、「イメージ」を選択します。

また、「PDF」「MP3」形式などのファイルには、「インタラクティブコンテンツ」を選びます。ここでは「再生を自動的に開始」にチェックも可能です。

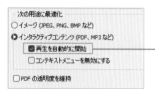

オブジェクトフィールドの背景がイメージの透明領域越しに表示されます。オフでは透明領域は白色で表示されます。

条件付き書式の設定

　入力されたデータに応じて自動的に書式を変更することができます。たとえば、0よりも小さい数字を入力すると、文字色が赤色に変わるように設定できます。

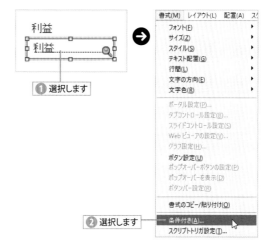

① オブジェクトを選択する

書式を指定したいオブジェクトを選択します。

② 「条件付き」を選択する

「書式」メニューの「条件付き」を選びます。

③ 条件と書式を設定する

「条件付き書式」ダイアログボックスで「追加」ボタンをクリックして条件と書式を設定します。条件には計算式を設定することもできます。
設定したフィールドにデータを入力すると、条件に応じてデータの書式が変更されます。この例では、0よりも小さい数値を入力すると、データの文字色が赤字に変わります。

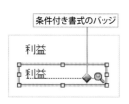

フィールドスタイルの設定

使用頻度

★ ★ ☆

作成したフィールドが値一覧の場合は、チェックボックスにするか、ポップアップにするかをインスペクタの「データ」タブの「コントロールスタイル」で設定します。また、カレンダー形式やマスク付き編集ボックス、繰り返しフィールドの設定もここで解説します。

▌ フィールドの表示形式を設定する

フィールドの書式を設定します。垂直スクロールバーをつけるどうか、値一覧、繰り返しフィールドの表示形式、オートコンプリートなどを設定します。

❶ オブジェクトを選択する

レイアウトモードで、オブジェクトを選択して、インスペクタ「データ」タブを表示します。

❷ コントロールスタイルを設定する

「フィールド」パートの「コントロールスタイル」項目からフィールドの表示スタイルを選択します。

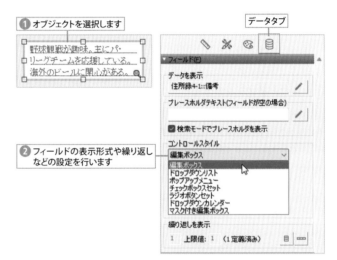

❶ オブジェクトを選択します

データタブ

❷ フィールドの表示形式や繰り返しなどの設定を行います

▌ 編集ボックス

標準のフィールド書式です。「垂直スクロールバーを表示」をチェックすると、フィールドに垂直スクロールバーがつきます。大量の文章などを入力するフィールドに設定すると、スクロールできるようになるので便利です。

「常時」を選択すると常にレイアウト上にスクロールバーが付きます。「スクロールする場合」を選択すると、スクロールするときのみスクロールバーが表示されます。

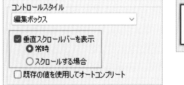

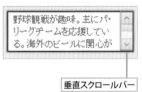

垂直スクロールバー

POINT

「既存の値を使用してオートコンプリート」をチェックすると、データ入力の際に、既存の値を参照して、一部を入力するだけで、自動的に前に入力したデータが入力されます。

値一覧のコントロールスタイル

① フィールドを選択する

フィールド定義で値一覧のオプションを設定したフィールドを選択します。

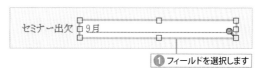

① フィールドを選択します

② コントロールスタイルを選択

インスペクタの「データ」タブの「フィールド」パートの「コントロールスタイル」から「チェックボックスセット」を選びます。

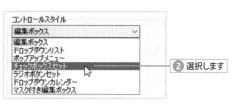

② 選択します

③ 値一覧を選ぶ

すでに設定されている値一覧のセットをメニューから選び、チェックのアイコン形状を選びます（値一覧の設定方法は94ページ参照）。

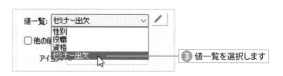

③ 値一覧を選択します

④ 書式タイプが反映される

ここでは、チェックボックス形式が反映され、表示されます。

④ チェックボックス形式になります

セミナー出欠 □1月 □2月 □3月 ☒4月 □5月

> **POINT**
>
> 「他の値の入力を許可」「値一覧の編集を許可」については188ページを参照してください。

マスク付き編集ボックス

　フィールドにマスク付き編集ボックスを設定します。設定すると、入力したデータはすべてドット●で表示されます。文字を表示したくないパスワードなどのフィールドに設定します。

　なお、データはローマ字で入力されます。また、データそのものは暗号化されません。

① コントロールスタイルの設定

フィールドを選択ツール▶でクリックして選択します。インスペクタの「データ」タブの「フィールド」パートの「コントロールスタイル」項目で「マスク付き編集ボックス」を選択します。

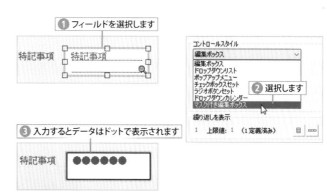

① フィールドを選択します

② 選択します

② ブラウズモードに切り替え

設定したフィールドにカーソルを挿入するとIME（入力用プログラム）が無効化されます。キーボード等からデータを入力すると、データがすべて●で表示されます。

③ 入力するとデータはドットで表示されます

特記事項 ●●●●●●

> **POINT**
>
> マスク付き編集ボックスで入力したデータを確認するには、別のレイアウトを作成して、当該フィールドを配置すれば実際のデータがローマ字で表示されます。

ドロップダウンカレンダー

フィールドにドロップダウンカレンダーを設定します。データ入力をするときに、設定したフィールドをクリックするとフィールドの脇に自動的にカレンダーが表示されます。カレンダーの中の日付をクリックすると、フィールドにその日付が入力されます。

❶ フィールドを選択する

フィールドを選択ツール ▶ でクリックして選択します。

❷ コントロールスタイルの設定

インスペクタの「データ」タブの「フィールド」パートの「コントロールスタイル」項目で「ドロップダウンカレンダー」を選択します。

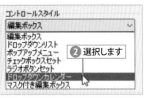

❸ 表示切り替え用アイコンを指定

「カレンダーの表示切り替え用アイコンを表示」にもチェックを入れます。

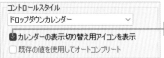

❹ ブラウズモードに切り替え

ブラウズモードに切り替えます。
設定したフィールドの右に切り替え用のアイコンがあるので、クリックします。
カレンダーで入力したい日付を設定します。
フィールドに日付が入力されます。

繰り返しフィールドの数

「編集ボックス」スタイルでは、フィールド定義のとき、「データの格納」タブの「最大繰り返し数」で設定した値の範囲内で、フィールドの繰り返し数を設定し、繰り返しフィールドを設定できます。

❶ フィールドを選択する

フィールドを選択ツール ▶ でクリックして選択します。

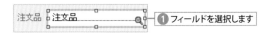

❷ 繰り返しを設定する

インスペクタの「データ」タブの「フィールド」パートの「繰り返しを表示」項目に繰り返しフィールドで表示したい個数を入力します。
繰り返しフィールドを引き出す方向を垂直にするか水平にするかをボタンから選択します。

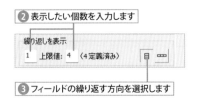

③ 指定した回数が繰り返される

指定した回数繰り返されたフィールドが表示されます。

④ 繰り返しフィールドが表示されます

注文品　注文品[1]
2
3
4

▌ フィールド選択時の動作の設定

　インスペクタの「データ」タブの「動作」パートでは、フィールドに入力する場合のフィールドの状態などを設定できます。

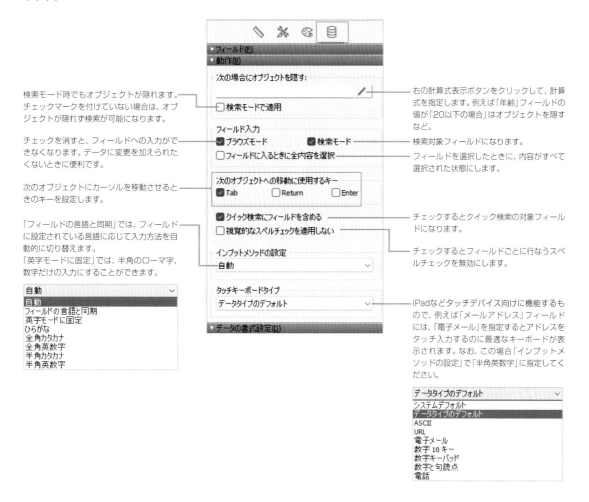

検索モード時でもオブジェクトが隠れます。チェックマークを付けていない場合は、オブジェクトが隠れず検索が可能になります。

チェックを消すと、フィールドへの入力ができなくなります。データに変更を加えられたくないときに便利です。

次のオブジェクトにカーソルを移動させるときのキーを設定します。

「フィールドの言語と同期」では、フィールドに設定されている言語に応じて入力方法を自動的に切り替えます。
「英字モードに固定」では、半角のローマ字、数字だけの入力にすることができます。

右の計算式表示ボタンをクリックして、計算式を指定します。例えば「年齢」フィールドの値が「20以下の場合」はオブジェクトを隠すなど。

検索対象フィールドになります。

フィールドを選択したときに、内容がすべて選択された状態にします。

チェックするとクイック検索の対象フィールドになります。

チェックするとフィールドごとに行なうスペルチェックを無効にします。

iPadなどタッチデバイス向けに機能するもので、例えば「メールアドレス」フィールドには、「電子メール」を指定するとアドレスをタッチ入力するのに最適なキーボードが表示されます。なお、この場合「インプットメソッドの設定」で「半角英数字」に指定してください。

オブジェクトの配置

使用頻度 ★ ★ ☆	ここでは、さまざまなオブジェクトの配置について解説します。重なったオブジェクトを前面に出したり、背面に送る、複数のオブジェクトのグループ化、オブジェクトの回転などを行うことができます。

▌ オブジェクトのグループ化

複数のオブジェクトをグループ化します。グループ化したオブジェクトは1つのオブジェクトとして扱えます。

① 複数オブジェクトを選択する

グループ化するには、複数のオブジェクトを選択ツール ▶ で Shift キーを押しながら選択します。

1 複数のオブジェクトを選択します

POINT

複数選択したオブジェクトには個々にハンドルは表示されません。

② 「配置」メニューの「グループ化」

「配置」メニューから「グループ化」(Ctrl + R) を選びます。
またはインスペクタの「位置」タブの「配置と整列」パートにある「グループ化」ボタンをクリックします。

POINT

グループ化されたオブジェクトを再び、複数のオブジェクトに戻したいときは、グループ化したオブジェクトを選択して、インスペクタ「位置」タブの「グループ解除」ボタンをクリックします。

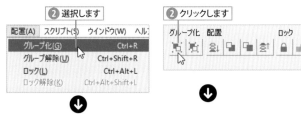

2 選択します

2 クリックします

3 1つのオブジェクトになります

▌ オブジェクトをロックする

選択したオブジェクトを移動、サイズ、形状の変更・消去をできないようにします。

① オブジェクトを選択する

ロックするには、ロックしたいオブジェクトを選択します。

1 オブジェクトを選択します

② 「配置」メニューの「ロック」

インスペクタの「位置」タブの「配置と整列」パートにある「ロック」ボタンをクリックします。
または、「配置」メニューから「ロック」を選択します。

2 クリックします

③ ロックオブジェクトの表示

ロックされたオブジェクトを選択すると、オブジェクトの四隅と四辺中央が、×マークになります。

③ オブジェクトがロックされます

ロックのマーク

POINT

ロックを解除するには「配置」メニューの「ロック解除」を選択します。ロックを解除すると、×が□になります。

オブジェクトの前後の順序を入れ替える

オブジェクトを組み合わせて描くとき、前後関係を入れ替えたい場合があります。インスペクタ「位置」タブの「配置」では、選択オブジェクトを「最背面」「背面」「前面」「最前面」に配置させることができます。

① オブジェクトを描画する

ここでは、フィールドの背景に区切りとなる矩形のオブジェクトを配置してみます。
オブジェクトを描画して色を設定します。
前面にあるオブジェクトを一番背面に送るために、描画したオブジェクトを選択します。

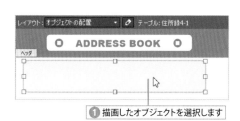

① 描画したオブジェクトを選択します

② 背面に送る

インスペクタの「位置」タブの「配置と整列」パートにある「最背面に移動」ボタンをクリックします。

② クリックします

グループ化　配置　　　ロック

最背面へ移動します。

▶スライドと表示(V)

POINT

オブジェクトタブを使ってオブジェクトの重なり順を変更することもできます。

③ オブジェクトが背面に配置される

選択したオブジェクトが他のオブジェクトの背面に移動しました。
ブラウズモードで確認します。

③ 最背面になります

オブジェクトを90度回転する

オブジェクトを90度単位で回転させることができます。

① オブジェクトを選択する

回転させたいフィールドやピクチャオブジェクトなどを選択します。

① 回転させるオブジェクトを選択します

② 「90度回転」を選択する

「配置」メニューから「90度回転」（Ctrl + Alt + R）を選択すると、オブジェクトが右回りに90度回転します。

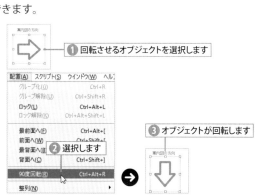

② 選択します

③ オブジェクトが回転します

オブジェクトを整列させる

複数のオブジェクトを、左、中央、右、上、下などの端で整列させます。

① 複数のオブジェクトを選択

整列させたい複数のフィールドやオブジェクトを選択します。

② 「整列」から整列方法を選択

インスペクタの「位置」タブの「配置と整列」パートの「整列」項目で、「左辺を揃える」ボタンをクリックします。

左右を整列させる場合は、「左辺」「左右中央」「右辺」から選択します。

① 複数のオブジェクトを選択します

② クリックします

左辺を揃えます。

③ オブジェクトの左辺が揃います

> **POINT**
>
> 上下を整列させる場合は「上辺」「上下中央」「下辺」から選択します。たとえば「上辺」を選択した場合、最も上のオブジェクトに別のオブジェクトの上辺が揃います。

オブジェクトを等間隔に整える

選択した複数のオブジェクトを等間隔に整列させます。

① オブジェクトを選択する

等間隔に揃えたいフィールド、オブジェクトを選択します。

② 「等間隔」にする方向を選択

インスペクタ「位置」タブの「配置と整列」パートの「間隔」項目で、「縦方向から等間隔」ボタンをクリックします。

③ 均等に配置される

一番上と下のオブジェクトの間にあるオブジェクトが均等に配置されます。

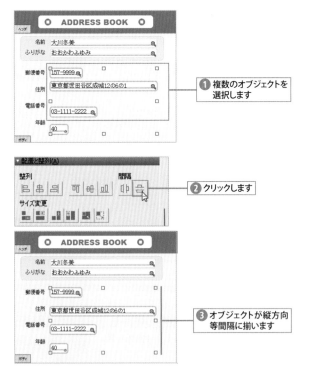

① 複数のオブジェクトを選択します

② クリックします

③ オブジェクトが縦方向等間隔に揃います

オブジェクトのサイズを揃える

大きさの異なるオブジェクトのサイズを同じにします。

① 複数のオブジェクトを選択

サイズを揃えたい複数のフィールド、オブジェクトを
選択します。

② 「最大幅のサイズに変更」をクリック

インスペクタ「位置」タブの「配置と整列」パートの
「サイズ変更」項目で、「最大の幅にサイズ変更」ボタ
ンをクリックします。

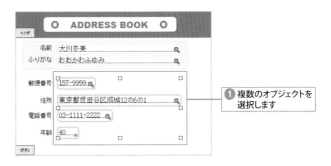

① 複数のオブジェクトを
選択します

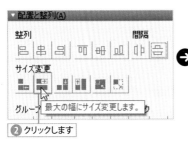

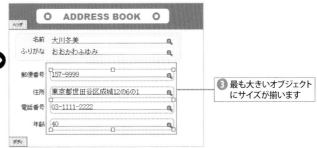

③ 最も大きいオブジェクト
にサイズが揃います

グループ化したオブジェクトを修正する

グループ化したオブジェクトは、グループ解除を行うことなくオブジェクトの修正、位置変更、サイズ変更が実行可能です。オブジェクトタブでグループ内のオブジェクトを個別に選択します。

① オブジェクトを表示する

レイアウトモードでオブジェクトパネル内のオブジェクトタブをクリックして表示させます。
「グループ化」の左についている三角マーク▷ をクリックして展開すると、◢ になりグループ化されたオブジェクトの一覧が階層構造で表示されます。

2 オブジェクトを選択する

修正したいオブジェクトをクリックして選択します。作例では、タイトルのテキストを「MY ADDRESS BOOK」に変更したいので、そのオブジェクトを選択します。
するとレイアウト画面上のタイトル文字オブジェクトが選択状態になります。

3 サイズが揃う

テキストツール T を使ってタイトル文字をクリックし修正を加えます。

この状態だとタイトル文字と背景のオブジェクトが重なり見にくいので、背景のオブジェクトの幅を修正し、かつ長方形と楕円の組み合わせのオブジェクトの位置も、選択ツールを使って修正します。

4 ブラウズモードで確認する

レイアウトを保存してブラウズモードに切り替えて修正の確認を行います。

TIPS ポップアップヘルプを表示させるには

インスペクタの「位置」タブの「位置」オプションで「ポップアップヘルプ」を指定できます。計算式での指定も可能です。
フィールド入力時に注意を喚起したいときに便利です。
作例では、「年齢」フィールドにマウスオーバーすると、「任意の項目です。」とポップアップします。

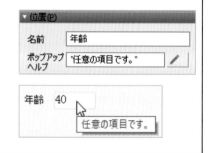

オブジェクトタブを活用する

使用頻度
★ ★ ☆

オブジェクトパネルのオブジェクトタブとは、レイアウト上に配置したテキスト、フィールド、図形、ボタン、タブコントロールなどすべてのオブジェクトを、その重なりの順番と関係性を保持し、一つのパネル内に表示するものです。これによりオブジェクト管理が容易となり、設定変更も漏れなく行えるので便利です。

オブジェクトタブの基本操作

「オブジェクトタブ」には、現在開いているレイアウト上に配置されているすべてのオブジェクトを重なり順で一覧表示することができます。

オブジェクトの表示・非表示、同じタイプのオブジェクトのみ表示、オブジェクトの重なりの順番の入れ替えなどの操作をこのウインドウ内で行うことができます。

1 オブジェクトタブを開く

レイアウトモードで「表示」メニューの「オブジェクトパネル」から「オブジェクトタブ」を選択するか、ツールバー右端の「オブジェクトパネルを表示/隠す」アイコンをクリックします。
ウインドウ左にパネルが表示され、その中の「オブジェクト」タブをクリックします。
グループ化されているオブジェクトは三角マーク▷をクリックして展開すると、◢になり対象オブジェクトが展開されます。

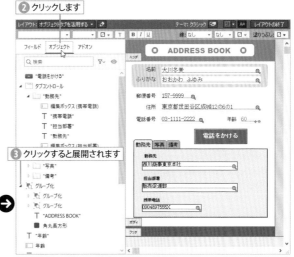

2 オブジェクトを表示／非表示にするには

タブ内で目的のオブジェクトを選択して、右側に表示されるマーク ◉ をクリックするとレイアウト上のオブジェクトが非表示になります。再び表示したい場合は、もう一度マークをクリックします。
作例では、タブコントロール部分のオブジェクトがすべて非表示になります。

POINT

フィールドタブには、テーブル内で定義されているフィールドが一覧されるのに対し、オブジェクトタブでは、レイアウト内に配置されているオブジェクトが一覧表示されます。

③ 特定のオブジェクトのみ表示する

タブ上部の検索窓横のプルダウンメニューから、任意のタイプを選択します。すると選択したタイプのオブジェクトだけが表示されます。
作例では、図形のみ表示を選びました。

① クリックします
③ 同じタイプのオブジェクトが表示されます
② 選択します

④ 特定のオブジェクトを見つけるには

名前がわかっている特定のオブジェクトだけを表示するには、検索窓から文字列を入力して検索を実行します。

入力して検索します

POINT

オブジェクトタブを使うと、グループ化したオブジェクトはそれを解除しないでも編集（設定変更）が可能です。
オブジェクトタブでフィールドを選択し、インスペクタで書式等を指定します。

⑤ オブジェクトの重なりを入れ替えるには

レイアウト上で目的のオブジェクトを選択すると、オブジェクトタブで当該のオブジェクトが反転され選択状態になり、右側にマークが表示されます。
選択状態のまま、重なりを変えたいオブジェクトの上までドラッグすると重なりが変更されます。
作例では、角丸長方形が「名前」と「ふりがな」の編集ボックスとテキストの上位に配置されました。

① 選択します

③ 前面になります

② ドラッグします

TIPS 「条件付き書式」を指定するには

オブジェクトタブ内から、指定したいオブジェクトを選択し右クリックするとメニューが表示され、「条件付き書式」、「スクリプトトリガ設定」を指定できます。
作例では「年齢」が60歳以上とそうでない場合を文字色で判定する「条件付き書式」（159ページ参照）を指定しています。

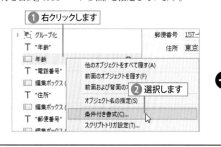

① 右クリックします

② 選択します

③ 指定します

SECTION

4.13 レイアウトパートの設定

使用頻度
★ ★ ☆

レイアウトパートとはレイアウト上の特定領域のことで、文書全体のデザインに関わります。フィールドやオブジェクトをどのパートに配置するかによって、印刷の結果が異なります。たとえば、ヘッダパートに入れたオブジェクトは、すべてのページの上部に印刷されます。小計パート、総計パートに集計フィールドを置くと、グループごとの集計やすべての合計を出すことができます。

▌新しいパートの作成

新しいパートを配置するには、ツールボックスのパートツールを挿入位置にドラッグします。

① レイアウトモードに切り替える

レイアウトモードに切り替え、パートツール 📰 を目的の位置までドラッグします。

POINT

ウインドウ幅が狭い場合、ステータスツールバーの右に隠れたボタン類は右端のツールバーオプションの矢印をクリックすると表示されます。

❶ パートツールを挿入位置にドラッグします

② パート定義を行う

「パートの定義」ダイアログボックスが表示されます。または、「レイアウト」メニューから「パート設定」を選び、「パート設定」ダイアログボックスの「作成」ボタンをクリックしても「パートの定義」ダイアログボックスが表示されます。

作成したいパートを選択し、「OK」ボタンをクリックします。

❷ フッタの下にドラッグしたので、「タイトルフッタ」を選択します

❸ クリックします

TIPS パートの作成上の注意点

レイアウトパートは、位置によって作成できるパートと作成できないパートがあります。たとえば、ヘッダパートの下にタイトルヘッダパートを作成したり、ヘッダパートの上に小計パートを作成することはできません。挿入できないパートは、「パートの定義」ダイアログボックスで、グレー表示になり選択できません。

必要なパートだけがあればよく、すべての種類のパートを作成する必要はありません。

③ パートが挿入される

タイトルフッタパートが挿入されます（タイトルフッタについては175ページ参照）。

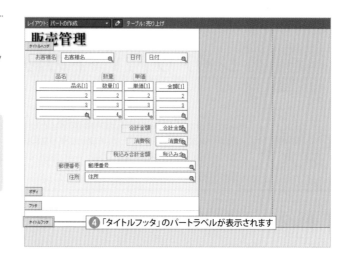

④「タイトルフッタ」のパートラベルが表示されます

> **POINT**
>
> パートの種類を変更するには、パートのラベルをダブルクリックし「パートの定義」ダイアログボックスで、新たな種類のパートを選択します。
> なお、パート位置により変更できるパートは限定されます。

上部と下部のナビゲーション

パート定義に「上部ナビゲーション」と「下部ナビゲーション」機能を指定することができます。これらは、各画面の上下に表示されて、ナビゲーションに使用するボタンまたはその他のコントロールを配置可能です。

▶ 下部ナビゲーションにボタンを配置する

ここでは「下部ナビゲーション」パートに、事前に作成したスクリプト「pdf保存」を割り当てたボタンを付けてみましょう。

レイアウトモードから、パートツールを使って、フッタかタイトルフッタの下部に「下部ナビゲーション」を定義します。次に、ボタンツールを使って、スクリプト「pdf保存」を割り当てます。

例では、ボタンにデフォルトのアイコン（PDF）を使っています。大きさは40ptとし、処理メニューから「スクリプト実行」を選択し、事前に作成しておいた「pdf保存」スクリプトを割り当てています。

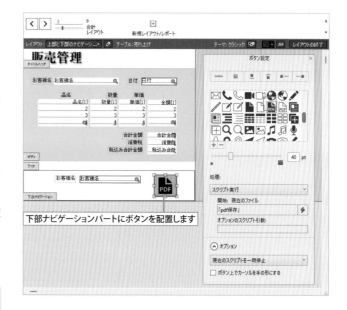

下部ナビゲーションパートにボタンを配置します

> **POINT**
>
> 小計パート、総計パートおよび集計の詳しい手順については、「Section 3.4 集計フィールドの設定」（75ページ）に解説してあります。

TIPS 上部と下部のナビゲーションパート定義上の注意点

上部と下部のナビゲーションとも、当該パート部をスクロールすることも、ズームイン及びズームアウトは行えません。また、プレビューモード及び印刷では表示も印刷もされません。

各ナビゲーションパートに配置したフィールドは、現在のレコードのデータが表示されます。一つのレイアウトで定義できる上部と下部のナビゲーションパートはそれぞれ一つだけです。

パートの順序を変更する

レイアウトパートの上下位置の順序をダイアログボックスで変更することができます。

1 「パート設定」を選択

「レイアウト」メニューから「パート設定」を選択します。

① 選択します

2 パート位置を変更する

「パート設定」ダイアログボックスが表示されます。
移動できるパートの左側には、✚が表示されます。移動できないパートには、🔒が表示されます。
移動したいパートを目的の位置までドラッグします。
「終了」ボタンをクリックします。

② 移動できるパートをドラッグして移動します

③ クリックします

移動できません

3 パート位置が入れ替わる

設定した順序でパートの位置が入れ替わります。

④ パートが入れ替わります

パートサイズを変更する

1 パート境界線をドラッグする

パートの下側の境界線をドラッグすると、パートのサイズを変更できます。

2 パート境界が移動する

ここでは「ボディ」パートラベルを下にドラッグしたので、パート境界線が下がり、ボディが広くなります。「フッタ」パートの領域はそのままです。

① パート境界線をドラッグします

② パート位置が移動します

パートを削除する

不要なパートは削除しておきましょう。

1 パートラベルを削除

パートを削除するには、削除したいパートのパートラベルをクリックして、Delete キーを押します。

2 確認ダイアログボックスの表示

パート内のオブジェクトも削除されるので、確認のダイアログボックスが表示されます。「削除」ボタンをクリックします。
ここでは「ヘッダ」パートを削除しました。ヘッダ内のフィールドも削除されます。

① パートラベルをクリックし、Delete キーを押します

POINT

「レイアウト」メニューから「パート設定」を選ぶと「パート設定」ダイアログボックスが表示されます。削除したいパートを選択して、「削除」ボタンをクリックしてもパートを削除することができます。
また、Alt キーを押しながらパートの境界線をドラッグして、上のパートの境界線に重ねるとパートだけが削除できます。パート内のオブジェクトは削除されません。

③ ヘッダパートが削除されます

タイトルヘッダパートとヘッダパート

タイトルヘッダパート内のオブジェクトは、最初のページの先頭だけに印刷されます。2ページ目以降には印刷されません。通常は文書全体のタイトルに使用すると便利です。確認するときは「表示」メニューでプレビューモードに切り替えます。

一方、ヘッダパート内のオブジェクトは、各ページの先頭に印刷されます。ただし、タイトルヘッダパートがある場合には、最初のページには印刷されず、2ページ目からです。ページ数、日付などを配置して印刷すると便利です。確認するときは、「表示」メニューでプレビューモードに切り替えます。ヘッダパートは、画面左のブックツールで2ページ目以降を表示すると確認できます。

レイアウトモード

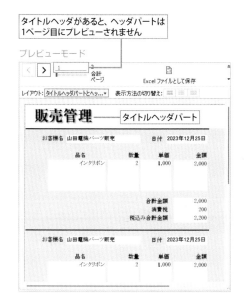

タイトルヘッダがあると、ヘッダパートは
1ページ目にプレビューされません

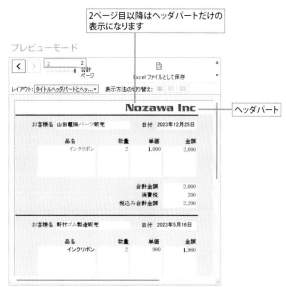

2ページ目以降はヘッダパートだけの
表示になります

フッタパートとタイトルフッタパート

フッタパートは各ページの下部に印刷されます。ただし、タイトルフッタパートがある場合には、最後のページには印刷されず、2ページ目以降に印刷されます。ページ数、日付などを配置して印刷すると便利です。

プレビューモードで確認すると、最初のページの下部にだけ印刷されるのがわかります。フッタパートが設定してあっても、最初のページだけは、タイトルフッタパートが印刷されます。

タイトルヘッダパートが最初のページの上部に印刷されるのに対して、タイトルフッタパートは最初のページの下部に印刷されます。

フッタパート（プレビュー）

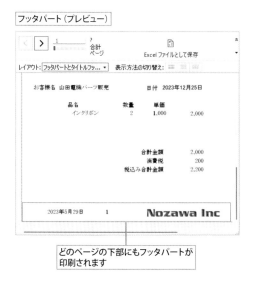

どのページの下部にもフッタパートが
印刷されます

タイトルフッタパート（プレビュー）

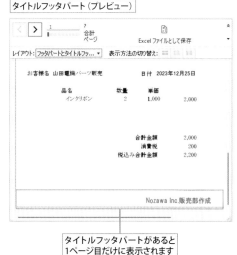

タイトルフッタパートがあると
1ページ目だけに表示されます

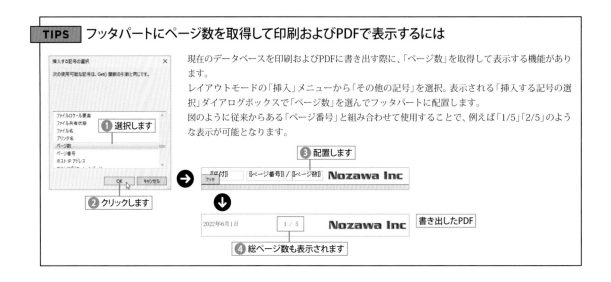

TIPS フッタパートにページ数を取得して印刷およびPDFで表示するには

現在のデータベースを印刷およびPDFに書き出す際に、「ページ数」を取得して表示する機能があります。

レイアウトモードの「挿入」メニューから「その他の記号」を選択。表示される「挿入する記号の選択」ダイアログボックスで「ページ数」を選んでフッタパートに配置します。

図のように従来からある「ページ番号」と組み合わせて使用することで、例えば「1/5」「2/5」のような表示が可能となります。

① 選択します

② クリックします

③ 配置します

④ 総ページ数も表示されます

書き出したPDF

印刷時の改ページとページ番号について

「パートの定義」ダイアログボックスで、そのパートの前後で改ページするかどうか、ページ番号の振り方、ページをまたぐ場合の印刷の仕方などを設定します。

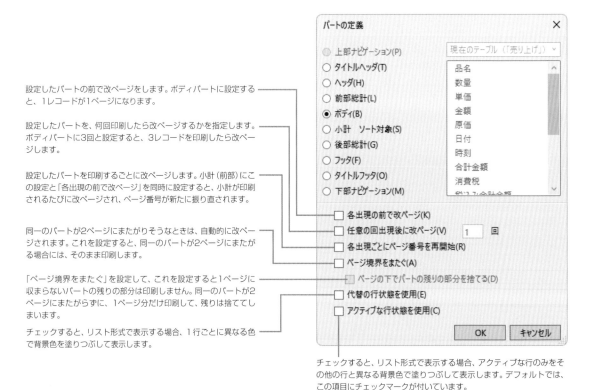

設定したパートの前で改ページをします。ボディパートに設定すると、1レコードが1ページになります。

設定したパートを、何回印刷したら改ページするかを指定します。ボディパートに3回と設定すると、3レコードを印刷したら改ページします。

設定したパートを印刷するごとに改ページします。小計（前部）にこの設定と「各出現の前で改ページ」を同時に設定すると、小計が印刷されるたびに改ページされ、ページ番号が新たに振り直されます。

同一のパートが2ページにまたがりそうなときは、自動的に改ページされます。これを設定すると、同一のパートが2ページにまたがる場合には、そのまま印刷します。

「ページ境界をまたぐ」を設定して、これを設定すると1ページに収まらないパートの残りの部分は印刷しません。同一のパートが2ページにまたがらずに、1ページ分だけ印刷して、残りは捨ててしまいます。

チェックすると、リスト形式で表示する場合、1行ごとに異なる色で背景色を塗りつぶして表示します。

チェックすると、リスト形式で表示する場合、アクティブな行のみをその他の行と異なる背景色で塗りつぶして表示します。デフォルトでは、この項目にチェックマークが付いています。

TIPS　パートスタイルの変更

レイアウトモードから、パート部を右クリックすると、「パートスタイル」の選択が可能です。ただし、選択が可能なのはデフォルト以外の新規スタイルを一つ以上登録している場合に限られます。

新規スタイルを登録するには、インスペクタパネルを使用して適用したいパートの書式を変更して新規スタイル登録します。スタイルの登録方法は129ページを参照してください。例では、ボディパートに対して、「背景緑色」というスタイルを新規作成しています。

あらかじめ実装されているテーマの中にはデフォルトスタイルしか登録されていないケースがあります。この場合は右クリックしても「デフォルト」の文字がグレー表示となり、スタイルの変更はできません。

TIPS　自動日付、自動ページ番号、オブジェクト、ピクチャなどを挿入する

挿入したい位置をクリックし、「挿入」メニューの「日付記号」「時刻記号」「ページ番号」「レコード番号」「ユーザ名記号」「ピクチャ」「その他の記号」などを選択します。日付記号、時刻記号、レコード番号、ピクチャなどをレイアウト上に挿入することができます。

「その他の記号」ではダイアログでGet関数の引数となる記号を挿入できます。挿入したページ番号は画面上には「＃＃」と表示されますが、印刷時には実際のページ番号が振られます。

レコード番号は「＠＠」と表示されますが、印刷時には実際のレコード番号が振られます。

日付記号は「//」、時刻記号は「::」で表示されますが、印刷する場合には、実際の日付、時刻が印刷されます。

ヘッダ、フッタパートで

ページ {{ページ番号}}/{{ページ数}}

のようにして、「ページ 1/10」のように表示させることができます。

ブラウズやプレビューモードにすると、ページ番号、レコード番号、日付、時刻などが確認できます。

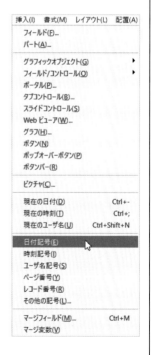

使用頻度
★ ☆ ☆

レイアウト上にグラフを作成することができます。データを視覚的に捉えることができ、プレゼンテーションなどに使用すると有効な機能となります。さまざまなグラフ形式が用意されているので、用途に応じて選択・作成することができます。作成したグラフはレイアウトオブジェクトとして、他のレイアウト上へコピー/ペーストすることも可能です。

グラフを作成するデータ

ここの例では、右の図のような営業成績のデータを棒グラフで作成します。担当者をグラフの水平軸に、売上台数を垂直軸にします。

グラフを作成するには、表形式以外のレイアウトを使用してください。リスト形式、レポートレイアウトでは、ボディ、ヘッダ、フッタにグラフを作成するとうまく表示されます。

POINT

グラフは、データが現在の対象レコードに基づく場合、ボディ、ヘッダ、フッタパートに配置すると、現在の対象レコードを基にグラフ化します。
グラフを前部小計、後部小計パートに作成すると、ソートされたグループの全レコードを基に作成します。グラフを前部総計、後部総計パートに作成すると現在の対象レコードを基にグラフ化を行ないます。

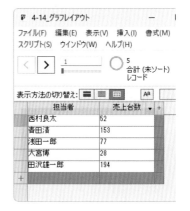

担当者	売上台数
西村良太	52
青田清	153
浅田一郎	77
大宮博	28
田沢雄一郎	194

グラフの作成

❶ 新規レイアウトでグラフ作成

レイアウトモードに切り替え、グラフ用の空白の新規レイアウトを作成します。フィールドを配置する必要はありません。

ステータスツールバーのグラフツール📊を選択し、グラフを作成したいボディパート内でドラッグします。図のようなサンプルが表示されます。

リスト形式、レポートレイアウトでは、ヘッダ、フッタに作成するとうまく表示されます。

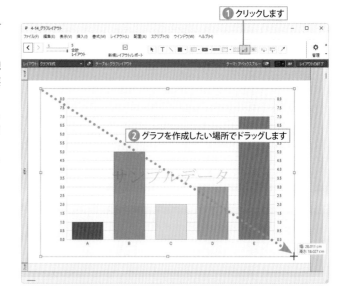

❶ クリックします

❷ グラフを作成したい場所でドラッグします

2 グラフ設定を行う

「グラフ設定」ダイアログボックスが表示されます。

3 タイトルとタイプの選択

「グラフ設定」ダイアログボックスの右端にある「グラフ」パートの「タイトル」入力欄に任意のタイトルを付けます。作例では「営業成績」としました。
「タイプ」はプルダウンメニューから「縦棒グラフ」を選択します。
なお、タイトルは入力欄の右の … をクリックしてフィールドや計算式を指定することもできます。

③ グラフのタイトルを入力します

④ 選択します

4 水平軸にするフィールドの選択

「X軸（水平）」の「タイトル」に任意の名前（作例では「担当者」）を入力します。
「データ」は入力欄の右にある … ボタンをクリックしメニューから「フィールド名の指定」を選びます。
「フィールド指定」ダイアログボックスが表示され、「担当者」フィールドを選択し「OK」ボタンをクリックします。

⑤ 入力します
⑥ 選択します
⑦ 選択します
⑧ クリックします

5 垂直軸にするフィールドの選択

同様に、Y（垂直）軸にする「タイトル」「フィールド」を入力または選択します。
作例では、「タイトル」に「売上台数」、「データ」には「売上台数」フィールドを選択しています。

6 凡例とデータポイント表示/非表示の選択

グラフに凡例を付けたい場合は、「凡例を表示」オプションにチェックマークを付けます。
また、「グラフにデータポイントを表示」にチェックマークを付けると、グラフの頭にデータ数字が表示されるようになります。

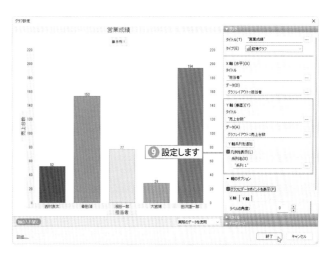

⑨ 設定します

7 グラフスタイルの設定

「スタイル」パートをクリックすると、グラフに適用するスタイルが選択できるほか、凡例の位置・背景・境界線、さらにグラフテキストのフォント種類・色、サイズなどが指定できます。

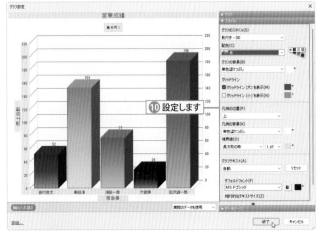

スタイルに「影付き-3D」を、配色は「青」を、「グリッドライン（大）を表示」にチェックマークを付けました。その他はデフォルト値です。

8 データソースの選択

「データソース」パートでグラフとする元データを「グラフデータ」プルダウンメニューから選択します。

POINT

「現在のレコード（区切りデータ）」は、フィールド内のデータが改行で区切られた単一レコード内の複数のデータ入力値をグラフ化する場合に選びます。

9 ブラウズモードで確認する

すべての設定が完了したら「終了」ボタンをクリックします。
ブラウズモードに切り替え、レイアウトを保存するとグラフが作成されます。「売上台数」の数値を変更するとグラフも変更されます。

POINT

作例は「現在の対象レコード」です。また、このレイアウトでは「担当者」がソート対象になっていますが、ソートされた場合のグラフ表示が、「集計レコードグループ」「個々のレコードデータ」の2つからチェック可能です。

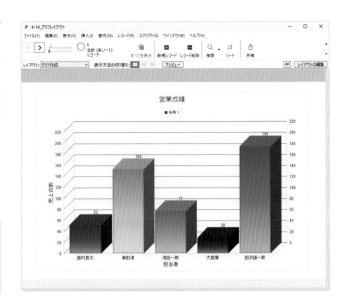

クイックグラフを活用するには

任意のフィールド値に基づいた数値の集計グラフをブラウズモードの表形式から簡単に作成できます。サンプルでは、「タブレット端末」フィールドに入力された端末の種類に基づき「売上台数」を合計してグラフを作成します。

① 表形式でソートする

グラフを作成したいファイルを開き、ブラウズモードから表示形式を「表形式」に切り替えます。
次に集計の基準にするフィールドをクリックし、プルダウンメニューからソートを選択します。
作例では「タブレット端末」フィールドの「昇順でソート」を選択し、インチの種類別にデータが揃いました。

② 列の選択と指定

次に、集計対象となるフィールドのプルダウンメニューから、「グラフ」を選択します。すると、さらにメニューが表示されるので、最終的にグラフにしたい項目を選択します。
作例では、「タブレット端末に基づく台数のグラフ」を選択しています。

③ グラフ設定と保存

すると、「グラフ設定」ダイアログボックスが表示されるので、グラフの「タイトル」を入力し、グラフの「タイプ」、「集計」の種類を選びます。
作例では、売り上げのシェア率を確認したいので、「円グラフ」の「合計」を選択しました。
併せて、「凡例を表示」にチェックマークを付け、「グラフに値を表示」と「パーセント」にもチェックマークを付けています。
設定が終わったら「レイアウトとして保存」ボタンをクリックします。

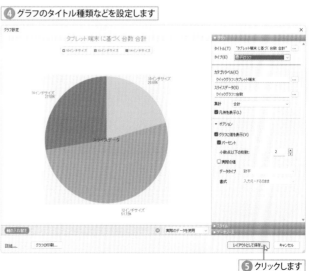

④ レイアウト名を付けて保存

「レイアウトとして保存」ダイアログボックスが表示されるので、レイアウト名を入力して「OK」ボタンをクリックし、クイックグラフ用の「レイアウト」を保存します。

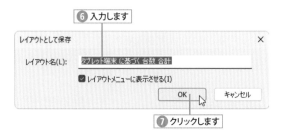

⑤ ブラウズモードで確認する

「ブラウズ」モードから「レイアウト」メニューの「グラフ」から手順4で保存したレイアウト名を選択します。

すると作成したグラフが表示されます。

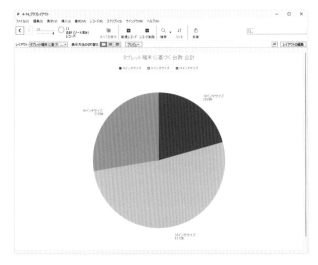

TIPS **クイックグラフにスタイルを設定するには**

クイックグラフ作成時においてもグラフのスタイル設定が可能です。

スタイル設定を行うには、「グラフ」設定ダイアログボックスの「スタイル」タブをクリックします。

すると、各種設定項目が表示されるので任意の項目の設定を行います。

作例では、グラフスタイルに「影付き-3D」、配色は「レインボー」を選択しました。

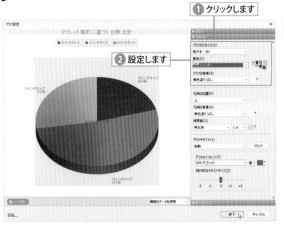

CHAPTER

5

—

ブラウズの操作

ブラウズモードでは、さまざまなデータを入
力できます。テキスト、数値、日付、画像、動
画などさまざまな形式のデータ入力、Tab キー
でのフィールド移動、表形式での入力につい
て説明します。

ここでは、ブラウズモードにおけるテキスト、数字、日付、時間、ピクチャなどさまざまなタイプのフィールドへの入力について解説します。また、入力に関する便利な機能も紹介します。ブラウズの基本的な操作は、「Section 2.2 データ入力とレコードの操作」(39ページ) を参照してください。

テキストフィールドの入力方法

ブラウズモードでテキストフィールドをクリックしてカーソルを挿入し、通常のワープロソフトなどと同じように文字列を入力できます。

データの量が多く、フィールドの長さが足りなくなっても、入力中は自動的にフィールドの大きさが広がります。ただし、入力を確定すると大きさは元に戻り、はみ出た部分のデータは表示されず、印刷もされません。

データをすべて表示させたい場合は、レイアウトモードでフィールドを広げておく必要があります。

POINT

FileMaker Goからの入力も基本的にはPC版と同様です。ドロップダウンリストやポップアップメニューはタップ操作、クリック操作はタップ操作になります。

フィールドエリアが狭い場合

> 備考　2023年9月から海外ビールのセールを開始します。特売商品と優待顧客の名簿をプリントアウトして、各地区の

レイアウトモードでフィールドエリアを大きくする

> 備考　2023年9月から海外ビールのセールを開始します。特売商品と優待顧客の名簿をプリントアウトして、各地区の担当者に閲覧させるようにしてください。

▶ テキストフィールドにURLを入力する・Webサイトを表示する

フィールドにWebのURLを入力し、右クリックしてショートカットメニューから「開く」を選択すると、Webブラウザが起動し、指定したURLのページが表示されます。入力したURLのフィールドからURLを取得し、クリック（タップ）するとURLのWebサイトが表示される方法は357ページを参照ください。

① 右クリックします
② 選択します

③ ブラウザが起動し、URLで指定したページが表示されます

POINT

FileMaker Goではこの操作はできないので、取得したURLをWebブラウザで開くスクリプトをボタンに割り当てるとよいでしょう（357ページ参照）

数字フィールドの入力方法

　数字フィールドには10^{-400}から10^{400}までの値と同じ範囲の負の値を保存できますが、改行は入力できません。半角、全角どちらの算用数字でも入力できます。数字以外の文字や記号も入力できますが、検索や計算では無視されます。

　通貨単位（¥、円など）、％、桁区切りのコンマなどは、レイアウトモードにしてから、インスペクタ「データ」タブの「データの書式設定」パートで設定します（154ページ参照）。単位や桁区切りの記号は書式で自動設定されるようにします。

数値フィールドには数値だけを入力します。単位や行区切り、円マークなどは書式設定で自動的に入力されます。

日付フィールドの入力方法

　日付は、年月日を「/」、「.」、「-」「+」などの記号で区切って入力します。区切り記号には、文字、コロンは使えません。西暦、元号のどちらでも入力できます。数字は半角、全角どちらでもかまいません。正しく入力されない場合は、警告が出ます。

　西暦で入力する場合は、「2023/7/29」「23/7/29」「2023.7.29」「237.29」「2023-7-29」「23-7-29」「23+7+29」などと入力します。

　セパレータを「+」にすると入力年が1桁、2桁の年は年号、3桁、4桁の年は西暦として処理されます（2+5+10→2002年5月10日）。

　和暦で入力する場合は、「S44/9/21」「H30.12.2」「H30-12-2」「R5-5-1」などです。

　入力した日付の書式はレイアウトモードのインスペクタ「データ」タブの「データの書式設定」パートで設定します（156ページ参照）。

年月日を「/」、「.」、「-」などで区切って入力します。年月日などは書式設定で行います。

POINT

日付データは、4桁表示の年で入力することを強く薦めます。また、日付は必ず「日付フィールド」に入力してください。
年を省略した場合には現在の年が自動的に入力されます。

時刻フィールドの入力方法

　時刻は、時分秒を「：」で区切って入力します。数字は半角、全角どちらでもかまいません。正しく入力されない場合は、警告が出ます。

　たとえば「12:10:24」（時分秒）、「19:12」（時分）、「12」（時）と入力します。

　入力した時刻の書式はレイアウトモードのインスペクタ「データ」タブの「データの書式設定」で設定します（157ページ参照）。

日付は時分秒を「:」で区切って入力します。時分秒の設定は書式設定で行います。

オブジェクトフィールドの入力方法

　オブジェクトフィールドに入力できるのは、画像形式、ムービー（ビデオ）、サウンド、Word、Excel、PDFなどのドキュメントファイルです（ビデオ、サウンド、PDF形式はインタラクティブコンテンツの設定が必要、187ページ参照）。

❶ オブジェクトフィールドを選択

オブジェクトフィールドをクリックして選択します。

❶ オブジェクトフィールドをクリックします

② 「挿入」メニューから選択する

「挿入」メニューの「ピクチャ」「オーディオ/ビデオ」「PDF」「ファイル」から取り込みたいファイル形式を選びます。

または、右クリックしてショートカットメニューから選択します。

Photoshopなどからコピーして貼り付けで取り込むこともできます。

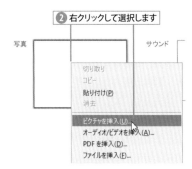

② 選択します

② 右クリックして選択します

写真　　サウンド

③ 取り込むファイルを選択する

ダイアログボックスで取り込みたいファイルを選びます。

「ファイルの種類」のポップアップメニューで、ファイル形式を選択できます。「開く」ボタンをクリックします。

POINT

入力できる画像形式は、EPS、GIF、HEIF/HEIC（macOS、iOS、iPadOSのみ）、JPEG、PSD（macOSのみ）、PDF（macOSのみ）、PNG、SGI、TIFF、BMP、Windowsメタファイルなどです。

③ 取り込むグラフィックを選択します

④ クリックします

ここをチェックすると、オブジェクトフィールドに取り込まれず、元のファイルとリンクしたグラフィックがプレビュー表示されます。ファイルサイズは小さくなります。

④ データが入力される

ボディパート等をクリックしてデータを確定させると、オブジェクトフィールドにデータが入力されます。

TIPS　ドラッグ＆ドロップで挿入

オブジェクトフィールドにはファイルアイコンをドラッグ＆ドロップで挿入できます。この場合は、データはオブジェクトフィールドに埋め込まれます。

⑤ 写真ファイルが取り込まれます

写真

POINT

iPad等モバイルデバイス用のFileMaker Goでは、オブジェクトフィールドをタップして、メニューから「ファイル」「カメラ」「写真」をタップします。

　ブラウズモードでは個別のグラフィックの大きさや位置を指定することはできません。

　ただし、事前にレイアウトモードで選択したオブジェクトフィールドに対し、インスペクタを表示し、「データ」タブの「データの書式設定」から「書式」プルダウンメニューの「枠に合わせてイメージを拡大/縮小する」オプションを選択しておくと、元データが多様なサイズの画像であっても、ブラウズモードで適切な表示となり便利です。

オーディオ/ビデオの挿入（インタラクティブコンテンツ）

　インスペクタの「データ」タブで「インタラクティブコンテンツ」が選択されているオブジェクトフィールドには、「挿入」メニューから「オーディオ/ビデオ」を選択して、オーディオファイル（.mp3、.wav、.aiff、.m4a、.flacなど）、ビデオファイル（.mov、.mpg、.mp4、.wmv、.aviなど）、PDFファイルを挿入できます。
　インタラクティブコンテンツは、オブジェクトにコントローラを表示してオーディオやビデオの再生、一時停止、音量の調節などができます。PDFを挿入するとフィールド内でPDFをAdobe Readerのようにスクロールやページをめくって閲覧することができます。

POINT

WindowsでPDFをインタラクティブコンテンツとして表示するには、Adobe ReaderなどのWebブラウザ用のプラグインがインストールされている必要があります。インタラクティブなPDFファイルでは、ページのスクロール、拡大・縮小表示、テキストをコピー・貼り付けが可能になります。

POINT

FileMaker Goでは、オブジェクトフィールドをタップし、メニューで「オーディオ」を選ぶと、マイクから録音することができます。「音楽」を選ぶと、「ミュージック」アプリのライブラリからサウンドを入力することができます。

値一覧フィールドへの入力

　フィールド定義で値一覧のオプションを設定したフィールドは、ポップアップやボタンの候補から値を選択するだけで入力できます。頻繁に使う文字列は値一覧を使うと便利です。
　値一覧の表示形式は、レイアウトモードからインスペクタを表示して「データ」タブの「フィールド」パートの「コントロールスタイル」メニューからドロップダウンリスト、ポップアップメニュー、チェックボックスセット、ラジオボタンセット、ドロップダウンカレンダー、マスク付き編集ボックスを選択できます。
　いずれも、データを選択すると入力できます。チェックボックスセットの場合は、複数の値を選ぶことができます。

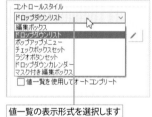

値一覧の表示形式を選択します

ドロップダウンリスト　　　ポップアップメニュー　　チェックボックスセット

ラジオボタンセット

マスク付き編集ボックス　　ドロップダウンカレンダー

TIPS 「その他...」、「編集...」の入力

レイアウトモードからインスペクタ「データ」タブの「フィールド」パートの「コントロールスタイル」項目の「他の値の入力を許可」を
チェックすると、「その他...」という値を付け加えることができます。入力の時、「その他...」を選択すると、データ入力のダイアログボックスが表示されるので、データを入力します。「アイコン」ではチェックの形状を指定することができます。

また、ドロップダウンリストやポップアップメニューでは、「編集」という値を付け加えることもできます。入力の時、「編集」を選択すると、「値一覧の編集」ダイアログボックスが表示されるので、新たな値を追加することができます。

▌ 索引一覧からデータを入力

今までに、入力したデータの索引からデータを選んで入力することができます。過去に入力したデータとの表記の統一を図る場合などに便利な機能です。

① 「索引一覧」を選択する

入力するフィールドにカーソルを挿入して、「挿入」メニューの「索引一覧」（ Ctrl + I ）を選びます。

② データを選択して入力する

「索引一覧」ダイアログボックスが表示されるので、入力したいデータを選択して、「貼り付け」ボタンをクリックします。

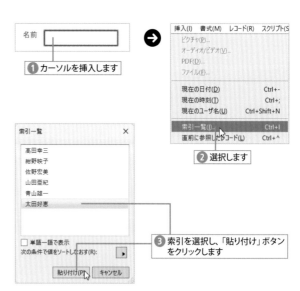

直前のレコードからデータを入力

直前に選んだレコードのフィールドからデータをコピーして、現在のレコードの同じフィールドに挿入します。

コピー元のレコードを表示して、コピーしたいデータの入っているフィールドをクリックします。データのコピー先となるレコードを表示します。「挿入」メニューの「直前に参照したレコード」(Ctrl+^) を選ぶと、データが入力されます。

新規レコードの場合は、直前にコピー元のレコードを表示して、データをクリックしてから新規レコードを作成して、同じフィールドをクリックします。その後、「挿入」メニューの「直前に参照したレコード」を選びます。

挿入(I)	書式(M)	レコード(R)	スクリプト(S
ピクチャ(P)...			
オーディオ/ビデオ(V)...			
PDF(D)...			
ファイル(F)...			
現在の日付(D)		Ctrl+-	
現在の時刻(T)		Ctrl+;	
現在のユーザ名(U)		Ctrl+Shift+N	
索引一覧(I)...		Ctrl+I	
直前に参照したレコード(L)		Ctrl+^	

POINT

コピー元のレコードからコピー先のレコードには、直接移動してください。
たとえば、1番のレコードから5番のレコードへコピーする場合には、ブックツールのレコード番号を書き換えるか、ハンドルをドラッグして直接コピー先のレコードに移動します。

TIPS 入力済みの値を使用してオートコンプリート

レイアウトモードから、インスペクタを表示させ、「データ」タブの「フィールド」パート「コントロールスタイル」項目で「編集ボックス」を選択し、「既存の値を使用してオートコンプリート」をチェックすると、入力したデータの先頭が入力済みの値に合致すると、自動的に入力済みの値がピックアップされます。

② 既存値の候補から選べます

コントロールスタイル
編集ボックス

□ 垂直スクロールバーを表示
　◉ 常時
　○ スクロールする場合
☑ 既存の値を使用してオートコンプリート
繰り返しを表示

① チェックします　上限　1 (1定義済み)

東京都新宿区北新宿33-99-10
東京都新宿区北新宿33-99-10
東京都中野区北野3-3-1-102

TIPS iPhoneカメラからの画像データをテキストにする

FileMaker Pro 2023では、オブジェクト関数にGetLiveText関数が追加されました。

この関数はオブジェクトフィールドの画像データ内のテキストをテキスト認識して、テキストデータとして書き出します。

書式は次のように指定します(369ページも参照)。

GetLiveText (オブジェクトフィールド ; 言語)

オブジェクトフィールドにはiPhoneやiPadのカメラからのデータを入力しすると、関数を指定した計算式フィールドに書き出すというものです。

レシート、名刺などiPhoneのカメラで撮影したデータ内のテキスト画像をテキストデータに変換します。

この関数はiOS 15.0、iPadOS 15.0、macOS 12.0以降で使用することができます。

撮影した画像データを格納するオブジェクトフィールド

テキストデータに変換するGetLiveText計算フィールド

① ネットワーク共有したiPhoneでレシートを撮影

② テキスト認識され計算フィールドに表示されます

フィールド内容の全置換

複数のレコードのデータを一度に置換することができます。たとえば、「銀行名」フィールドのデータをすべて「三菱東京UFJ」から「三菱UFJ」に置き換えることができます。

① レコードを選択する

置換したい複数のレコードを検索などで選び出します。そのうちのいずれかのフィールドにカーソルを挿入し、選択します。そのまま、「レコード」メニューの「フィールド内容の全置換」(Ctrl + Shift + -)を選びます。

POINT

全置換を誤って行ってしまうと、取り消しが効かないので、あらかじめバックアップを取っておいてから行ってください。

POINT

この例では、他の銀行も置換されてしまうので、検索で「三菱東京UFJ」だけを表示してから「フィールド内容の全置換」を行うといいでしょう。

② データを置き換える

「フィールド内容の全置換」ダイアログボックスが表示されます。
「置換」の右にはカーソルが挿入されたフィールドのデータ名が表示されています。「置換」ボタンをクリックします。
選択したフィールドのデータに書き換えられます。

POINT

「編集」メニューの「検索/置換」から「検索/置換」を選んでテキストベースの検索および置換を行えます。検索範囲、検索対象も設定できます。

TIPS シリアル番号、計算結果で置き換える

置換では、選択したフィールドに連続した番号を入力することができます。「フィールド内容の全置換」ダイアログボックスの「シリアル番号で置き換える」を選択して、初期値と増分を入力します。
「入力オプションのシリアル番号設定に反映させる」をチェックすると、フィールド定義のオプションでシリアル番号を設定したフィールドに対して、ここでの設定が反映されます。
また、「計算結果で置き換える」を選択すると「計算式の指定」ダイアログボックスが表示され、フィールド値を使った計算式を設定し置換することができます。
例えば、「ファイルメーカー社」をすべて「クラリス社」で置き換えたい場合は、「計算結果で置き換える」をクリックし、「計算式の指定」ダイアログボックスで、

Substitute (会社名; "ファイルメーカー社"; "クラリス社")

のように指定します。第1引数「会社名」となっている部分にはフィールド名を指定しています。

スペルチェックを行なう

英文の文字列を入力した場合に、英語のスペルチェックを行うことができます。スペルチェックをしたいデータ、レコードを選択して「編集」メニューの「英文スペルチェック」のサブメニューから選びます。

「選択部分チェック」は、フィールドのテキストの中から選択した部分のスペルチェックを行ないます。

「レコードチェック」は現在選択しているレコードの全フィールドのテキストをスペルチェックします。

「対象レコードチェック」は、ブラウズ対象のすべてのレコードのテキストをスペルチェックします。

TIPS スペルチェック用辞書の選択

「辞書指定」では、メイン辞書とユーザ辞書を指定します。メイン辞書は初期設定では米国の辞書になっています。ユーザ辞書は、「ユーザ辞書」ダイアログボックスでチェックしたい単語を自分で追加することができます。経済や医学などの専門辞書を作成しスペルチェックしたい場合などに使用するといいでしょう。

▶ スペルチェックの結果

スペルチェックの結果は、「スペルチェック」ダイアログボックスに表示されます。間違っている単語が表示され、下には正しい単語の候補リストが表示されます。

候補リストから正しい単語を選択して「置換」ボタンをクリックします。そのままでよければ、「すべて無視」ボタンをクリックします。間違っている単語を直接書き換えて、置換を行うこともできます。

POINT

疑わしいスペルには、単語の下に赤い点線も表示されます。

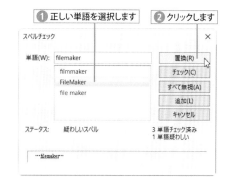

TIPS 定規を表示する

ブラウズモードでは、「表示」メニューの「定規」を選択すると、テキストの整列に使う横方向の定規が表示されます。

定規はブラウズモードではアクティブなフィールドの長さに自動的に変更され、テキストのインデントを設定することができます。

SECTION 5.2 Tabキーによるフィールド移動順の変更

使用頻度
★ ★ ☆

ブラウズモードでは、Tab キー（またはEnter キー、return キー）でフィールドを移動できます。「タブ順設定」を使うと、その移動順序を任意に設定することができます。ここではフィールドを移動する際の順序設定について説明します。

▌Tabキーによるフィールド移動順の変更

ブラウズモードでデータ入力をする場合、Tab キーを押すと次の入力フィールドに移動できます。最初の設定では、左から右、上から下に移動します。より入力しやすい順番にするため、Tab キーによる移動の順番を変更して、データの入力順を変えることができます。

❶ レイアウトモードに切り替える

「表示」メニューの「レイアウトモード」（Ctrl＋L）を選択し、レイアウトモードに切り替えます。

❷ 「タブ順設定」を選択する

「レイアウト」メニューから「タブ順設定」を選択します。

❸ タブ順が表示される

フィールド、ボタンなどの横に現在のタブ順の番号が表示されます。

> **POINT**
>
> 集計フィールドにはタブ順を設定することはできません。計算フィールドには設定することができます。

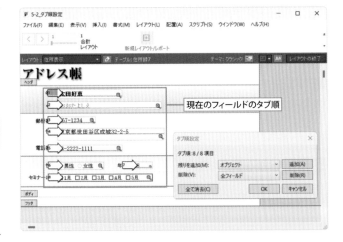

❹ タブ順番号の削除

「タブ順設定」ダイアログボックスの「削除」欄で「全フィールド」を選択し、「削除」ボタンをクリックすると、フィールドのタブ順番号だけが消去されます。
「すべてのボタン」を選択し、「削除」ボタンをクリックすると、ボタンのタブ順番号だけが消去されます。

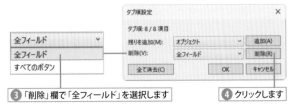

⑤ タブ順番号の設定

タブ順の▷を入力したい順にクリックするか、数値をキーボードから入力します。

⑥ 設定を終了する

設定を終えたらダイアログボックスの「OK」ボタンをクリックします。

⑤ フィールドに設定されたタブ順がクリアされます。
順にクリックしていくか、新たな番号を入力します

⑥ クリックします

▶ タブ順を自動入力

「残りを追加」欄の「オブジェクト」を選択し、「追加」ボタンをクリックすると、フィールド、ボタンなどのタブの対象オブジェクトにすべてタブ順番号が自動入力されます。

「フィールドのみ」を選択すると、すべてのフィールドにタブ順番号が自動入力されます。

「ボタンのみ」を選択すると、すべてのボタンにタブ順番号が自動入力されます。

① 「残りを追加」欄で「オブジェクト」を選択します

② クリックします

③ フィールドにタブ順が設定されます

④ クリックします

▶ 新規タブ順を手入力する

「全て消去」をクリックするとすべての順番の番号が消え、新規に設定できます。設定したい順番に矢印をクリックすると自動的に順番が設定されていきます。

繰り返しフィールドでは、最初の矢印をダブルクリックすると、その後のフィールドに自動的に順番が設定されます。1つ1つのフィールドをクリックしていくと、その順に番号を設定することもできます。

① クリックするとすべてのタブ順を消去します

② クリックして移動する順番を設定します

SECTION 5.3 表形式での操作

使用頻度
★ ★ ★

ここでは、表形式での操作の方法について説明します。列幅や列順の変更、集計のグループごとの小計の表示について解説します。表形式のソートは220ページを参照してください。

表形式で列幅、列順を変更する

表形式のレコード表示では、列幅を変える、列を並べ替えるなどの操作を行うことができます。

① 境界線をドラッグする

ステータスツールバーの「表示方法の切り替え」で をクリックして、表形式のレイアウトを表示します。または、「表示」メニューの「表形式」を選択し、表に切り替えます。

マウスポインタを列タイトルの境界線に置きます。ポインタが左右の矢印に変わったらドラッグします。

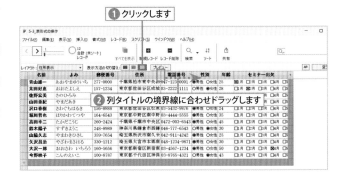

② 列幅が変更される

列幅が変更されます。

▶ 数値で列幅を指定する

列タイトルを右クリックするか、列の右の▼をクリックし、表示されたメニューで「表形式」→「列幅の設定」を選択し「列幅」ダイアログボックスで幅を入力し「OK」ボタンをクリックします。

▶列順を並べ替える

　列タイトルを選択し、目的の位置へドラッグすると列が移動します。ここでは「郵便番号」フィールドを右に移動しました。

列タイトルを選択し、ドラッグします

▶表形式の設定

　列タイトルを右クリックするか、列の右の▼をクリックし、表示されたメニューで「表形式」→「プロパティを編集」を選択すると、「表形式の設定」ダイアログボックスが表示されます。

　ここではグリッド、表示するパート、列、行の表示に関する設定を行います。

表形式の設定を行います

> **TIPS** 列の非表示と追加
>
> ステータスツールバーの「変更」をクリックすると、「表形式の変更」ダイアログボックスが表示されます。表示したくないフィールドを非表示にしたり、表示されていないフィールドを追加することができます。
>
>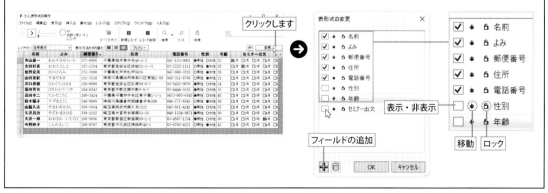
>
> クリックします
> 表示・非表示
> フィールドの追加
> 移動　ロック

グループごとに小計を求める

表形式の簡単な操作で小計を求めることができます。この例では、「顧客名」でグループ化して「金額」の小計を求めます。ここでは後部小計を配置してみます。

① 「後部グループを追加」を選択

「顧客名」フィールドの右端の矢印をクリックします。メニューで「顧客名による後部グループを追加」を選択します。

② 後部グループが追加される

「顧客名」でソートされてグループ化され後部グループが追加されます。

③ 「合計」を選択する

「金額」フィールドの右端の矢印をクリックします。メニューで「後部小計を配置」から「合計（総合計）」を選択します。

④ グループごとの小計が求められる

「顧客名」ごとの小計が求められます。

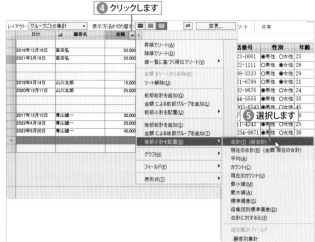

検索を行う

数多くのデータから必要なデータだけを表示
したり書き出すには、検索機能を利用します。
数値、日付、ゆるやか検索、複数のデータでの
検索、検索の保存などさまざまな操作を学び
ましょう。

6.1 検索の基本と検索例

使用頻度 ☆☆☆ | ここでは、探したいレコードだけを抽出するレコード検索の基本とさまざまな検索例を説明します。複数の条件による検索、条件を満たさないデータの検索、重複したデータの検索、空白のフィールドの検索などを取り上げます。

検索の実行手順

FileMaker Proでの検索処理は、テーブルの全レコードを検索して条件に合致した対象レコードだけをブラウズ、印刷、エクスポートなどができるようにします。

① 検索モードに切り替える

検索を実行するには、ブラウズモードでステータスツールバーの「検索」ボタンをクリックします。
または、「表示」メニューの「検索モード」(Ctrl + F、Macは ⌘ + F) を選択します。

① クリックします

② 検索条件を入力する

検索モードに切り替わったら、検索条件を入力できる🔍マークのある検索したいフィールドに検索条件を入力し、ステータスツールバーの「検索実行」ボタンをクリックします。

③ クリックします

② 検索条件を入力します

> **POINT**
>
> 検索を行わずに途中で中止したい場合は、「検索のキャンセル」ボタンをクリックします。

③ 検索されたデータが表示される

検索が終わると自動的にブラウズモードに切り替わり、検索されたレコードだけがブラウズできます。
該当件数と円グラフが表示されます。

④ ブラウズモードになり、該当件数が表示されます

> **POINT**
>
> 検索された対象レコードを使用して、合計や計算、ソート、印刷、エクスポートなどを行い、データ処理を行うことができます。
> また、「新規ウインドウ」を開いて、同じデータを対象に異なる検索条件で検索を行うことも可能です。

検索条件の変更

　検索を実行した後に、検索条件を修正して再度検索を行うことができます。検索条件の一部を修正して検索をやり直す場合などに便利です。

　ステータスツールバーの「検索」ボタン右の▼をクリックし「検索条件を変更」を選択します。または「レコード」メニューの「検索条件を変更」（Ctrl＋R）を選択します。直前に実行した検索条件がフィールドに入力された状態で検索モードになりますので、検索条件を変更します。

検索結果以外のレコードを表示する

　検索を実行すると、検索された対象レコードだけが表示されますが、検索で探し出されなかったレコードを入れ替えて表示することもできます。

① 検索データを表示している状態

レイアウトを「一覧表」にします。
現在、アドレス帳には、5件の検索されたレコード（「女性」で検索）が表示されています。

POINT

「レコード」メニューの「レコードを対象外に」を選択すると、現在表示しているレコードが対象外になります。

① 5件のレコードが検索されています

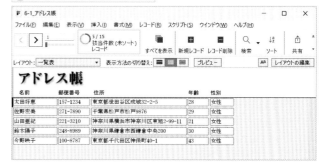

② 円グラフをクリック

ステータスツールバーの「該当件数」の左横の円グラフをクリックします。
または「レコード」メニューの「対象外のみを表示」を選択します。

② クリックします

③ 対象外のレコードが表示される

検索で探し出されたレコードと、それ以外のレコードが入れ替わり「男性」だけが表示されます。

③ 対象外のデータが表示されます

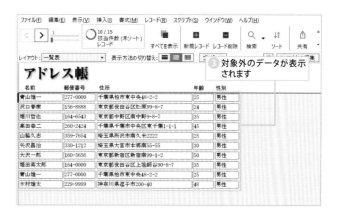

TIPS 新規ウインドウを開いて検索

「ウインドウ」メニューの「新規ウインドウ」で、もう1つのウインドウを開いて、検索を行うと、一方のウインドウで検索を行い検索結果を表示し、もう一方には検索前の画面を表示することができます。

すばやくクイック検索を行う

クイック検索が可能なフィールドは、レイアウトモードで 🔍 アイコンの付いているフィールドです。インスペクタ「データ」タブの「クイック検索にフィールドを含める」がオンのフィールドです。どのフィールドに目的のデータが入っているのかわからない場合には、クイック検索が便利です。

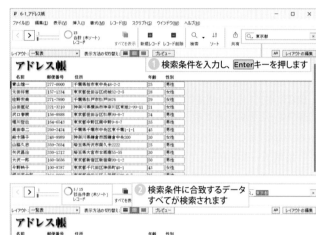

1 検索条件をクイック検索フィールドに入力

クイック検索フィールドに検索条件を入力します。ブラウズモードのままで行うことができます。検索モードに切り替える必要はありません。

2 Enterキーを押す

検索条件を入力した後に、Enterキーを押すと検索が実行されます。

3 データが検索される

検索条件に合致するデータが複数のフィールドに含まれる場合は、それらすべてが検索されます。
この例では、「顧客名」フィールドと「住所」フィールドに「中野」という文字列があります。

TIPS クイック検索のバッジ表示

レイアウトモードでは、フィールドの右下に検索の可能性を示すバッジが表示されます。
🔍はインスペクタの「データ」タブの「動作」で「クイック検索にフィールドを含める」がオンの場合、クイック検索が可能なフィールドです。🔍はオフでクイック検索が無効です。

☑クイック検索にフィールドを含める
☐視覚的なスペルチェックを適用しない

🔍は、検索可能ですが、関連フィールド、索引設定ができず検索に時間がかかる可能性があることを示しています。
なお、バッジが表示されていない場合には、「表示」メニューの「オブジェクト」で「クイック検索」をチェックします。

検索結果の解除（すべてを表示）

検索結果を解除してすべてのレコードを表示するには次の操作を行ないます。

1 「すべてを表示」をクリックする

検索結果を解除して、すべてのレコードを表示したい場合には、ステータスツールバーの「すべてを表示」ボタンをクリックします。
または「レコード」メニューから「全レコードを表示」（Ctrl + J）を選びます。

2 すべてのレコードが表示される

検索結果が解除されると、すべてのレコード数が表示されます。

POINT

「全レコードを表示」はよく使うので、キーボードショートカットCtrl + J を覚えると素早い操作が可能になります。

最近使った検索条件を利用する

　最近、検索で使用した検索条件を使うと、以前に使った検索条件で検索する場合、再度入力せずに済むので便利です。

　保存された検索条件を使うには、ステータスツールバーの「検索」ボタンの横の▼をクリックします。または、検索モードで「保存済み検索」ボタンをクリックします。

　「最近使った検索」欄に直近に使用した検索条件が表示されるので目的の条件を選択します。

検索条件を保存する

　また使用した検索条件を「保存済み検索」として保存することもできます。こうすると「最近使った検索条件」とは別に「保存済み検索」として保存されます。

▶ 使用した検索条件を保存する

　検索を実行した後に、その検索条件を保存します。

① 検索を行う

検索を実行します。ここでは「住所」フィールドが「神奈川県」のデータで検索します。

② 「現在の検索を保存」を選択

検索が行われたら、「検索」ボタンの横の▼をクリックし、「現在の検索を保存」を選択します。

③ 検索条件名を入力し保存

「保存済み検索のオプションを指定」ダイアログボックスで名前を入力し「保存」ボタンをクリックします。

④ 保存済み検索を使う

ステータスツールバーの「検索」ボタン右の▼をクリックし「保存済み検索」欄に保存された検索条件を選択します。
ここでは「神奈川県」を選んで神奈川県の住所の人だけを検索して表示します。

⑤ 検索条件を選択します

▶ 保存済み検索条件を管理する

保存済み検索条件、または最後に使用した検索条件は同じアカウントでログインしたユーザーはそれを参照することができます。そのユーザーは「検索」ボタンの「保存済み検索を編集」を選択して、保存済みの検索に登録されているリストの順序、削除、複製などを行なうことができます。

---

① 「保存済み検索を編集」を選択する

ブラウズモードで「検索」ボタン右の▼をクリックし「保存済み検索を編集」を選択します。

① 選択します

---

② 検索条件を編集する

ダイアログボックスで検索条件の順序、削除、編集、新規作成を行ないます。

② 検索条件を編集します

検索の名称を変更できます

③ クリックします

▌ 複数の条件をすべて満たす検索（AND検索）

Aという条件とBという条件をすべて満たす検索です。検索条件が増えても操作の要領は同じです。

▶ 複数のフィールドの場合

複数のフィールドの条件をすべて満たす検索です。複数のフィールドに検索条件を入力して検索します。
たとえば、東京都に住む30歳以上の人を検索する場合は次のように行います。

① 複数の検索フィールドに入力

検索モード（Ctrl＋F）に切り替えます。
「住所」フィールドに「東京都」と入力し、「年齢」フィールドに「>=30」または「≧30」と入力して検索します（≧の記号は、ステータスツールバーの「演算子」ボタンから選択できます）。
「検索実行」ボタンをクリックします。

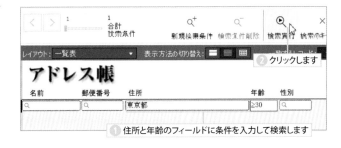

② クリックします

① 住所と年齢のフィールドに条件を入力して検索します

② 検索レコードが表示される

東京都に住所があり、30歳以上の年齢のレコードが検索されます。

POINT

1つのフィールドで複数の検索条件を入力するには、複数の条件を全角スペースで区切って入力し、検索します。

POINT

「株式会社　ソーテック社」を1つの言葉として検索したい場合には、"株式会社　ソーテック社"のようにダブルクォーテーションで囲んで入力します。

③ 東京都でかつ30歳以上の人のレコードだけが検索されました

TIPS 重複したデータの検索

重複しているレコードを検索するには、検索フィールドに「!」を入力します。

TIPS 検索の記号

>、≦、≧、<などの記号を使用する場合は、ステータスツールバーの「演算子」ボタンをクリックするとメニューが表示されます。
目的の条件を選択すると、フィールドに入力されます。

複数の条件のいずれかに当てはまる検索（OR検索）

　Aという条件とBという条件のどちらか1つに当てはまれば、検索されます。条件がさらに増えても、要領は同じです。

① 検索フィールドに条件を入力

検索モード（Ctrl＋F）に切り替えます。
「住所」フィールドに「神奈川県」と入力します。

② 「新規検索条件」をクリック

ステータスツールバーの「新規検索条件」ボタンをクリックします。
または、「検索条件」メニューから「新規検索条件」（Ctrl＋N）を選択します。

② クリックします

① 「住所」フィールドに「神奈川県」と入力します

③ 次の検索条件を入力する

新たな検索条件のフィールドが表示されます。「住所」フィールドに「埼玉県」と入力します。
「検索実行」ボタンをクリックします。

④ 検索結果が表示される

神奈川県と埼玉県のどちらかの県に当てはまれば検索対象になります。

TIPS 検索条件の復帰

「検索条件」メニューから「検索条件復帰」を選択すると、入力した検索条件の追加前の状態に戻すことができます。

条件に当てはまらないレコードを検索（除外）

条件を満たすレコードを除外して検索します。つまり、条件を満たさないレコードの検索です。

① 除外の検索条件を入力する

「住所」フィールドに「東京都」と入力し、ステータスツールバーの右側の「除外」をクリックしてから「検索実行」をクリックします。

② 検索条件以外が検索される

「東京都」を除外したレコードが検索されます。

TIPS 空白フィールドの検索

データの入力されていない空白フィールドを検索するには、「=」だけを入力して検索を行います。

対象レコードの絞り込み

検索を実行した後に、対象レコードをさらに絞り込む機能です。AND検索と同じです。

① 「東京都」で検索する

「住所」フィールドに「東京都」と入力し東京都のデータだけを検索します。
検索されたレコードがブラウズモードで表示されます。
さらに検索モードに切り替えます。

① 住所フィールドに「東京都」と入力して検索します

② 検索条件を入力する

検索モードで Ctrl + F を選択し、「性別」フィールドに「女性」と入力します。

② 検索モードで性別フィールドに「女性」と入力します

③ 対象レコードの絞り込み

「検索条件」メニューから「対象レコードの絞り込み」を選択します。

POINT

ここで「検索実行」をクリックして検索すると、「東京都」で絞り込まれず、全データに対して「女性」で検索されます。

③ 選択します

④ 検索データが絞り込まれる

さらに「女性」という検索条件でレコードが絞り込まれ、「東京都」の「女性」が表示されます。

POINT

検索実行後、さらに検索を指定して「検索条件」メニューから「a対象レコードの拡大」を選択すると、OR検索と同じく対象を拡張することができます。

④ 東京都の女性が表示されます

右クリックによる簡易検索

ブラウズモードで選択した文字列で、ショートカットメニューから簡単に検索することができます。

1 ブラウズモードで文字列を選択する

ブラウズモード（Ctrl＋B）で、検索したいフィールドの文字列をドラッグして選択します。

POINT

ショートカットメニューの操作は、検索モードに切り替える必要はありません。

2 「一致するレコードを検索」を選択

右クリックして、表示されたメニューから「一致するレコードを検索」を選択します。

3 検索結果が表示される

ドラッグで選択した文字列を含むレコードが表示されます。

POINT

フィールドの文字列をドラッグで選択しないで、フィールドにカーソルを置くだけで検索すると、そのフィールドの値と完全に一致するレコードだけが検索されます。

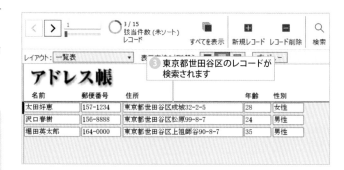

テキストフィールドの検索

使用頻度
☆ ☆ ☆

テキストフィールドの検索について解説します。テキストデータの検索には、前方一致、完全一致、部分一致、ゆるやか検索など、さまざまな方法があります。

索引設定を利用する

「ファイル」メニューの「管理」から「データベース」を選択します。

「データベースの管理」ダイアログボックスでフィールドを選択して「オプション」をクリックします。

「フィールドオプション」ダイアログボックスで、「データの格納」タブをクリックすると、検索時間を短縮するための索引設定ができます。

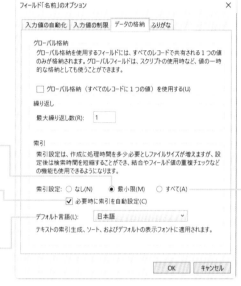

テキストフィールドと計算フィールドの値索引を作成します。通常はここをチェックしておきます。

「索引設定」で「なし」を選択しても、ここをチェックしておくと検索に利用することができるため、便利です。

選択した言語に固有の条件で索引設定とソートを行うように設定されます。

テキストフィールド、計算フィールドの単語索引と値索引の両方を作成します。また、数字、日付、時刻、タイムスタンプフィールドの値索引が作成されます。

索引を利用して検索する

検索条件を入力するときに、登録されている索引の一覧を見て入力することができます。検索したい条件がはっきりしない場合などに便利です。

❶ 検索したいフィールドにカーソル挿入

検索モード（Ctrl + F）にして、検索したいフィールドにカーソルを挿入します。
「挿入」メニューの「索引一覧」（Ctrl + I）を選択します。

挿入(I)　書式(M)　検索条件(R)　スクリプ	
ピクチャ(P)...	
オーディオ/ビデオ(V)...	
PDF(D)...	
ファイル(F)...	
現在の日付(D)	Ctrl+-
現在の時刻(T)	Ctrl+;
現在のユーザ名(U)	Ctrl+Shift+N
索引一覧(I)...	Ctrl+I
直前に参照したレコード(L)	Ctrl +^

❶ 選択します

② 索引一覧から索引語を選択

「索引一覧」ダイアログボックスが表示されるので、検索条件にしたい索引語をダブルクリックします。

② 索引語をダブルクリックします

③ 検索語が挿入される

カーソルのあるフィールドにダブルクリックした検索語が入力されます。
「検索実行」ボタンをクリックして検索します。

④ クリックします

③ 索引語が挿入されます

▌ さまざまな検索記号のまとめ

テキストフィールドの検索には、＝、＊、＜、＞などさまざまな記号を付けた検索条件を与えることができます。

検索記号	使い方
==文字列*	前方一致検索。「==東京*」と入力して検索すると、「東京」で始まるデータだけが検索されます。
==	完全一致検索。「==野沢コンピュータ東京支店」で検索すると「野沢コンピュータ東京支店」のフィールドだけが検索されます。
=	単語の完全一致検索。空白を含むレコードの完全一致検索はできません。
*	複数文字のワイルドカード。「*山本」で検索すると「ブックランド山本」「本屋の山本」などが検索されます。
@	1文字のワイルドカード。「@@田」で検索すると、「小山田」は検索されますが、「吉田」「西田」などは検索されません。
¥	後続文字をエスケープ。@ * # ? ! = <> といった文字を検索する場合に、それらの文字の前に「¥」または「\」（バックスラッシュ）を付けて検索します。「?」を検索するには、検索条件を「¥?」として検索します。
"文字列"	「"テキスト"」のように文字列を「"」で囲んで検索すると、その文字列を含むデータを検索します。空白や@などの特殊な文字も検索できます。「野沢　太郎」（姓と名の間に全角の空白が1つ）を検索する場合は「"野沢　太郎"」で検索することができます。
*"文字列"	その文字列の前にどんな文字があっても検索できます。空白を含む文字列も空白の数まで含めて正確に検索できます。「*"番館"」として検索すると、「レジデンス壱番館」「ウイング一番館」「ヒルズ三番館」などが検索されます。
~	ゆるやか検索。ひらがな・カタカナの区別、濁音・半濁音の区別、拗音・促音の区別、長音のある・なしの区別をなくして検索します。「~コンピュータ」で検索すると、「コンピューター」「コンピュータ」が付く文字列が検索されます。
>、=>、<=、<	テキストの大小で検索します。「>こ」で検索すると、「あ」から「こ」の範囲の語句が検索されます。
...	テキストの範囲で検索します。「あ...こ」で検索すると、「あ」から「こ」の範囲の語句が検索されます。
!	重複する値を検索します。

SECTION 6.3 数字フィールドの検索

使用頻度 ☆ ☆ ☆ ｜ 数字フィールドの検索では、完全一致の検索、または数値の大小の比較による検索を行うことができます。

完全一致検索

検索モード（ Ctrl + F ）で数字フィールドに検索条件の数値を入力して検索を行うと、数値の大小によって検索を行えます。ここでは「年齢」フィールドに「30」と入力して検索します。「＝30」としても同じです。

② 数字フィールドに「＝30」と入力して検索します

> **TIPS %の検索**
>
> 数字に％の書式が設定してある場合には、元の数字を入れます。たとえば、「20％」を検索するには「0.2」で検索します。

大小による検索

大小の検索には、「＜」、「＜＝（≦）」、「＞」、「＞＝（≧）」といった記号を使います。大小の検索記号は以下のような意味です。

「＜検索条件」は、「検索条件より小さい（未満）」

「＜＝検索条件」または「 ≦ 検索条件」は、「検索条件以下」

「＞検索条件」は、「検索条件より大きい」

「＞＝検索条件」または「 ≧ 検索条件」は、「検索条件以上」

> **POINT**
>
> 検索記号ポップアップの代わりに、キーボードから直接「＜＝」や「＞＝」を入力しても同じ検索条件になります。

30歳より下（未満）の人を検索するには、「年齢」フィールド（数字フィールド）に「＜30」と入力して検索します。以下の場合は、「＜＝30」または「 ≦ 30」と入力して検索します。

範囲の検索

範囲の検索には、記号の「...」を使います。

たとえば、25歳以上で35歳以下を検索するには「25...35」で検索します。

TIPS #を使った検索

#は1つの数字の代用をします。たとえば、「3#」とすると「30」「31」「32」……などが検索されます。また「3##」とすると「300」「301」「311」……などが検索されます。

SECTION 6.4 日付、時刻フィールドの検索

使用頻度	
☆ ☆ ☆	日付、時刻フィールドでは、完全一致の検索、または大小の比較による検索ができます。大小は日付の前後、時刻の前後で比較して検索されます。

日付の完全一致検索

日付フィールドに検索条件の日付を入力して検索します。年月日の区切りは「/」スラッシュ記号を使います。ここでは検索モードにして日付フィールドに「2022/12/11」と入力して検索します。

TIPS　2000年代の検索

2000年代を検索するには、「22.12.11」「22/12/11」「2022.12.11」「2022/12/11」「2022-12-11」のいずれかの方法で入力します。ただし、ブラウズモードにおける日付データの入力は4桁表示の年で入力してください。

日付の大小（前後）による検索

大小の検索には、記号の「<」、「<=（≦）」、「>」、「>=（≧）」を使います。

▷ **2022年12月13日より前を検索（13日を含まない）**

▶日付範囲（期間）の検索

範囲の検索には、記号の「...」を使います。

たとえば、2022年12月11日から、2022年12月13日までの範囲を検索するには「2022/12/11...2022/12/13」で検索します。

時刻の検索

時刻の検索は基本的には、日付の検索と同じです。完全一致の検索、または大小の比較による検索になります。大小とは時刻の前後です。

検索条件を入力するときに、時分秒を「:」で区切ります。検索記号の「...」の使い方は、日付の場合とまったく同じです。ここでは、時刻フィールドに「<=13:00」と入力し午後1時00分以前を検索します。

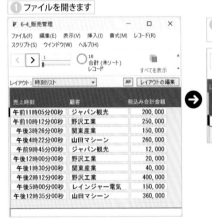

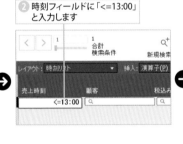

TIPS　今日の日付、無効な日付の検索

今日の日付を検索するには、記号から「//」を入力します。今日の日付というのは、毎日、更新されます。スクリプトでは「//」を使用すると便利です。その都度、今日の年月日を入力することなく、実行できます。

また、無効な日付を検索することもできます。日付として無効なデータが含まれているデータを探す場合、「?」という記号を入力して検索します。

他のファイルからデータを読み込んだ場合などに、日付フィールドに、無効な日付データを取り込んでしまうことがあるので、これを使うと便利です。

ソート（並べ替え）を行う

ソートはデータの並べ替えです。読み順、データの大きさ順などデータベースで頻繁に利用する機能を覚えましょう。

ソートの基本操作

使用頻度
★★★ ｜ 作成したレコードを五十音順に並べ替えたり、数字の小さい順、大きい順に並べ替える（ソートする）ことができます。
ここではソートの基本的な操作について解説します。

ソートの実行

年齢（数字データ）によるソート（並べ替え）を実行してみましょう。

① 「レコードのソート」を選択する

ブラウズモードでステータスツールバーの「ソート」ボタンをクリックします。
または、「レコード」メニューから「レコードのソート」（Ctrl＋S）を選択します。

① ブラウズモードにします　　② クリックします

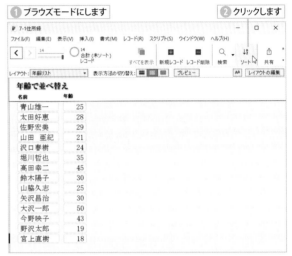

現在のレイアウトに目的のフィールドが表示されない場合は、目的のフィールドが含まれているレイアウトまたはテーブルを選択します。

② 選択します

② ソート条件を設定する

ダイアログでソート条件を設定します。
並べ替えを行う基準となるフィールドを左のリストで選択し、「移動」ボタンをクリックして、右のリストに登録します。

チェックを入れると、ソートした結果のままでファイルが保存されます。そのファイルを閉じて再び開いた場合にも、ソート済みの状態で表示されます。

データの小さいものから大きいものへと並びます。

データの大きいものから小さいものへと並びます。

③ ソートの基準にしたいフィールド名を選択します

④ クリックします

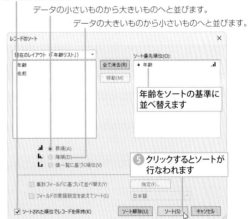

年齢をソートの基準に並べ替えます

⑤ クリックするとソートが行なわれます

③ 並べ替えが行われる

「年齢」フィールドを基準に並べ替えが行われます。ソートが完了すると、ステータスツールバーに「ソート済み」と表示されます。

⑥ 年齢の若い順に並べ替えられます

ソート優先順位のフィールド名の消去

「ソート優先順位」に表示されたフィールド名の設定は、消去をしない限りそのまま残ります。

消去したいフィールドを選択して、「消去」ボタンをクリックするとそのフィールド名が消えます。また、「全て消去」ボタンをクリックすると、すべてのフィールド名が消え新たなソート条件を設定できます。

① 消去したいフィールドを選択します　　③ 右のリストから消去されます

② クリックします

ソート結果を解除する

ソートの結果を解除して元の並びに戻すには、「レコード」メニューの「ソート解除」を選択します。

または、「ソート」ボタンをクリックして「レコードのソート」ダイアログボックスを表示させ、「ソート解除」ボタンをクリックすると、ブラウズモードに戻ります。

ステータスツールバーの「ソート済み」の表示が「未ソート」になり、元の作成順に並びます。

ソート状態で新規レコード作成

　ソート済みの状態で新規レコードを作成し確定すると、自動的にソートが実行されます。新たなレコードも含めて、現在のソート優先順位の設定で自動ソートされるので、再度ソートを行う必要はありません。

　また、レコードを削除した場合も自動ソートされるので、再度ソートを行う必要はありません。

① 新規レコードを作成

ソート済みの状態で最後のレコードにカーソルを挿入し、ステータスツールバーの「新規レコード」をクリックします。

② データを入力すると自動的にソートされる

新規レコードにデータを入力します。
レコードを確定すると、自動的にソートされて正しい順番に並びます。

> **TIPS** 検索とソートの関係
>
> 　検索とソートを行う場合は、先に検索を行い次にソートの順で行います。
> 　ソートを行った後で検索を行うと、ソートは自動的に解除されてしまいます。検索とソートを同時に行いたい場合には、必ず検索を先に行ってからソートをしてください。

SECTION 7.2 フィールドタイプごとのソート

使用頻度 ☆☆☆　｜　ソートはテキストフィールドだけでなく、数字、日付、時間フィールドも対象にすることができ、それぞれ、並び替わる基準があります。ここではフィールドのタイプごとにソートについての詳細を説明します。

▌テキストフィールドのソート

テキストフィールドのソートは、レコードをあいうえお順に並べたり、グループごとに並べて分ける場合に使用します。

テキストフィールドでは、文字列の1番目から大小を比較してソートします。1番目の文字が同じ大きさの場合には、2番目の文字というように、先頭から順に大きさの比較が行われソートされます。

「レコードのソート」ダイアログボックスの「フィールドの言語設定を変えてソート」をチェックすると、ソートの言語設定を変更することができます。

ここをチェックしない場合は、フィールドオプションの「データの格納」タブの「デフォルト言語」の設定が適用されています。初期設定では「日本語」になっています。

チェックした場合は、「Unicode」など、他の言語設定を選択することができます。Unicodeの場合は、Unicode エンコード番号に基づいてソートされます。小文字と大文字は別々にソートされ、句読点は英数字とみなされます。

なお、索引、ソートなどのデフォルト言語を完全に変更するには、「データベースの管理」ダイアログボックスでフィールドを選択して「オプション」をクリックして、「データの格納」タブの「デフォルト言語」で目的の言語を選択します。

以下のソート順は、フィールドオプションの「データ格納タブ」の「デフォルト言語」で「日本語」を選択している場合、あるいは「レコードのソート」ダイアログボックスの「フィールドの言語設定を変えてソート」で「日本語」を選択している場合です。

記号	コード順
数字	1→9の順
英字	アルファベット順。ただし同じ場合は、小文字→大文字、半角→全角の順
ひらがな/カタカナ	五十音順。ひらがなとカタカナは区別されません。ただし、同じ場合は、ひらがな→カタカナの順
漢字	コード順

▶ テキストフィールドの数字の大小

設定言語が「日本語」の場合、テキストフィールドで、特に注意したいのは、数字のソートです。テキストフィールドの数字の大小は、1→9のような順に並び替わります。

ただし、数字の前に-(マイナス記号）を付けた負の数字の場合は、単純に数値の大小では並びません。数値の大小で正確にソートしたい場合は、テキストフィールドは不向きです。数字フィールドを使用してください。

テキストフィールドの数値はこのようにソートされます。数値の大小では並びません。

数字フィールドのソート

数字フィールドでは、数値の大小によってソートされて並びます。数値以外のテキスト、記号などが入力されていても無視され、数値の大小、並び方には影響しません。

数値の大小でソートされます。

> **TIPS** 計算フィールドのソート
>
> 計算フィールドでは、計算結果のタイプによってデータの大小が異なります。たとえば、計算結果を「テキスト」にすると、データの大小はテキストフィールドと同じです。計算結果のタイプがそれぞれ数字、日付、時刻フィールドのソート順となります。

日付と時刻フィールドのソート

日付フィールドでは、昇順にすると古い日付から新しい日付へと並びます。時刻フィールドでは、昇順にすると古い時刻から新しい時刻へと並びます。

日付、時刻フィールドは時間の前後でソートされます。

SECTION 7.3　さまざまなソート例

使用頻度
☆★★☆　| ここでは、複数フィールドのソート、値一覧に基づいたソート、表形式のソートを行います。

複数のフィールドによるソート

　ここでは、サッカーの順位表をソートしてみます。勝数の多い順に並べ、勝数が同じならば、その中で得失点差の大きい順に並べます。

① ブラウズモードにします

① 未ソートの状態

データファイルを開きます。
未ソートの状態です。

② レコードのソート

「レコード」メニューから「レコードのソート」（Ctrl＋S）を選択します。
「レコードのソート」ダイアログボックスで、左側のフィールド一覧から、「勝数」フィールドを選択、「降順」をクリックして、「移動」ボタンをクリックします。
次に、「得失点差」フィールドを選択、「降順」をクリックします。
「移動」ボタンをクリックすると、「ソート優先順位」欄に「勝数」フィールドと「得失点差」フィールドが表示されます。
「ソート」ボタンをクリックすると並べ替えが行われます。

② 勝数、得失点差で降順にソートを行います

③ クリックします

③ 2つのフィールドでソートされる

「勝数」フィールドでソートされ勝数が同じ場合、「得失点差」フィールドの順に並び替わります。

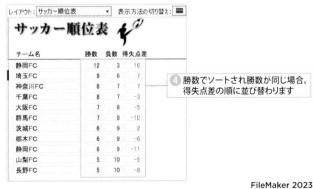

④ 勝数でソートされ勝数が同じ場合、得失点差の順に並び替わります

表形式のソート

表形式では、列を右クリックしショートカットメニューからソートを行うことができます。

① ソートしたい列名を右クリック

ソートしたい列名を右クリックします。または、列名
の右の・をクリックします。
ショートカットメニューでソート順を選択します。

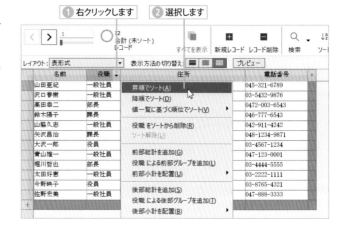

② ソートが行われる

ここでは「役職」フィールドを「昇順」でソートしまし
た。

| TIPS | 値一覧に基づいてソートする |

フィールド定義のオプションで「値一覧」を設定したフィールドをソート
すると、値一覧で選択したデータごとに並びます。
「値一覧の管理」ダイアログボックスで設定した値の順番（上から下へ）で
並べられます。

| TIPS | 繰り返しフィールドとポータル内のソート |

繰り返しフィールドのソートでは、最初のフィールドの値によってソートします。2番目以降のフィールドは、ソートに関係しません。
また、リレーショナル機能を使ったポータル内のソートを行うこともできます。ポータルについては、「Section 9.2 ポータル機能」
（240ページ）で詳しく解説します。

CHAPTER
8

スライド設定と印刷

抽出したデータを印刷する際に余分な空白を
自動的に詰めるスライド設定、およびプリン
トの方法を覚えましょう。

スライド設定

使用頻度
★ ☆ ☆

印刷の際、文字数の多寡により、フィールドと入力したテキストオブジェクトの間が空いたり詰まったりします。これを文字数に関係なく詰めて印刷するための設定がスライド設定です。

スライド設定を行う

フィールド内の余白部分を詰めて印刷することができます。

レイアウトモードに切り替え、オブジェクトを選択しインスペクタ「位置」タブの「スライドと表示」パートで行います。

たとえば、横並びの「姓」と「名」フィールドを印刷する際、「姓」フィールドの文字列が短いデータは、スライド設定を行わないと「名」フィールドとの間に余白が残り空白ができます。

POINT

オブジェクトを選択しない状態では、スライド設定の選択ができないので、注意してください。

スライド設定を行わない場合、レイアウトモードの配置のまま余白が詰められず印刷されます

印刷時に、こうした空白を詰めるには、「左にスライド」を設定します。「姓」フィールド内の余白が削除され、「名」を自動的に左にスライドして空白をなくします。

① スライドさせるフィールドを選択

レイアウトモード（Ctrl＋L）に切り替えて、スライド設定したい「姓」フィールドと「名」の両方を選択します。

② 「左にスライド」を選択する

インスペクタ「位置」タブの「スライドと表示」で「左にスライド」をチェックします。
オブジェクトの右端にスライドのバッジが表示されます。

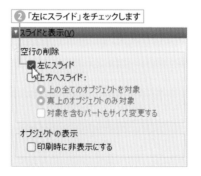

3 スライド状態を確認する

スライド状態を確認するには「表示」メニューから「プレビューモード」($\boxed{\text{Ctrl}}+\boxed{\text{U}}$) を選び、プレビューモードにして印刷イメージを表示します。

3 選択します

4 プレビューモードで確認します

余白が詰められました

TIPS スライド設定の注意点

削除される空白は、「姓」フィールド内の余白です。「姓」フィールドと「名」フィールドのオブジェクト同士が空いた状態では、そのままの状態で印刷されます。スライドするオブジェクトはぴったりと近づけておきましょう。
ただし、「姓」フィールドの行揃えが「右寄せ」または「中央」に設定してある場合は、左にスライドしません。「書式」メニューの「行揃え」で設定を変更します。

上方へスライド（全てを対象）

上のフィールドの余白を削除して、下のオブジェクトを上方へスライドさせて印刷します。ただし、上のフィールド以外に、隣上にもオブジェクトがあるときは、そのオブジェクトの大きさにより、スライドの量が変化します。

1 スライドさせるフィールドを選択

レイアウトモード（$\boxed{\text{Ctrl}}+\boxed{\text{L}}$）に切り替えて、スライドさせるフィールドを選択します。

1 設定前のプレビュー

レイアウトモード

2 スライドさせるフィールドと上方のフィールドを選択します

2 「上方へスライド」を選択

インスペクタ「位置」タブの「スライドと表示」パートで「上方へスライド」にチェックを入れ、「上の全てのオブジェクトを対象」を選択します。

チェックすると、スライド設定したオブジェクトのあるパートが縮小します。オブジェクトが上にスライドすることによってできる空白が詰められ、上下のレコード間のムダな空白がなくなります。

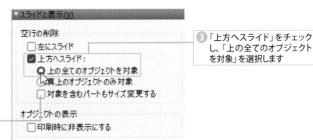

3 「上方へスライド」をチェックし、「上の全てのオブジェクトを対象」を選択します

3 スライドを確認する

スライド状態を確認するには「表示」メニューの「プレビューモード」(Ctrl + U)を選び、プレビューモードで印刷イメージを表示します。他のモードでは確認できません。

④ プレビューモードで上にスライドするのが確認できます
上にスライドします

上方へスライド（真上のみ対象）

上のフィールドの余白を削除して、下のオブジェクトを上方へスライドさせて印刷します。真上のフィールドだけを対象にスライドします。

1 フィールドを選択する

レイアウトモード (Ctrl + L)に切り替えて、スライドさせるフィールドを選択します。

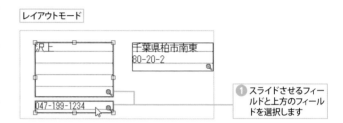
レイアウトモード
① スライドさせるフィールドと上方のフィールドを選択します

2 「上方へスライド」を選択する

インスペクタ「位置」タブで「上方へスライド」をチェックし、「真上のオブジェクトのみ対象」を選択します。

POINT

「上の全てのオブジェクトを対象」の場合と違って、隣上のオブジェクトによってスライドする量が変化することはありません。プレビューモードで確認できます。

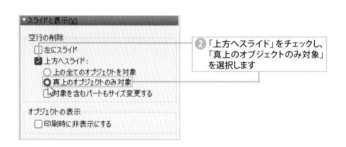
② 「上方へスライド」をチェックし、「真上のオブジェクトのみ対象」を選択します

3 スライドを確認する

スライド状態を確認するには「表示」メニューの「プレビューモード」(Ctrl + U)を選び、プレビューモードで印刷イメージを表示します。他のモードでは確認できません。

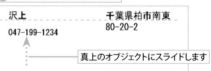
③ プレビューモードで確認します
真上のオブジェクトにスライドします

TIPS スライド対象のバッジ表示

スライド設定をしてあるオブジェクトは、「表示」メニューの「オブジェクト」から「スライド対象」をチェックすると、レイアウト上にスライドのバッジが付くので確認できます。

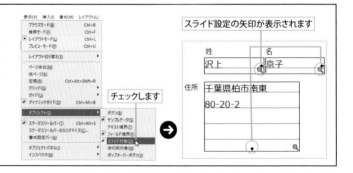
チェックします
スライド設定の矢印が表示されます

スペースを詰めるTrimAll関数

フィールド内に含まれる全角や半角の余分なスペースを除去するには、TrimAll関数を使用します。
TrimAll関数については、「Section 13.1 関数一覧」の該当ページ（364ページ）を参照してください。

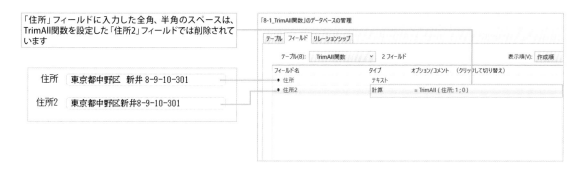

「住所」フィールドに入力した全角、半角のスペースは、TrimAll関数を設定した「住所2」フィールドでは削除されています

印刷しないフィールドやオブジェクト

選択したフィールド、オブジェクトを印刷しないようにします。たとえば、スクリプトを実行するためのボタン、画面上では必要ですが、印刷したくないオブジェクトなどに設定します。

① オブジェクトを選択する

レイアウトモードに切り替えて、オブジェクトを選択します。
ここでは、ボタンオブジェクトを選択しています。

① 印刷しないオブジェクトを選択します

② 印刷時非表示の指定

インスペクタの「位置」タブの「スライドと表示」パートの「オブジェクトの表示」項目で「印刷時に非表示にする」をチェックします。

② 「印刷時に非表示にする」をチェックします

③ プレビューモードで確認

プレビューモードで印刷対象として表示されないのを確認します。

③ プレビューモードで非表示を確認できます

改ページとページ番号の設定

　改ページをどのようにするかは、「レイアウト」メニューの「パート設定」を選択し、「パート設定」ダイアログボックスで設定することができます。また、ページ番号の振り方の設定も行うことができます。

　詳しくは、「Section 4.13 レイアウトパートの設定」（171ページ）を参照してください。

TIPS **非印刷対象のオブジェクトの表示**

非印刷対象に設定してあるオブジェクトは、「表示」メニューの「オブジェクト」の「非印刷対象」をチェックすると、レイアウト上で印刷しないオブジェクトに非印刷対象のバッチが表示され、印刷されないオブジェクトであることを確認できます。

SECTION 8.2 印刷の実行

使用頻度 ★★☆

入力したデータを印刷するには、印刷前にプリンタの接続を確認し、プリンタの設定を行います。用紙の設定、印刷の設定を行って印刷を実行します。

プリンタの設定

印刷を行うには、はじめに使用するプリンタを設定します。

① 「印刷」を選択する

「ファイル」メニューの「印刷」を選択します。
ダイアログボックスで使用するプリンタを選択します。「プロパティ」ボタンをクリックします。

POINT

Mac版では、使用するプリンタが複数ある場合「システム環境設定」の「プリンタとスキャナ」で使用するプリンタを選択します。

② 用紙サイズなどを設定する

プロパティのダイアログボックスでプリンタの設定を確認します（プリンタによってダイアログボックスが異なりますので、お持ちのプリンタの設定に従ってください）。
同じプリンタを使い続ける場合は、次回からはあらためて設定する必要はありません。

「印刷」ダイアログボックスで表示されるプリンタ名は、OSにインストールされたプリンタドライバです。これ以外のプリンタを使いたい場合は、「設定」→「デバイス」→「プリンターとスキャナー」→「プリンターまたはスキャナーを追加します」（Windows10/11）をクリックして、新しいプリンタドライバをインストールします。

用紙設定

「ファイル」メニューの「印刷設定」を選択し、「プリンタの設定」ダイアログボックスで、印刷する用紙のサイズ、方向の設定を行います。

Mac版は、「ファイル」メニューから「用紙設定」を選択し、設定を行います。

特に文字列を縦書きにした場合には、用紙の方向に注意してください。

POINT

プレビューモードでは、ステータスツールバーの「印刷」ボタン、「印刷設定」ボタンが使用できます。

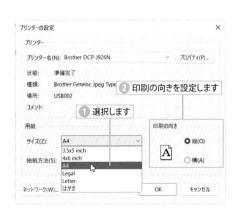

プレビューモード

レイアウトバーの「プレビュー」ボタンをクリックします。

または、「表示」メニューの「プレビューモード」（Ctrl＋U、Macは⌘＋U）を選びます。

余白を含めた印刷イメージが表示されます。ラベルの印刷など、1ページに印刷される範囲を確認する場合にプレビューを使うと便利です。

「プレビューの終了」ボタンをクリックすると、ブラウズモードに戻ります。

印刷プレビューで状態を確認します

クリックしてブラウズ
モードに戻ります

印刷や印刷設定を
行えます

印刷の実行

印刷を実行するには、「ファイル」メニューから「印刷」（Ctrl＋P、Macは⌘＋P）を選択すると、「印刷」ダイアログボックスが表示されます。

印刷部数、印刷範囲などを設定します。

「OK」ボタンをクリックすると印刷が開始されます。

▶ 印刷の設定項目

対象レコード

現在ブラウズ中のレコードが印刷されます。印刷の前に検索を行っておけば、選び出されたレコードだけが対象になります。

現在のレコード

現在表示している1レコードだけを印刷します。

レイアウト

フィールドをレイアウトで設定した書式の通りに印刷するか、フィールドに枠を付けて印刷するか、下線を付けて印刷するかを選択します。

① 印刷する対象を選びます

② 設定を確認したらクリックします

リレーションとポータル

データベースは設計段階で複数のテーブルや
ファイルを作成し、リレーション（関連付け）
を行なうことで、より効率的なデータ運用が
可能になります。
ポータルは関連フィールドのレコードを各行
に1行ずつ表示するレイアウトです。

使用頻度
★ ★ ★

業務に必要なデータベースを作成する際に、必ずマスターしなければならないのが複数のテーブルを関連付けするリレーション機能です。データベースを構築する際には、事前に必要となるテーブル、その関連付けを設計してから実際の作成に入ることが重要です。

リレーションシップとは

リレーションシップとは、テーブル同士や他のファイルのテーブルを関連付ける機能です。現在のテーブルと他のテーブルのフィールド間でリレーションシップを設定します。例えば、商品を販売するデータベースを考えてみましょう。次のような3つのテーブルがあります。商品テーブルは外部ファイルのテーブルとしています。

- 顧客テーブル　　購入した顧客リスト（レコードの重複はなし）
- 受注書テーブル　受注の際の日付、受注した商品、個数、金額、購入した顧客
- 商品テーブル　　販売する商品のリスト（レコードの重複はなし）

商品が顧客に売れた際には、日付、購入者、商品、数量、価格などを受注書に入力しますが、同じ商品が受注書ごとに何度も入力されたり、同じ顧客が何度も購入することもあります。

よって、受注書テーブルにすべてのフィールドを用意して記入するより、商品テーブル、顧客テーブルを別途に作成しておき、受注書テーブルと関連付ける（リレーションシップを作成する）ことにより、データベースを管理しやすく、把握しやすい構造にすることができます。

顧客や商品は、同一人物や同一商品がない重複しないユニークデータですから、フィールド設定の際にはIDを作成して、フィールドオプションで「ユニーク値」やシリアル番号などで重複しないように設定します。

顧客と受注書、受注書と商品テーブルを結んだリレーションシップグラフを見ると、顧客と商品テーブルの側はユニーク値なので直線、受注書側は鳥の足のような線で結ばれます（詳細は後述します）。

商品テーブルの1つのレコードは受注書テーブルの複数のデータと関連付けられるので、「1対多」の関係のリレーションが作成されることになります。顧客テーブルと受注書テーブルも同様に「1対多」の関係となります。

顧客と商品の関係に目を移すと、ある顧客は複数の商品を購入したり、多くの顧客が特定の商品を購入することができるので、「多対多」の関係となります。

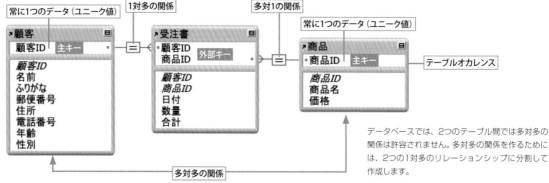

データベースでは、2つのテーブル間では多対多の関係は許容されません。多対多の関係を作るためには、2つの1対多のリレーションシップに分割して作成します。

リレーショナルデータベースの具体例

「販売管理」ファイルの中に、「顧客」テーブルと「受注書」テーブルの2つのテーブルオカレンス（232ページ参照）にリレーションシップを設定すると、「受注書」テーブルに「顧客」テーブルのレコードが表示されます。また「商品」テーブルからは商品IDが一致した商品名や価格が「受注書」テーブルに表示されます。

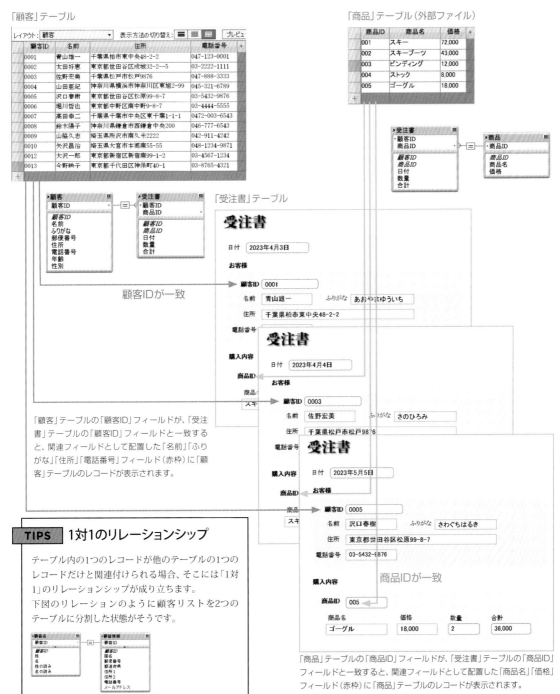

「顧客」テーブル

「商品」テーブル（外部ファイル）

「受注書」テーブル

顧客IDが一致

「顧客」テーブルの「顧客ID」フィールドが、「受注書」テーブルの「顧客ID」フィールドと一致すると、関連フィールドとして配置した「名前」「ふりがな」「住所」「電話番号」フィールド（赤枠）に「顧客」テーブルのレコードが表示されます。

受注書

日付 2023年4月3日

お客様

顧客ID 0001

名前 青山雄一　ふりがな あおやまゆういち

住所 千葉県柏市東中央48-2-2

電話番号

購入内容

商品ID

受注書

日付 2023年4月4日

お客様

顧客ID 0003

名前 佐野宏美　ふりがな さのひろみ

住所 千葉県松戸市松戸9876

電話番号

購入内容

商品ID

受注書

日付 2023年5月5日

お客様

顧客ID 0005

名前 沢口春樹　ふりがな さわぐちはるき

住所 東京都世田谷区松原99-8-7

電話番号 03-5432-9876

購入内容

商品ID 005

商品名 ゴーグル　価格 18,000　数量 2　合計 36,000

商品IDが一致

TIPS　1対1のリレーションシップ

テーブル内の1つのレコードが他のテーブルの1つのレコードだけと関連付けられる場合、そこには「1対1」のリレーションシップが成り立ちます。

下図のリレーションのように顧客リストを2つのテーブルに分割した状態がそうです。

「商品」テーブルの「商品ID」フィールドが、「受注書」テーブルの「商品ID」フィールドと一致すると、関連フィールドとして配置した「商品名」「価格」フィールド（赤枠）に「商品」テーブルのレコードが表示されます。

TIPS 主キーについて

FileMaker Pro 17以降では、テーブルを作成すると、自動的に「主キー」フィールドが作成されます。ここで作成された「主キー」フィールドは、フィールドオプションの「入力値の自動化」タブの「計算値」の「Get(UUID)」で指定された固有の16バイト(128ビット)の文字列が指定されています。

この「主キー」フィールドは、一般的なリレーショナルデータベースでリレーションに使用されるユニーク値をもつ空欄不可の主キーとして使用することはできません。

顧客リストなどユニーク値をもつテーブルの主キーフィールドは、「顧客ID」フィールドのように独自に作成して、外部キーとリレーションするのがよいでしょう。

TIPS テーブルオカレンスについて

FileMaker Proでは、リレーションシップグラフの1つのソーステーブルのビューを「テーブルオカレンス」と呼びます。テーブルオカレンスはテーブル自体ではなく、テーブルの仮想的なビューと理解してください。同じテーブルを元に複数のテーブルオカレンスを名前を変更して作成できます。

左図は、同じ「顧客名簿」テーブルを元に作成した2つのテーブルオカレンスです。

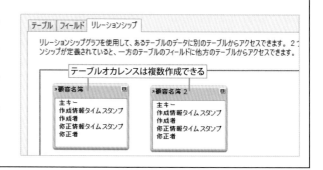

リレーションによる動作

「販売管理」ファイルの中に、「顧客」テーブルと「受注書」テーブルという2つのテーブルがあります。「顧客」テーブルには顧客に関するデータが入っています。

この2つにリレーションシップを設定し、照合フィールドのデータが条件に合致すると、「顧客」テーブルからデータを取り込んで、「受注書」テーブルに配置した「顧客テーブル」の関連フィールドに表示することができます。

販売管理ファイル

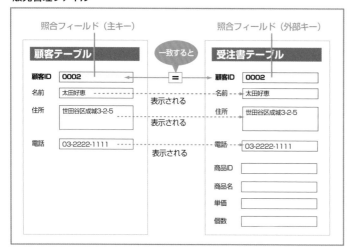

POINT

テーブルの内容は、ブラウズモードでレイアウトポップアップメニューを切り替えて表示することができます。

リレーションシップを設定する

リレーションシップを設定するためには、2つのテーブルを結び付けるフィールドが必要です。この結び付けるフィールドを「照合フィールド」といいます。

販売管理.fmp12ファイルの「顧客」テーブルに、「顧客ID」フィールドがあります。「受注書」にも「顧客ID」フィールドを作成し、それぞれの「顧客ID」フィールドを照合フィールドに設定します。「顧客ID」によって2つのテーブルがリレーションになります。

現在のテーブル（この例では「受注書」テーブル）に連結（リレーション）するテーブル（この例では「顧客」テーブル）を「関連テーブル」と呼びます。

① データベースの管理

「ファイル」メニューの「管理」から「データベース」（Ctrl + Shift + D）を選択します。

② リレーションを設定する

「リレーションシップ」タブをクリックします。
データベース内の定義されている2つのテーブルオカレンスが表示されます。
照合フィールドとなるフィールドを選択し、相手先のテーブルの照合フィールドに向かってドラッグします。
この例では、「顧客」テーブルの「顧客ID」フィールドを選択して、「受注書」テーブルの「顧客ID」フィールドにドラッグします。

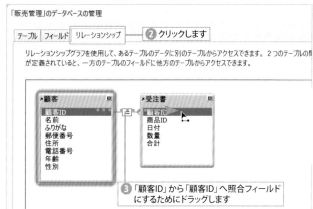

③ 「顧客ID」から「顧客ID」へ照合フィールドにするためにドラッグします

クリックするごとにテーブルオカレンスの表示を2段階で縮小、元に戻します

カーソルを合わせると、ソーステーブルとソースファイルを表示します

このボックスをテーブルオカレンスと呼びます

照合フィールド

248ページ参照

リレーショナル演算子

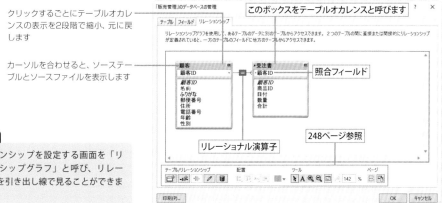

POINT

リレーションシップを設定する画面を「リレーションシップグラフ」と呼び、リレーション関係を引き出し線で見ることができます。

関連フィールドを配置する

　関連テーブル内のフィールドを「関連フィールド」といいます。現在のテーブル「受注書」テーブルのレイアウトに「顧客」テーブルからの関連フィールドを配置すると、「顧客」テーブルのデータを「受注書」テーブルに自動的に表示することができます。

❶ フィールドタブで関連テーブルを表示

レイアウトモード（Ctrl＋L）で、フィールドタブを表示します。
「現在のテーブル」のメニューから関連テーブル（顧客）を選びます。

POINT

フィールドツール（134ページ参照）をレイアウト内にドラッグすると、「フィールド指定」ダイアログボックスが表示されます。
メニューから関連テーブルとなる「顧客」を選択して関連フィールドを選択し「OK」ボタンをクリックすると配置されます。

❷ 関連フィールドをドラッグして配置

関連テーブルの関連フィールド名の先頭には「::」の記号が付いています。
「名前」「ふりがな」「住所」「電話番号」の4つのフィールドを右のレイアウトにドラッグして配置します。

POINT

ドラッグして配置する前に、タブの下にある「ドラッグ設定」でフィールドとラベルを設定してから配置しましょう。

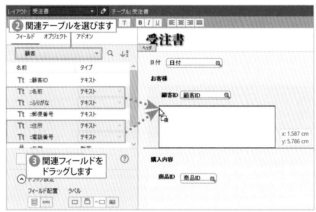

❸ 関連フィールドが配置される

ドラッグした場所に関連フィールドが配置されます。
フィールドの背景色や書式は、配置してからインスペクタで調整できます。
関連フィールドの検索可能なフィールドには🔍マークが表示されます。

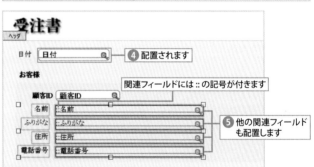

❹ 書式と位置を調整する

フィールドの塗り、線、フォントをインスペクタの外観タブで調整します。
上の「顧客ID」と同じスタイルにする場合は、ツールバーの「書式のコピー/貼り付け」ボタン（129ページ参照）を使うと便利です。
また、位置もドラッグまたはインスペクタの位置タブを利用して調整してください。

他のファイルのテーブルへリレーションシップを設定する

他のファイルへのリレーションシップを設定するには、リレーションシップグラフにテーブルオカレンスを追加します。画面下の一番左の▣ボタンをクリックします。

「テーブルを指定」ダイアログボックスが表示されるので、「データソース」ドロップダウンリストから「FileMakerデータソースの追加」を選択します。

テーブルに追加したいファイルを選択し、「開く」ボタンをクリックすると「テーブルを指定」ダイアログボックスが表示されます。表示したいテーブルを選び、「OK」ボタンをクリックすると他のファイルのテーブルがリレーションシップに追加表示されます。

他にもリレーションシップグラフにテーブルを追加したい場合は、同様に行います。

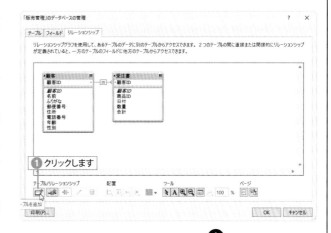

① クリックします

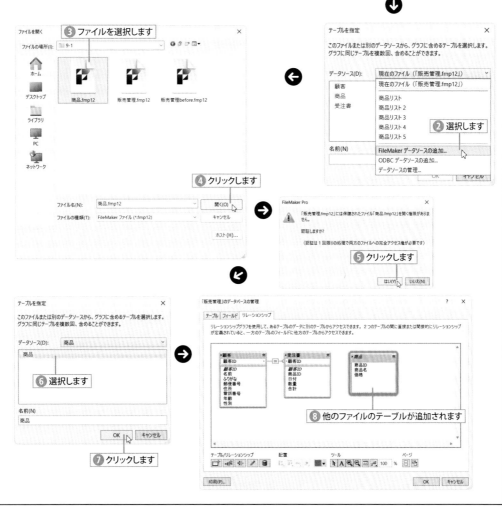

③ ファイルを選択します

④ クリックします

② 選択します

⑤ クリックします

⑥ 選択します

⑦ クリックします

⑧ 他のファイルのテーブルが追加されます

データの入力と表示

▶ 顧客テーブル（関連テーブル）の内容

リレーションを設定した「顧客」テーブルの内容は右図の通りです。

入力する顧客IDをここで調べてから、「受注書」テーブルに入力してみます。

▶「受注書」テーブル（マスタテーブル）への入力

照合フィールド（「顧客ID」フィールド）に入力すると、配置した関連フィールドにはデータが自動的に入力されます。

① 照合フィールドに入力する

「受注書」テーブルで照合フィールドである「顧客ID」フィールドに顧客IDを入力し、確定します。

② 自動的にデータが表示される

「名前」「ふりがな」「住所」「電話番号」などの関連フィールドに「顧客」テーブルから関連付けされたデータが自動的に表示されます。

データ自体は、「顧客」テーブルに保存されていますが、リレーションシップ機能によって、「受注書」テーブルにデータが表示されます。

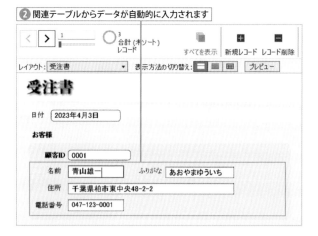

3つ目のテーブルオカレンスのリレーション

235ページTIPSで読み込んだ「商品」テーブルと「受注書」テーブルを関連付け、「受注書」テーブルで商品IDを入力すると「商品」テーブルの商品データが入力されるようにします。

① リレーションを設定する

「データベースの管理」ダイアログボックスの「リレーション」シップには3つのテーブルオカレンスが表示されています。
「受注書」テーブルの「商品ID」から「商品」テーブルの「商品ID」にドラッグしてリレーションシップを作成します。

② 関連ファイルを配置する

レイアウトモードで左のフィールドタブから図のように関連フィールドを配置します。
さらに書式設定、位置の調整を行い、数量と計算フィールドの合計フィールドを現在のテーブルから配置します。

③ 自動的にデータが表示される

「商品ID」フィールドに商品IDを入力すると商品名、価格が自動入力され、購入数量を入力すると、合計が求められます。

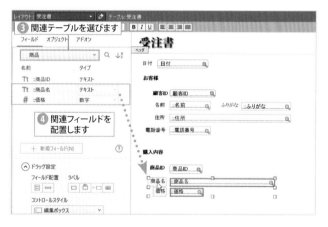

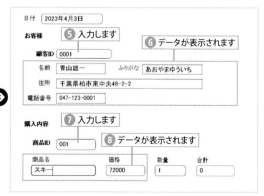

リレーションシップを削除する

リレーションシップを削除するには、「データベースの管理」ダイアログボックスで削除したいリレーションシップの線をクリックし選択します。アイコンをクリックするか Delete キーを押すと削除され、関連テーブルにはデータが表示されなくなります。

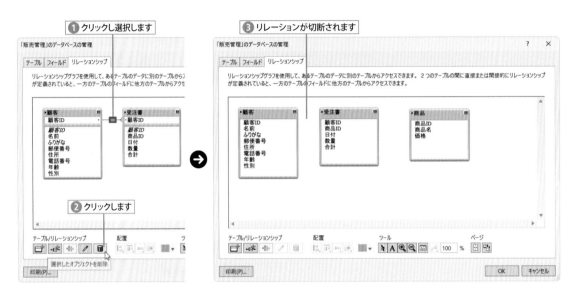

配置された関連フィールドは、通常のテーブルと同じようにソートなどで使用できます。また計算フィールドの計算式に使用することもできます。

「レコードのソート」ダイアログボックスのポップアップメニューで関連テーブルを選ぶと、関連テーブル内のフィールドが表示されるので、それを使ってソートすることもできます。

また、検索で関連フィールドを使用することもできます。

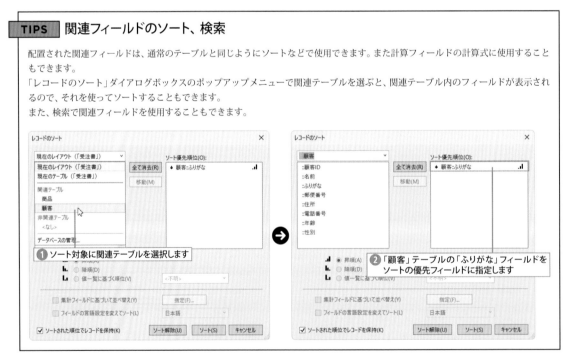

TIPS テキストノートでグループ化

ツールの「テキストノートを追加」▲を選択し、リレーションシップグラフ内でドラッグすると、メモの記入エリアが作成されます。その中にメモを書き込むことができます。

リレーションシップに関する説明などを記入しておくと、後で内容を確認するときに便利です。

また、テーブルオカレンスが数多くなったときには、テーブルオカレンスのグループごとに、グループを囲うようにテキストノートツールでドラッグしオカレンスを囲ってグループ化することができます。

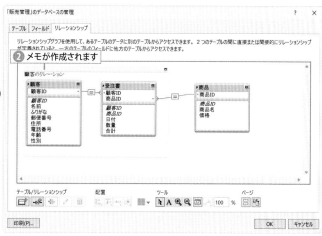

TIPS テーブルオカレンスのカラーと名前について

テーブルオカレンスを見やすく管理しやすくするには、テキストノートを使う方法のほかに、テーブルオカレンスの色を変更する方法があります。テーブルオカレンスが複雑な場合は、カラーで分類するとわかりやすく、管理しやすくなります。

なお、ソーステーブルが同じ複数のテーブルオカレンスを名前を自由に変更して作成することができます。こうすることで、大規模なデータベースでは、同じソーステーブルのリレーションを作成する際に、複数の名前を変えたテーブルオカレンスを作成することで、リレーションを管理しやすく、名前もわかりやすくできます。

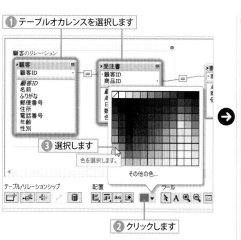
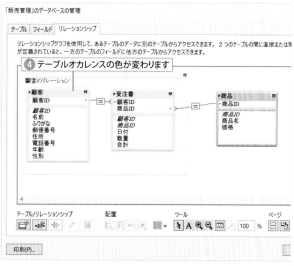

ポータル機能

使用頻度

★ ★ ☆

ポータル機能を使うと、現在のテーブルの1つのレコード内に関連テーブルから検出した複数のレコードを表示させることができます。また、同じテーブルのレコードを表示するマスタ/詳細レイアウトのポータルを作成することができます。

ポータルのしくみ

ここでは、「請求管理」ファイルの「注文」テーブルと「請求書」テーブルの例で考えてみます。

「注文」テーブルは、顧客からの1注文に対して、1レコードを作成しています。1人の顧客から複数の注文があった場合にも、1商品につき、1レコードを作成してあります。

ポータルは、関連テーブルから複数のレコードを表示するレイアウトオブジェクトです。

ここでは、各顧客が注文した複数の注文をまとめて、「請求書」テーブルに書き込みます。「請求書」テーブルの1レコードに、「注文」テーブルからの複数のデータを表示させます。

リレーションシップとポータルを設定する

ここではポータルの設定をするために「請求書」テーブルと「注文」テーブルの間に「顧客ID」を照合フィールドとしたリレーションシップを設定します。

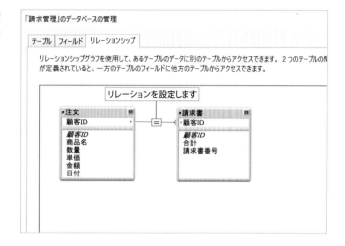

▶ ポータルの作成

「請求書」テーブルにポータルを作成します。レイアウトモードでステータスツールバーのポータルツール 〓 を使って作成します。

① ポータルツールでドラッグ

レイアウトモード（ [Ctrl] + [L] ）に切り替え、ポータルツール 〓 を選択し、ポータルにするエリアを対角線上にドラッグします。

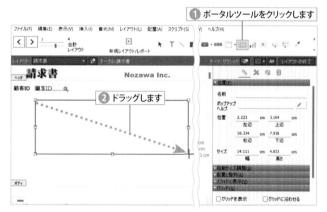

② ポータルの設定

「ポータル設定」ダイアログボックスが表示されます。「レコードを表示」のメニューからポータルに表示する関連テーブル（注文）を選択し、表示する行数などの書式を設定します。
「OK」ボタンをクリックします。

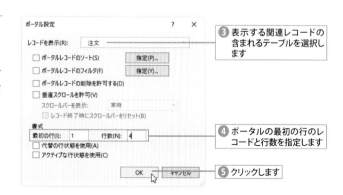

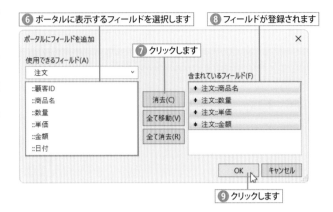

③ ポータルにフィールドを追加

「ポータルにフィールドを追加」ダイアログボックス
が表示されます。
ポータルに表示したい関連フィールド（ここでは「商
品名」「数量」「単価」「金額」）を選択し（Ctrl＋クリッ
クで複数選択可能）、「移動」ボタンをクリックしま
す。
「OK」ボタンをクリックします。

④ ポータルが配置される

ポータルが配置されます。
この操作によってリレーションを設定した「注文」テー
ブルから複数のレコードが表示されます。
配置されたポータルフィールドの幅、背景色、行揃え
などの書式は適切に設定してください。縦罫も引いて
おくとわかりやすくなります。

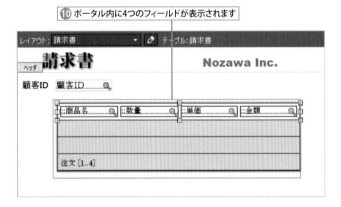

データの入力とポータルへの表示

　「請求書」テーブルの「顧客ID」にデータを入力します。「注文」テーブルのデータの中から、その「顧客ID」に該当
するレコードが、「請求書」テーブルのポータル内に表示されます。複数のレコードが該当する場合は、ポータルに複
数表示されます。

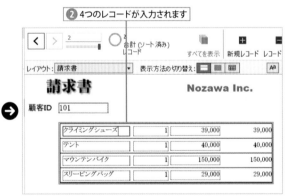

ポータルから関連テーブルへレコードを作成する

「請求書」テーブルのポータルにデータを入力すると、関連テーブルである「注文」テーブルに、自動的にレコードを作成しデータを入力することができます。

1 リレーション線をダブルクリック

「ファイル」メニューの「管理」の「データベース」（Ctrl + Shift + D）を選択します。
リレーションシップグラフで目的のリレーション線をダブルクリックします。

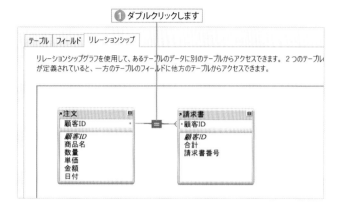

2 レコード作成の許可を設定する

「リレーションシップ編集」ダイアログボックスが表示されます。
関連テーブルの「このリレーションシップを使用して、このテーブルのレコードの作成を許可」をチェックします。
「OK」ボタンをクリックしダイアログボックスを閉じます。

▶ ポータルへデータを入力する

1 ポータルにデータを入力する

「請求書」テーブルに新規レコードを作成し、ポータルにデータを入力します。

② 関連テーブルにレコードが挿入

関連テーブルである「注文」テーブルにレコードが作成されます。

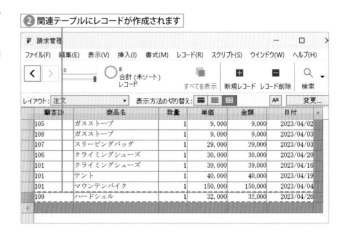

② 関連テーブルにレコードが作成されます

ポータルから関連テーブルのレコードを削除する

① 関連レコード削除の設定

他の関連テーブルでデータが削除されたとき、ポータルのレコードも削除したい場合、リレーション線をダブルクリックして表示される「リレーションシップ編集」ダイアログボックスを表示します。
「他方のテーブルでレコードが削除された時、このテーブルの関連レコードを削除」をチェックします。

① チェックします

削除前の関連テーブル

顧客ID	商品名	数量	単価	金額	日付
105	ガスストーブ	1	9,000	9,000	2023/04/02
108	ガスストーブ	1	9,000	9,000	2023/04/03
107	スリーピングバッグ	1	29,000	29,000	2023/04/03
106	クライミングシューズ	1	30,000	30,000	2023/04/20
101	クライミングシューズ	1	39,000	39,000	2023/04/16
101	テント	1	40,000	40,000	2023/04/01
101	マウンテンバイク	1	150,000	150,000	2023/04/04
101	スリーピングバッグ	1	29,000	29,000	2023/04/04
109	ハードシェル	1	32,000	32,000	2023/04/14
102	テント	1	40,000	40,000	2023/04/01
102	クライミングシューズ	1	39,000	39,000	2023/04/19

削除するレコード

② レコードを削除する

「請求書」テーブルで削除したいレコードを選択し、ステータスツールバーの「レコード削除」ボタンをクリックします。
確認のダイアログボックスで「削除」ボタンをクリックします。

③ 関連テーブルのレコードも削除

関連テーブルである「注文」テーブルのレコードも削除されます。
「注文」テーブルにレコードを切り替えてレコード数を確認してみます。

■ ポータルのソート

「請求書」テーブルのポータル内に表示される関連レコードをソートすることができます。ここでは、ポータル内で単価を優先順位にして昇順でソートします。

① 「レコードのソート」をチェック

「リレーションシップ編集」ダイアログボックスで「レコードのソート」をチェックします。

または、レイアウトモードに切り替えてポータルオブジェクトをダブルクリックします。
「ポータル設定」ダイアログボックスの「ポータルレコードのソート」の「指定」ボタンをクリックします。

右余白縦書き： **CHAPTER 9** リレーションとポータル

② ソートフィールドを指定する

「レコードのソート」ダイアログボックスが表示され
ます。ソートの基準フィールドを左欄で選択し、「移
動」をクリックして右欄に表示させ、優先順位を設定
します。
「OK」ボタンをクリックします。

③ ソートされる

「単価」フィールドを基準にポータル内のレコードが
ソートされて表示されます。

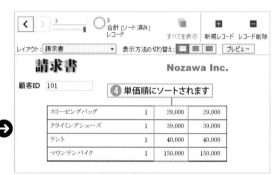

▌ポータルのフィルタリング

ポータルにフィルタを追加して、条件に合ったレコードのみをポータル上に表示することができます。
たとえば、ポータルレコードのフィルタで計算式「注文::商品名="テント"」を設定すると、テントのレコードのみ
が表示されます。ただし、フィルタリングでは、たとえば金額の合計などの計算式を設定してある場合、表示されない
レコードも含めて合計を求めてしまう場合もあるので、注意してください。

① ポータルをダブルクリックする

レイアウトモードに切り替えてポータルオブジェク
トをダブルクリックします。

② ポータルレコードのフィルタ指定

「ポータル設定」ダイアログボックスの「ポータルレコードのフィルタ」の「指定」ボタンをクリックします。

③ 計算式を設定する

「計算式の指定」ダイアログボックスで計算式
注文::商品名="テント"
を設定します。
左のリストで「商品名」をダブルクリックすると
「注文::商品名」が入力できます。
「OK」ボタンをクリックします。

④ ソートされる

ブラウズモードに戻ると、商品名が「テント」の条件のポータルのフィルタリングが確認できます。

ポータルレコードのフィルタでタイミングを設定

ポータルレコードを表示するタイミングを計算式によって指定できます。

リレーションシップで「顧客ID」を照合フィールドに設定してある場合、通常は「顧客ID」を入力すると関連テーブルからポータルにデータが表示されます。しかし、「ポータルレコードのフィルタ」を指定すると、計算式で指定したタイミングで、はじめてデータが表示されます。

たとえば、「顧客ID」を入力しただけではポータルにはデータが表示されず、「請求書番号」フィールドに文字列を入力してデータを確定した時点で、はじめてデータを表示させることができます。

① ポータルレコードのフィルタを指定

ポータルツール　でポータルにするエリアを対角線状にドラッグすると表示される「ポータル設定」ダイアログボックスで、「ポータルレコードのフィルタ」にチェックを入れ、「指定」ボタンをクリックします。

② 計算式のタイミングを指定

「計算式の指定」ダイアログボックスが表示され、計算式で指定したタイミングで、はじめてデータが表示されます。

ここでは「請求書::請求書番号」フィールドが1以上の文字数ならばデータを表示します。

Lengthは引数（フィールド内）の文字数を返す関数です。

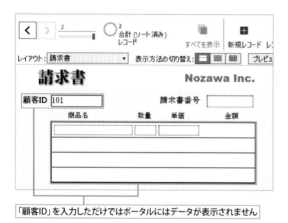

「顧客ID」を入力しただけではポータルにはデータが表示されません

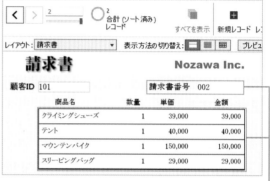

「請求書番号」フィールドに文字列を入力して確定した時点で、はじめてデータが表示されます

TIPS リレーションシップグラフのボタン名

リレーションシップグラフの下にはリレーションシップを追加、削除、整列、表示などのボタンが並んでいます。ここでは、それらのボタンの名称と機能について整理しておきます。

テーブルの整列　テーブルを複数選択して行ないます。

リレーションシップの複製

横・縦方向に配置する

テーブルを追加

上辺、中心、下辺に揃える

最小/最大の幅、高さ、幅と高さに変更する

拡大表示

関連テーブルを選択

左辺、中心、右辺に揃える

縮小表示

現在の表示倍率

数値入力して倍率変更可能

テーブル/リレーションシップ　　配置　　　ツール　　　　　　　　ページ

リレーションシップを作成

選択したテーブルの色を変更

すべてのテーブルを表示

リレーションシップの編集

オブジェクト選択カーソル

テキストノートを作成

改ページを表示

テーブルやリレーションシップの削除

印刷（用紙）設定ダイアログを表示

マスタ/詳細レイアウトのポータルの作成

ポータルツール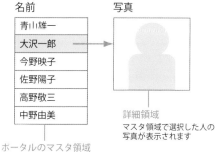を使って、マスタ/詳細レイアウトを作成し、レイアウトのマスタ領域にある一覧から項目を選択すると、その項目の詳細情報が詳細領域に表示されます。

たとえば、社員名簿などの写真データのある名簿では、マスタ領域に名前が一覧表示され、名前をクリックすると、選択した人の写真が詳細領域に表示されます。

なお、サンプルでは特にリレーションはせずに現在のテーブルのデータを表示するようにしています。

名前　　　　　　　　　写真

名前
青山雄一
大沢一郎
今野映子
佐野陽子
高野敬三
中野由美

詳細領域
マスタ領域で選択した人の写真が表示されます

ポータルのマスタ領域
「ポータル設定」ダイアログボックスで「現在のテーブル」を選びます

❶ 「個人データ」テーブル

右のような「9-2マスタ詳細ポータル.fmp12」の「個人データ」テーブルがあります。

「個人データ」テーブル

❷ 新規レイアウトでポータルを作成する

新たに「マスタ詳細」という空のレイアウトを作成しポータルツール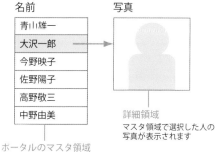で名前リストの領域をドラッグします。

❶ 新たなレイアウトを作成します　❷ クリックします

❸ ドラッグします

❸ ポータル設定で「現在のテーブル」を選択

「ポータル設定」ダイアログボックスが表示されるので、「現在のテーブル（テーブル名）」を選び「OK」ボタンをクリックします。

❹ 選択します

❺ クリックします

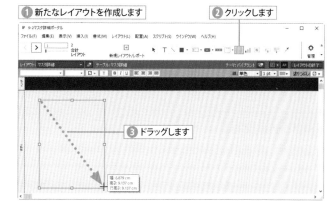

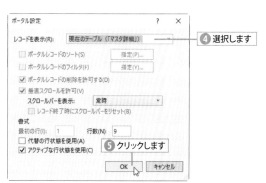

④ ポータルにフィールドを追加

「ポータルにフィールドを追加」ダイアログボックスが表示されます。ポータルに表示したいフィールドを左欄で選択し、「移動」をクリックして右欄に表示します。
「OK」ボタンをクリックします。
ここでは「名前」だけのシンプルな構造にします。複数のフィールドを指定することもできます。

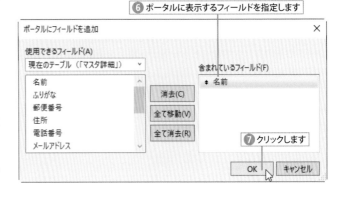

⑤ 写真フィールドを配置する

名前がリスト表示されるポータル欄ができました。
次にフィールドタブから「写真」フィールドをドラッグして配置します。

⑥ ブラウズしてみる

ブラウズモードに切り替えます。
ポータルの名前部分をクリックすると、その人の写真が「写真」フィールドに表示されます。

FileMaker Pro 2023では、あらかじめ用途に合わせて設計されたコンポーネントセットのアドオンをオブジェクトパネルのアドオンタブからドラッグして配置することができます。簡単に、メモ、アドレス、人材、会社、添付ファイルなどのフィールドセットを配置することができます。
ただし、新規データベースの作成時に自動定義される「主キー」フィールドが必須です。

アドオンを配置する

アドオンは、アドオンタブの［＋］ボタンをクリックすると「アドオン」ダイアログボックスが表示されます。
アドオンタブは、レイアウトモードで「表示」メニューの「オブジェクトパネル」から「アドオンタブ」にチェックマークを付けると表示されます。

読み込みたいアドオンをクリックして選択し、「選択」ボタンをクリックすると、アドオンタブに読み込まれます。

アドオンタブから、「電子メールアドレス」アドオンをアドオンタブからドラッグして配置します。タブからアドオンを削除するには、右クリックしメニューから「アドオンをアンインストール」を選択します。

アドオンにはメールのタイプ、アドレス入力欄、削除ボタン、追加ボタンなどあらかじめ定義されたフィールドやオブジェクトが含まれ、現在のテーブルと関連付けがされています。

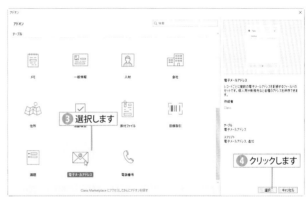

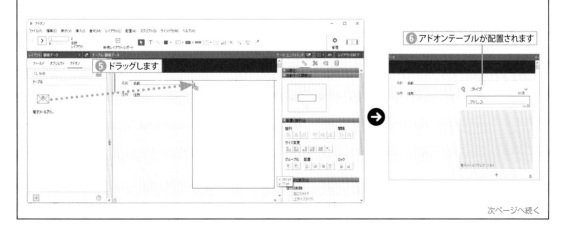

次ページへ続く

CHAPTER 9　リレーションとポータル

レイアウトを「保存」したのちブラウズモードで動作具合を確認します。
新規メモを作成するには ➕ アイコンをクリックします。

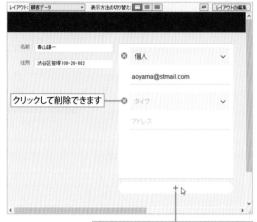

⑦ クリックしてメールアドレスを作成します

このように現在表示されている顧客に関連する複数の電子メールアドレスを簡単に追加することができます。
必要に応じて、ほかのアドオンテーブルも活用してみてはいかがでしょうか。
なお、右図のように「顧客データ」テーブルの「主キー」フィールドと「電子メールアドレス」の「外部キー」フィールドでリレーションが1対多の関係で定義されています。

ルックアップ

使用頻度
★ ★ ☆ | ルックアップとは、照合フィールドにデータを入力すると、他のテーブルから現在のテーブルへデータをコピーする機能です。データをコピーするので、コピー先のテーブルでデータを自由に変更可能です。

ルックアップとは

ルックアップとは、現在のテーブルのフィールドへ関連テーブルのデータをコピーして入力する機能です。

コピー元のデータが変更されても、現在のテーブルのデータは更新されません。データを自動的に更新したくない場合には、ルックアップを使います。

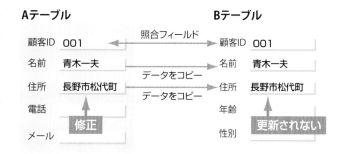

ルックアップの設定

ここでは、「注文管理」ファイルの「注文」テーブルにルックアップを設定し、「商品」テーブルから「注文」テーブルへデータをコピーする例を説明します。

▶ リレーションシップを設定する

最初に「注文」テーブルと「商品」テーブルの間にリレーションシップを設定します。

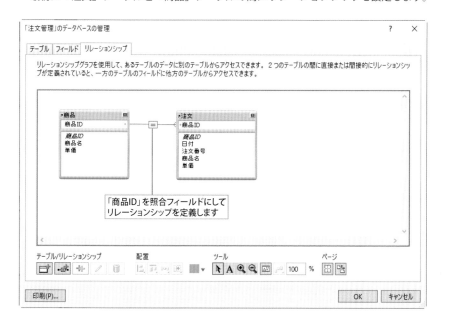

▶ ルックアップを定義する

ルックアップを設定するには、「商品」テーブルからのデータのコピー先となるフィールドを、「注文」テーブル上に作成しておく必要があります。

① フィールドオプション

「データベースの管理」ダイアログボックスの「フィールド」タブで、ルックアップを設定する「商品名」フィールドを作成し、「オプション」ボタンをクリックします。

または、フィールドタブのフィールド名を右クリックして「オプション」を選択します。

② ルックアップを指定する

「フィールドのオプション」ダイアログボックスが表示されます。

「ルックアップ値」の「指定」ボタンをクリックします。

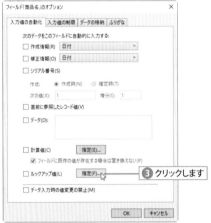

③ ルックアップフィールドの指定

「フィールドのルックアップ」ダイアログボックスで、ルックアップするテーブルとフィールドを選択します。

この例では「商品」テーブルの「商品名」フィールドをルックアップのコピー元にしています。

「関連テーブルからルックアップする」で「商品」テーブルを選択し、「値のコピー元のフィールド」に「商品名」フィールドを選択します。

「OK」ボタンをクリックします。

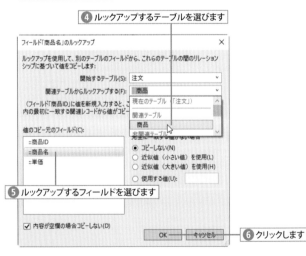

④ 他のフィールドにも設定する

「単価」フィールドを作成し同様にルックアップを設定します。
この例では「関連テーブルからルックアップする」で「商品」テーブルを選択し、「値のコピー元のフィールド」に「単価」フィールドを選択します。

⑦ 必要なフィールドにルックアップを設定します

TIPS ルックアップを変更する

ルックアップを変更するには、「データベースの管理」ダイアログボックスのフィールドタブで「オプション」をクリックします。「ルックアップ値」の「指定」をクリックし、「ルックアップ」ダイアログボックスで変更を行います。

ルックアップのデータを入力する

照合フィールドにデータを入力すると、ルックアップを設定したテーブルからデータがコピーされます。

① 照合フィールドにデータ入力

「注文」テーブルの「商品ID」にデータを入力します。

①「商品ID」を入力します

② ルックアップフィールドに自動入力

「商品」テーブルから「商品名」、「単価」フィールドのデータが自動的に入力されます。

POINT

ルックアップで入力されたデータは、関連テーブルである「商品」テーブルのデータが変更されても、更新されません。
データが確定されているので、関連テーブルのデータ変更の影響を受けません。

② 自動的にルックアップ値が入力されます

更新したデータを再ルックアップする

関連テーブルのデータを変更したとき、ルックアップで入力されたデータを更新したい場合は、再ルックアップを行います。

この例では、関連テーブルの「商品」テーブルで「スキー」の単価が「90000」から「78,000」に変更されています。「注文」テーブルで再ルックアップを行うと、「スキー」の単価が「90,000」から「78,000」に更新されます。

① 照合フィールドを再ルックアップ

照合フィールドをクリックして選択します。
「レコード」メニューから「フィールド内容の再ルックアップ」を選択し、ダイアログボックスで「OK」ボタンをクリックします。

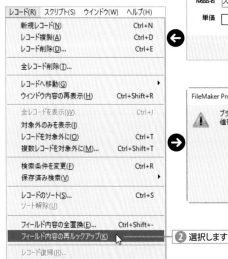

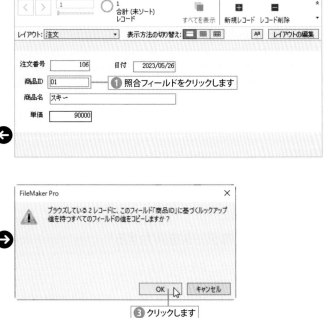

② データが更新される

関連レコードの値でデータが更新されます。

POINT

一部のレコードを更新の対象にしたい場合は、あらかじめ検索でレコードを絞り込んでから、ルックアップの更新を行います。

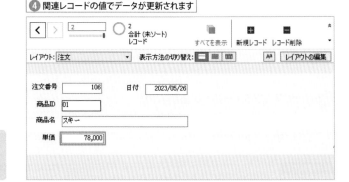

9.4 リレーションシップの応用1

使用頻度
★ ☆ ☆

リレーションシップは複数の照合フィールドを使用したり、さまざまな条件、比較演算子などを使って設定することができます。この機能を使うと、設定した条件に合致したデータだけを表示することができます。

複数条件のリレーションシップ

複数の照合フィールドを使用したリレーションシップです。複数の条件に合致するレコードだけが関連テーブルから、現在のテーブルに表示されます。

▶ 複数の照合フィールドを設定する

「請求管理」ファイルで「請求書」テーブルの「顧客ID」フィールドと、「注文」テーブルの「顧客ID」フィールドを照合フィールドに設定します。

さらに、「請求書」テーブルの「日付」フィールドと、「注文」テーブルの「日付」フィールドも照合フィールドに設定します。

このように複数の照合フィールドを設定すると、「顧客ID」と「日付」という複数の条件に合致したレコードだけが「注文」テーブルから「請求書」テーブルに表示することができます。

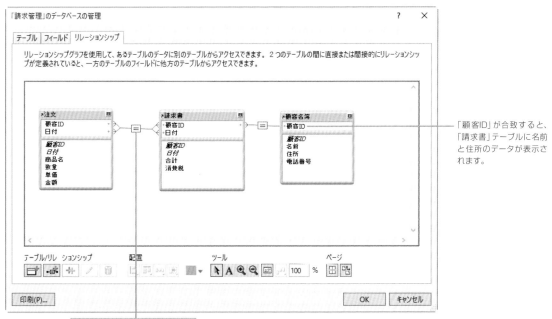

「顧客ID」が合致すると、「請求書」テーブルに名前と住所のデータが表示されます。

2つの照合フィールドを設定します

「顧客ID」と「日付」フィールドが合致したレコードのデータだけが
「注文」テーブルから「請求書」テーブルに表示されます。

「請求書」テーブルにはポータルを作成し、関連フィールドの「商品名」、「数量」、「単価」、「金額」のフィールドを配置します。

▶ データの入力と表示

❶ 元のデータの「注文」テーブル

「注文」テーブルには右のようなレコードがあります。

元データ

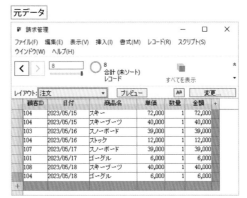

❷ データの入力と表示

「請求書」テーブルの「顧客ID」フィールドと「日付」フィールドにデータを入力します。
たとえば、「顧客ID」フィールドに「104」、「日付」フィールドに「2023/5/15」と入力します。
この2つの条件に合致するレコードだけが「注文」テーブルから、「請求書」テーブルに表示されます。

❶ データを入力します

❷ 2つの照合フィールドに合致したレコードだけが表示されます

比較演算子を使ったリレーションシップ

　比較演算子を使ったリレーションシップでは、2つの関連テーブルを演算子で比較して、条件に合致したレコードだけを表示します。

　比較演算子の設定は、リレーションシップグラフでリレーションシップ線をダブルクリックし、「リレーションシップ編集」ダイアログボックスで行います。

　以下の比較演算子を使ったリレーションシップの説明例では、「注文」テーブルには右のようなデータが入っているものとします。

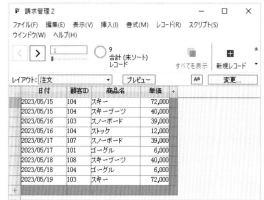

▶ ≠（照合フィールドの値が等しくない）

　リレーションシップを「注文」テーブルの「日付」フィールドと「売上管理」テーブルの「日付」フィールドが等しくない条件で設定します。

「売上管理」テーブルの「日付」フィールドに「2023/5/17」と入力すると、「2023/5/17」以外の日付のレコードが表示されます。

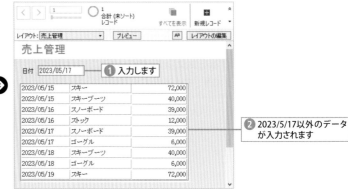

▶ <（左側の照合フィールドの値が右側の照合フィールドの値よりも小さい）

リレーションシップを「注文」テーブルの「日付」フィールドが「売上管理」テーブルの「日付」フィールドより小さい条件で設定します。

「売上管理」テーブルの「日付」フィールドに「2023/5/17」と入力すると、「2023/5/17」より小さい（より前の）日付のレコードが表示されます。

なお、<=は指定した日付も含めた前の日付が対象になります。

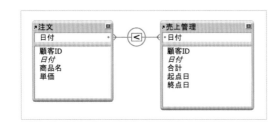

▶ >（左側の照合フィールドの値が右側の照合フィールドの値よりも大きい）

リレーションシップを「注文」テーブルの「日付」フィールドが「売上管理」テーブルの「日付」フィールドより大きい条件で設定します。

「売上管理」テーブルの「日付」フィールドに「2023/5/17」と入力すると、「2023/5/17」以後の日付のレコードが表示されます。なお、>は指定した日付は含まれません。

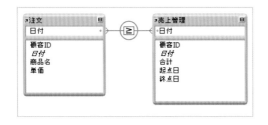

▶×（照合フィールドの値に関係なく、左側のテーブルのすべてのレコードが右側のテーブルのすべてのレコードに一致する）

　リレーションシップを「注文」テーブルの「日付」フィールドが「売上管理」テーブルの「日付」フィールドを×の条件で設定します。

　「売上管理」テーブルの「日付」フィールドに「2023/5/17」と入力すると、それに関係なく「注文」テーブルのすべてのレコードが表示されます。

範囲を表示するリレーションシップ

　特定の日付から特定の日付までの範囲のレコードを表示させてみます。

　リレーションシップを「売上管理2」テーブルの「起点日」フィールドと「終点日」フィールドと「注文」テーブルの「日付」フィールドに複数の条件で設定します。

　「日付」≧「起点日」AND「日付」≦「終点日」という条件にします。

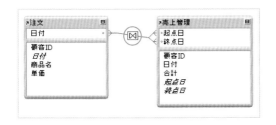

　「売上管理コピー」テーブルの「起点日」フィールドに「2023/5/16」、「終点日」フィールドに「2023/5/18」と入力すると、その期間のレコードが表示されます。

もう1つの応用例として、データによって変化する値一覧について説明します。これは自己連結のリレーションシップを利用した例です。あるフィールドの値の選択によって、別のフィールドの値一覧の値を動的に変更させることができます。

データによって変化する値一覧の例

データによって変化する値一覧を設定すると、次のような入力が可能になります。

たとえば、新規レコードを作成して、「種類」フィールドで「Windows」を選択すると、「商品名」フィールドには「Windows」に当てはまる値一覧の値だけが表示されます。

あるいは「種類」フィールドで「Mac」を選択すると、「商品名」フィールドには「Mac」に当てはまる値一覧の値だけが表示されます。

POINT

「商品名」のデータ一覧は最初から表示されるわけではありません。過去にレコードを作成して入力したデータが、値一覧に追加され、その後のレコード作成時に表示されるようになります。

「種類」フィールドの値に従って、「商品名」フィールドの値一覧の項目値が変化しています。

自己連結のリレーションシップを設定する

このような値一覧の機能を設定するには、最初に自己連結のリレーションシップを作成します。

❶ 自己連結リレーションの作成

自己連結のリレーションシップを作成するには、リレーションシップグラフで、照合フィールド（「種類」フィールド）からリレーションシップ線を一度外にドラッグしそのまま再び同じフィールドに戻します。

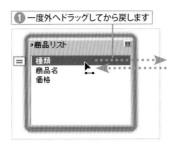

❶ 一度外へドラッグしてから戻します

POINT

この例では、「商品リスト」テーブルの「種類」フィールドをドラッグします。
リレーションシップ線をドラッグしたまま同じテーブルの「種類」フィールドに戻します。

❷ リレーションシップの追加

「リレーションシップの追加」ダイアログボックスが表示されます。
任意の名前を付けるか、そのまま「OK」ボタンをクリックします。

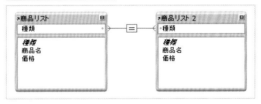

❸ リレーショングラフで確認

「商品リスト2」というテーブルオカレンスが作成され、ソースが同一の2つのテーブルオカレンスがリレーションシップで結ばれます。
「商品リスト」と「商品リスト2」は実体（ソース）は同じテーブルなので、自己連結リレーションシップとなります。

❸ 自己連結が定義されます

データによって変化する値一覧を設定する

自己連結のリレーションシップを作成してから、次のような手順で値一覧を設定します。

❶ 「管理」から「値一覧」を選択

「ファイル」メニューの「管理」から「値一覧」を選択します。

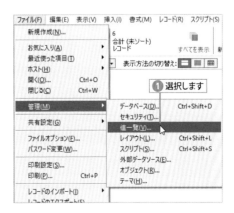

❶ 選択します

② 値一覧の作成

「値一覧の管理」ダイアログボックスが表示されます。「新規...」ボタンをクリックします。

③ 値一覧名とカスタム値の入力

「値一覧の編集」ダイアログボックスで、「値一覧名」に値一覧の名前を入力します。
「カスタム値を使用」をクリックし、入力ボックスに値を入力します。
「OK」ボタンをクリックすると、「値一覧の管理」ダイアログボックスに戻ります。

④ 値一覧の新規作成

再度「値一覧の管理」ダイアログボックスで「新規...」ボタンをクリックします。

⑤ 値一覧名の入力

「値一覧の編集」ダイアログボックスで、「値一覧名」に値一覧の名前を入力します。
「フィールドの値を使用」をクリックします。

⑥ 自己連結のフィールドを選択

「フィールドの指定」ダイアログボックスの「最初のフィールドの値を使用」欄で、自己連結リレーションシップ先のテーブルを選択します。
この例では「商品リスト2」テーブルです。

⑦ 値一覧で使用するフィールドを選択

値一覧で使用するフィールドを選択します。ここでは「商品名」フィールドです。
さらに「次のテーブルから関連レコードの値のみ含める」を選択し、ポップアップメニューで現在のテーブルを選択します。
この例では「商品リスト」テーブルです。
「OK」ボタンをクリックします。

POINT

「最初のフィールドの値を使用」では、自己連結先の関連テーブルを選び、「次のテーブルから関連レコードの値のみ含める」では、現在のテーブルを選択する点に注意してください。うまくいかない場合は、この2つが正しいか調べてください。

⑧ 指定されたフィールドを確認

「値一覧の編集」ダイアログボックスに戻ります。
「フィールドの値を使用」で指定したテーブルのフィールドが指定されているのを確認します。
「OK」ボタンをクリックします。

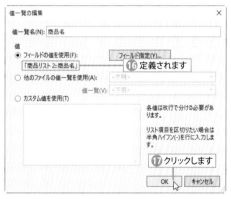

⑨ 2つめの値一覧が定義される

「商品名表示」という名称の値一覧が定義されました。
「OK」ボタンをクリックします。

▶ フィールドの入力オプションで値一覧を設定

① データベース管理オプション

「ファイル」メニューの「管理」から「データベース」（Ctrl+Shift+D）を選択します。
「データベースの管理」ダイアログボックスで「種類」フィールドを選び、「オプション」ボタンをクリックします。
「フィールド」タブのフィールド名を右クリックして「オプション」を選択してもかまいません。

② 値一覧を選択

「フィールドのオプション」ダイアログボックスの「入力値の制限」タブを表示します。
「値一覧名」をチェックし、メニューから「種類」という値一覧を選択します。
「商品名」フィールドも同様に「値一覧名」から「商品名」を選択します。
「OK」ボタンをクリックします。

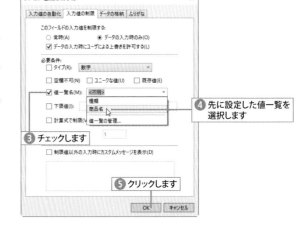

▶ フィールド書式を設定する

① 「種類」フィールドを選択する

レイアウトモード（Ctrl+L）に切り替え、「種類」フィールドを選択し、クリックします。
「表示」メニューの「インスペクタ」を選び表示します。

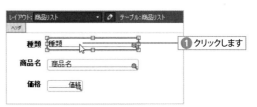

② 値一覧を選択

インスペクタ「データ」タブで「フィールド」パートの「コントロールスタイル」から「ドロップダウンリスト」を選択します。「値一覧」は「種類」を選択します。

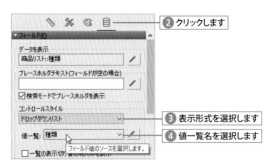

③ 「商品名」フィールドをクリック

「商品名」フィールドをクリックして選択します。

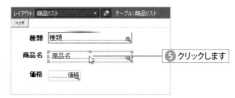

⑤ クリックします

④ 値一覧を選択

インスペクタの「データ」タブで「コントロールスタイル」から「ドロップダウンリスト」を選択します。
「値一覧」は「商品名」を選択します。

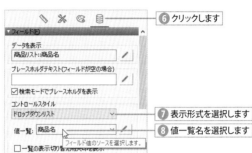

⑥ クリックします
⑦ 表示形式を選択します
⑧ 値一覧名を選択します

▌設定したフィールドへの入力

作成した自己連結のリレーションで、どのように値が入力されるかを確認します。

① 新規レコードの作成

ブラウズモードで新規レコードを作成（Ctrl + N）します。

① クリックします

② 「種類」フィールドで選択する

「種類」フィールドでは、ポップアップメニューに「Windows」と「Mac」が表示されますので、どちらかを選択します。
「この値を入力しますか？」という確認メッセージが表示されたら「はい」をクリックします。

② クリックして選択します

③ 「商品名」フィールドに入力する

「商品名」にデータを入力します。入力確認メッセージで「はい」をクリックします。
たとえば、「種類」で「Windows」を選び、「商品名」に「Windowsノート」と入力すると、そのデータが「Windows」のカテゴリーとして登録されます。

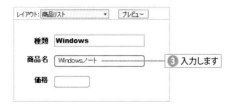

③ 入力します

> **POINT**
>
> 「商品名」のデータ一覧は最初から表示されるわけではなく、新規レコードで新しいデータを入力すると、次回から値一覧に追加され表示されます。

④ 新規レコードの作成

新規レコードを作成します（ Ctrl + N ）。

たとえば「種類」で「Windows」を選ぶと、それまでに「Windows」で入力した「商品名」の一覧だけが表示されます。

一覧以外のデータも入力できます。

④ クリックします

入力したデータは値一覧に追加され、次回に表示されます。

POINT

「種類」フィールドで値を選ぶと、「指定された値のみを割り当てるように設定されています。この値を入力しますか？」の警告が表示される場合は「はい」をクリックします。

⑤ 次回入力時に表示されます

TIPS 自己連結リレーションを使わないと

自己連結リレーションを使わないで、このような値一覧を作成すると、「Windows」「Mac」の区分けができず、すべてのデータが混在して「商品名」の一覧に表示されてしまいます。

CHAPTER

10

スクリプトとボタンの作成

一連の操作を自動で行なう場合にスクリプトを使います。そのスクリプトをボタンに割り付けたり、起動時、保存時などのタイミングで実行させたりと多彩な機能を味わってください。

SECTION 10.1 スクリプトの作成

使用頻度
★ ★ ★

スクリプトとは、一連の複数の操作を登録し、それにボタンやタイミングを指定して実行させる機能です。毎日のルーティンワークや、ボタンにスクリプトを設定したインターフェース作成に便利な機能です。レイアウト切り替え、バックアップ、検索、ソートからメール送信まで、ほとんどのコマンドに対応しています。

┃ スクリプトとは

　スクリプトとは、メニューコマンドや計算の実行など一連の操作を1つにまとめたコマンドのことです。作成したスクリプトを実行すると、そこに定義した複数のステップが順に自動実行されます。毎回、同じ作業を繰り返すような場合、このスクリプト機能を使うことで作業効率が格段に向上します。

　スクリプトは初心者でも容易に作成でき、高度な自動処理システムを構築することができます。また、デザイン化したボタンにスクリプトを組み込んで、初心者にもやさしい使いやすいオリジナルのインターフェースも作成することができます。

POINT

スクリプトを使うと、FileMaker Proを起動したときに、スクリプトを実行して、表示するテーブルやレイアウトを選択したり、表示倍率やレコードを指定することもできます。

作成されたスクリプト名　　　　　　登録したステップは上から順に実行されます

［図：スクリプトワークスペース（10-1:顧客）］

スクリプトフォルダ

「互換性」メニューでは、使用目的に合わせて表示するスクリプトを制限することができます。
「iOS」や「FileMaker WebDirect」を選ぶと、そこだけで使用できるスクリプトが表示され、使用できないスクリプトはグレー表示になります。

選択したスクリプトステップの説明が表示されます。

※FileMaker Proには、「デバッグ」機能があります。
「環境設定」ダイアログボックスの「一般」で「高度なツールを使用する」をオンにして再起動します。
「デバッグ」ボタンをクリックすると、スクリプトデバッガが起動しエラーを検出します。

スクリプト作成前の準備

　最初に、どんな作業を自動処理したいかを定めることが必要です。次に、そのスクリプトを定義するのに必要なフィールド、レイアウトを作成しておきます。

　また、検索、ソート、レコードのインポート・エクスポート、印刷設定などダイアログボックスで設定を行う必要があるものを含んでいる場合は、スクリプトの作成時にオプションとしてあらかじめ設定を登録しておくことができます。スクリプト実行時には、設定したオプション通りに自動的に実行されます。

TIPS　サブスクリプトで処理を分散させる

　スクリプトステップの中には、「スクリプト実行」というステップがあります。あるスクリプト内で、すでに作成してある別のスクリプトを実行することができます。この実行対象のスクリプトを「サブスクリプト」と言います。

　1つのスクリプトにたくさんの処理を入れずに、分散できるスクリプトは小分けに作成しておき、後でメインスクリプトからサブスクリプトを実行させます。こうすることで作業もテストも楽になります。

新規スクリプトを作成する

　新しく一からスクリプトを作成する手順を覚えましょう。「スクリプトワークスペース」ダイアログのスクリプト入力欄に、右側のステップリストから行ないたいスクリプトステップ（行ないたいコマンド）を順に選んでいきます。

❶「スクリプトワークスペース」を選択

「スクリプト」メニューから「スクリプトワークスペース」（Ctrl＋Shift＋S）を選択します。

❶ 選択します

❷ 新規スクリプトの作成

「スクリプトワークスペース」ダイアログボックスが表示されます。
「新規スクリプト」ボタンをクリックします。

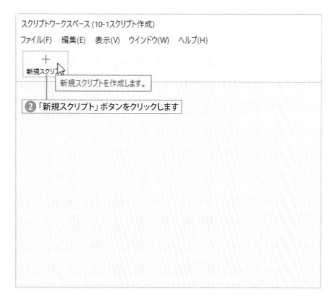

❷「新規スクリプト」ボタンをクリックします

③ スクリプト名の入力

「新規スクリプト」というテキストが反転表示しているので、そこに作成するスクリプトの名前を入力します。

POINT

スクリプトは、「互換性」のメニューからWindows、Mac、iOS、FileMaker WebDirectなどを選択して、作成するデータベースで使用できるスクリプトステップだけの表示に限定することができます。

③ スクリプト名を入力します

ここにスクリプトを組み立てます

④ スクリプトステップの入力

「スクリプトワークスペース」ダイアログの中央側のスクリプト入力欄に、右側のステップリストから選びダブルクリックすると入力されます。

または、Enter キーを押すと行番号が表示されます。行をダブルクリックするとメニューが表示されるので、ステップ名の一部を入力すると絞り込まれ、メニューから簡単にステップを選ぶことができます。

④ Enter キーを押し、ダブルクリックします

⑤ ステップ名の一部を入力します

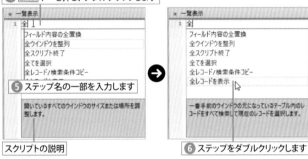

スクリプトの説明

⑥ ステップをダブルクリックします

⑤ スクリプトステップの追加

「全レコードを表示」スクリプトステップが入力できたら Enter キーを押すと、2行目のステップ欄ができます。

同じようにしてステップを追加します。ここでは「レイアウト切り替え」ステップを入力します。

⑦ ステップが追加されます

⑧ Enter キーを押すと、2行目のステップ欄ができます

⑨ 入力してメニューのステップをダブルクリックし入力します

⑥ オプションの設定

「レイアウト切り替え」スクリプトステップでは、どのレイアウトに切り替えるかを選ぶことができます。これをオプション設定といい、[元のレイアウト]で囲まれたオプション部分をクリックするとメニューが表示され「レイアウト」を選択します。

⑩ クリックします

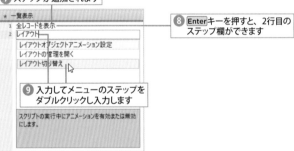

⑪ 選択します

⑦ レイアウトを指定する

「レイアウトの指定」ダイアログボックスが表示されます。ここで切り替えるレイアウトを選択し「OK」ボタンをクリックすると、スクリプトステップにレイアウト切り替えのオプションが指定されます。

⑭ オプションが設定されます

```
一覧表示
 1  全レコードを表示
 2  レイアウト切り替え［「一覧表」；アニメーション：なし］
 3  ブラウズモードに切り替え［一時停止：オン］
 4  レコードのソート［記憶する；ダイアログあり：オフ］
 5  ツールバーの表示切り替え［隠す］
```

← ⑫ オプションを設定します（ここではレイアウトを選択）

⑬ クリックします

TIPS スクリプトステップ編集の操作

スクリプトに1行追加	Ctrl + Enter キー
選択スクリプトの上に1行追加	Shift + Ctrl + Enter キー
スクリプトにコメントを追加	空白行で「#」と入力
スクリプトステップを削除	Delete キー
複数のスクリプトステップを選択	Ctrl + クリック
スクリプトを保存する	「ファイル」メニューの「スクリプトの保存」

スクリプト名左の＊マークは未保存状態を示す

POINT

スクリプトステップのオプションには⊙マークが表示されるものがあります。⊙マークをクリックするとチェックボックス形式のメニューが表示されます。「レコードのソート」の場合「ソート順の指定」チェックボックスをオンにして Enter キーを押すと、ダイアログで指定したソート順が記憶されスクリプトを実行したときに設定したソート順でソートが行われます。

▶ **その他のオプションについて**

他にも検索、ソート、レコードのインポート・エクスポート、印刷など、オプション設定を指定できるスクリプトステップは数多くあります。

たとえば、「検索実行」スクリプトステップのオプションでは、検索条件を設定することができます。

顧客テーブルの「年齢」フィールドが30歳未満という条件

CHAPTER 10　スクリプトとボタンの作成

▶ スクリプトを保存する

「スクリプトワークスペース」ダイアログの「閉じる」ボタン×をクリックします。確認のダイアログボックスが表示されるので、「すべてを保存」ボタンをクリックすると保存されます。

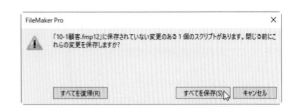

▶ スクリプトステップの消去

消去したいスクリプトステップは、選択されている状態でDeleteキーを押します。

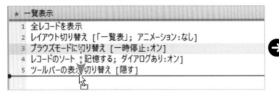

▶ スクリプトステップ実行順序の変更

スクリプトステップの順番を変更したい場合は、変更したいステップをクリックして選択状態にし、上下にドラッグします。変更したい青いラインの位置にステップをドラッグします。

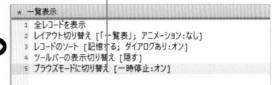

▶ スクリプトの問題のチェック

スクリプトが正常かどうか判定するには、スクリプト編集パネルのタブを右クリックし「問題をチェック」を選択します。問題のある行が強調表示されます。

スクリプトワークスペースの「ファイル」メニューから「環境設定」を選択し、「スクリプトワークスペース設定」の「構文の色」タブの「問題」の色で行が強調表示されます。

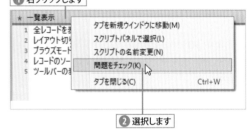

TIPS お気に入りと並べ替え

スクリプトステップは、よく使うステップを「お気に入り」に追加することができます。
また、[↓az]ボタンをクリックするとabc順に並べ替えることができます。

オプションボタン⚙をクリックし、パネルの「ソート順の指定」をチェックすると、表示される「レコードのソート」ダイアログボックスで指定したソート設定を記憶します。スクリプトの実行時には、指定したソート設定でソートが行われます。
「ダイアログあり：オフ」では、ソートのダイアログボックスを表示しないでソートを行います。

チェックすると、ダイアログボックスで
設定した優先順でソートされます

入力可能なフィールドを含むカスタムダイアログボックスを作成することができます。
スクリプトステップの「その他」の「カスタムダイアログを表示」で⚙をクリックし、「オプション」ダイアログボックスの「一般」「入力フィールド」タブで、タイトル、メッセージ、入力フィールドなどを設定します。

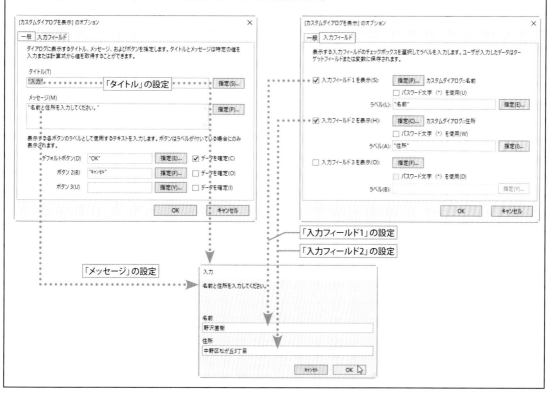

「タイトル」の設定

「入力フィールド1」の設定

「入力フィールド2」の設定

「メッセージ」の設定

スクリプト内容の変更

　一度作成し保存したスクリプトは「スクリプトワークスペース」の左側のリストからスクリプトを選んで、自由に編集することができます。

① スクリプトを選択する

スクリプトを変更する場合は、「スクリプト」メニューから「スクリプトワークスペース」（Ctrl + Shift + S）を選択します。
「スクリプトワークスペース」ダイアログボックスが表示されます。
左のリストで変更したいスクリプト名を選択すると中央にスクリプトが表示されます。
スクリプトステップの上のスクリプト名のタブをクリックしても切り替えられます。

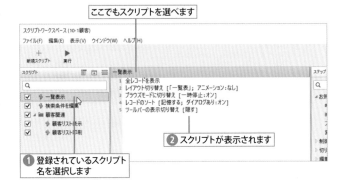

② オプション内容の表示

左で選択したスクリプトの内容が表示され、内容の変更が可能になります。
内容を編集した後、「閉じる」ボタン X をクリックするとダイアログボックスが表示されるので、「すべてを保存」ボタンをクリックして内容を保存します。

POINT

スクリプトのタブを右クリックしてショートカットメニューから「タブを閉じる」でスクリプトのタブだけを閉じることができます。

スクリプトの複製、削除、保存などの操作

　「スクリプトワークスペース」ダイアログボックスの左のリストで選択したスクリプトは、「ファイル」メニューから「保存」「印刷」「名前変更」、「編集」メニューから「削除」「複製」などを行えます。

　Mac版には「スクリプトワークスペース」ダイアログボックスにメニューがないので、「スクリプト」メニューに操作のコマンドがあります。

POINT

「編集」メニューの「元に戻す」で、直前に行った操作を復元したり、「やり直し」で取り消した操作をやり直すことができます。

スクリプトメニューに表示させる

「スクリプトワークスペース」ダイアログボックスの左スクリプトのリストの上にある「スクリプトメニュー管理」ボタン📋をクリックすると、スクリプト名の左側にチェックボックスが表示されます

チェックボックスをオンにすると、「スクリプト」メニューにスクリプトが表示され、オフにすると非表示になります。

クリックします

チェックすると「スクリプトメニュー」に登録されます

スクリプトを実行する

作成したスクリプトを実行してみましょう。「スクリプトワークスペース」ダイアログボックスから、またはスクリプトメニューから実行することができます。

1 メニューから実行する

設定したスクリプトを実行するには、「スクリプト」メニューからスクリプト名を選択します。

POINT

「スクリプト」メニューのコマンドの右にあるキーボードショートカットを押しても実行できます。
または、「スクリプトワークスペース」ダイアログボックスで、スクリプト名を選択して「実行」ボタンをクリックします。

1 選択します

2 スクリプトが実行される

このスクリプトは、「全レコードを表示して、ブラウズモードに切り替え、レイアウトを『一覧表』に切り替え、ソート（「ふりがな」でソート）を行い、ステータスエリアを隠す」という内容です。
実行すると、設定した操作が連続して行われます。

2 スクリプトが実行されます

スクリプトの中止、再開と終了

▶ スクリプトの中止

実行中のスクリプトを中止するには、 Esc キーを使います。

▶ スクリプトの再開と終了

「スクリプト一時停止/続行」のステップが記述されているスクリプトを実行すると、指定した位置でスクリプトの実行が中断します。

これを再開させるには、ステータスツールバーに表示される「続行」ボタンをクリックします。ここで「キャンセル」ボタンをクリックすると、この時点でスクリプトは終了します。

スクリプトをインポートする

他のファイルで作成したスクリプトを現在のファイルに取り込んで利用することができます。

① 「スクリプトをインポート」を選択する

「スクリプトワークスペース」ダイアログボックスの「ファイル」メニューから「スクリプトをインポート」を選択します。
Macでは「スクリプト」メニューの「インポート」を選びます。

② 取り込むファイルを指定する

「ファイルを開く」ダイアログボックスで、取り込みたいスクリプトがあるFileMaker Proファイルを選択します。
「開く」ボタンをクリックします。

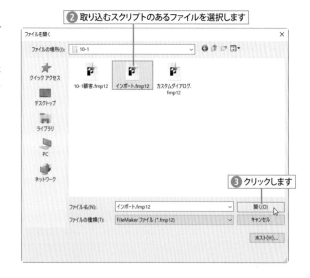

❸ スクリプトを選択する

ファイル内のスクリプトが複数ある場合には、「スクリプトインポート」ダイアログボックスで取り込むスクリプトをチェックします。
複数の選択が可能です。
「OK」ボタンをクリックします。
スクリプト内の参照が取り込んだファイルでエラーになる場合には、ダイアログボックスが表示されます。内容を確認し、「OK」ボタンをクリックします。

④ 選択します

⑤ クリックします

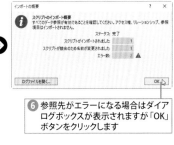

⑥ 参照先がエラーになる場合はダイアログボックスが表示されますが「OK」ボタンをクリックします

❹ スクリプトが取り込まれる

「スクリプトワークスペース」ダイアログボックスに、スクリプトが取り込まれます。

⑦ スクリプトが取り込まれました

POINT

スクリプトはリレーション、フィールド、レイアウト、レコード、スクリプトなどを参照しています。計算式にフィールド参照が含まれている場合もあります。取り込んだスクリプトでは、こうした参照が適用できなくなる場合がほとんどです。このため、取り込んだスクリプトを編集する必要があります。
「スクリプトワークスペース」ダイアログボックスで取り込んだスクリプトを選択し編集します。参照できないリレーション、フィールド、レイアウト、レコード、スクリプトなどは、「不明」と表示されています。「不明」の部分を現在のスクリプトに合わせて変更します。

TIPS ログファイルでエラー内容を確認する

インポートの最後に表示される「インポートの概要」ダイアログボックスで、「ログファイルを開く」をクリックすると、インポート時にそのスクリプトの何がエラーとなったかを確認することができます。このログファイルの内容を印刷しておくと、インポートしたスクリプトを編集する場合に役立ちます。

クリックします

CHAPTER 10　スクリプトとボタンの作成

スクリプトをフォルダでグループ化する

スクリプトを目的・種類別にフォルダをつくり、グループ化して整理することができます。

作成したグループは「スクリプト」メニュー内に、メニューの1つとして表示されます。そのサブメニューとしてスクリプトが表示されます。

多数のスクリプトを作成した場合に整理することができる便利な機能です。

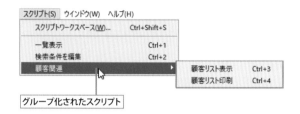

① 新規フォルダの作成

フォルダを作成するには、「スクリプトワークスペース」ダイアログボックスの「新規フォルダを作成」ボタン⊞をクリックします。

② フォルダ名を入力する

リストにフォルダができるので、名前を入力します。

③ フォルダにドラッグする

作成したグループのフォルダが表示されるので、そのフォルダの下の階層へスクリプトの左側の矢印をドラッグします。

すでに存在するフォルダ内に入れる場合は、そのグループのフォルダを展開してから、スクリプトをその下の階層へドラッグします。

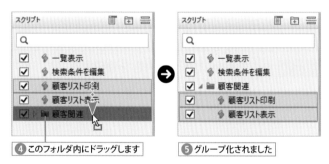

▶ フォルダを削除する

フォルダを削除する場合はフォルダを選択し Delete キーを押すか、右クリックでメニューから「削除」を選択します。この場合、フォルダ内のスクリプトを削除したくない場合は、スクリプトを上方へドラッグしてフォルダから出した後で削除を行ってください。

スクリプトの区切り線

スクリプト一覧で区切り線を挿入すると、スクリプトメニューのスクリプトまたはフォルダの間に区切り線を挿入することができます。スクリプトの種類別に区切り線を入れると、区切りが見やすくなります。

区切り線を挿入するには、「スクリプトワークスペース」ダイアログボックスで挿入したい位置のスクリプトを選択します。

「区切り線の挿入」ボタン≣をクリックすると、選択したスクリプトの下に区切り線が挿入されます。

POINT

区切り線を削除するには、「スクリプトのワークスペース」ウィンドウの区切り線上を右クリックして、メニューから「削除」を選びます。

SECTION 10.2 ボタン機能

使用頻度 ★★☆

作成したスクリプトやコマンドをレイアウト上に配置したボタンに登録することができます。このボタンをクリックすると、登録したスクリプトおよびコマンドが実行されます。繰り返し実行するコマンドやスクリプトをボタンに登録しておくと便利です。

ボタンの作成と定義

ボタンに、コマンドまたはあらかじめ作成したスクリプトを登録することができます。また、ポップオーバーボタンにスクリプトトリガを設定してスクリプトを実行させることもできます。これについては、Section 10.4を参照してください。

1 ボタンツールでドラッグする

レイアウトモードに切り替え、ステータスツールバーのボタンツール■を選択します。
ボタンにしたいエリアをドラッグします。

1 ■ツールを選択します

2 ドラッグします

2 ボタン動作の設定を行う

「ボタン設定」ポップアップでボタン名を入力し、下の「処理」メニューから動作を選択します。
文字だけのボタンだけでなく、ボタンのアイコンの種類も選ぶことができます（284ページ参照）。
次に「処理」メニューから「単一ステップ」「スクリプト実行」のいずれかを選びます。ここでは「単一ステップ」を選びます。
「ボタン処理」ダイアログボックスでステップを右のリストで選び、左のボタン処理の欄に入力します。
ここでは「レイアウト切り替え」ステップを指定します。

3 ボタン名を入力します
4 処理を指定します

POINT

スクリプトを登録する場合は、メニューから「スクリプト実行」を選び、「スクリプト指定」ダイアログボックスでファイル内のスクリプトを選び、「OK」ボタンをクリックします。

5 ステップを指定します

6 オプションを指定します

③ ステップのオプションを設定

ステップのオプションを設定します。設定方法は272ページのスクリプトステップのオプションの入力方法と同様です。

ここでは「レイアウト切り替え」を選び、ダイアログボックスでレイアウト名を選択しています。

TIPS 角の丸いボタンに変更する

レイアウトモードでボタンを選択し、「インスペクタ」の「外観」タブで「角丸の半径」で丸みの数値を指定します。4つのコーナーのアール（角の丸み）を同じにしたい場合、4つのコーナーをまとめてクリックして選択してから数値を設定するとボタンの角の丸みが強くなります。

また、「塗りつぶし」でボタンにグラデーションやイメージを指定して自由なデザインが実現できます。

グラフィックソフトで作成したイメージをコピーし、レイアウトモードに切り替えてイメージを貼り付け、右クリックのショートカットメニューから「ボタン設定」を選択して、イメージにステップやスクリプトを割り付けることができます。

▶ ボタンの実行

コマンド、スクリプトを登録したボタンの実行は、ブラウズか検索モードに切り替えて行います。ボタンをクリックすると、指定された動作やスクリプトが実行されます。「ボタン設定」パネルの拡張オプションで「ボタン上でカーソルを手の形にする」をオンにしている場合、ボタン上で手のひらカーソルになります。

▌ ボタンバーの設定

複数のボタンを1つのオブジェクトに設定できるボタンバーツール ▃ があります。ここでは、各ボタンにアイコンを設定してみます。

① ボタンバーツールでドラッグ

レイアウトモードのツールバーでボタンバーツール ▃ を選択し、ドラッグします。

② ボタン形状を選択する

「ボタンバー設定」ポップアップが表示されます。
横／縦の並べ方、ラベルのみ、アイコンのみ、アイコンとラベル（上下左右）を選びます。
ここでは横方向、アイコンのみを選びます。

③ アイコンを設定する

次に、各ボタンのアイコンを設定します。
機能として「PDF書き出し」「印刷」「対象レコード削除」のボタンを配置してみます。
それぞれ、右のような設定になります（行う処理はボタンと同じです。282ページ参照）。
ボタンを移動するにはボタン上をクリックするか ◀ ▶ ボタンをクリック、ボタンを追加するには + − ボタンをクリックします。

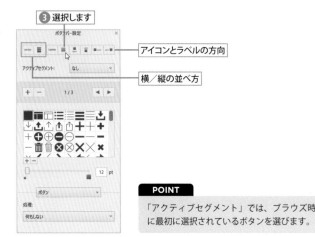

③ 選択します

アイコンとラベルの方向

横／縦の並べ方

POINT

「アクティブセグメント」では、ブラウズ時に最初に選択されているボタンを選びます。

④ クリックします

ボタンサイズ

⑤ ボタンの動作を指定します

④ 背景色や大きさなどを設定

ボタンがアイコンの場合、一目でわかるような背景の塗りつぶし、サイズを設定します。
ボタンの色はインスペクタの塗りつぶしで、ボタンアイコンのサイズは「ボタンバー設定」ポップアップで行います。

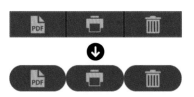

「ボタンバー：セグメント」に角丸を設定し、「ボタンバー：アイコン」に色を設定しています。
ボタンバーおよび区切りの「線」設定は「なし」にしています。

POINT

ボタンバーオブジェクトを選択し、インスペクタのメニューからボタンバーのどこにインスペクタ設定を行うかを選ぶことができます。
「ボタンバー」では線のスタイルと色を指定します。
「ボタンバー：区切り」ではボタン間の区切り線のスタイルを指定します。
「ボタンバー：セグメント」ではボタンのテキスト、パディング、ボタンの表示状態を指定します。
「ボタンバー：アイコン」ではアイコンの塗りつぶしを指定します。

⑤ ボタンの動きで見た目を変える

ブラウズ時にボタン上にカーソルが来たときに色が変わるようにしてみます。

ボタンバーオブジェクトを選択し、インスペクタ「外観」タブの「オブジェクトタイプ」で「ボタンバー：セグメント」を選択し、「オブジェクトの状態」を「ポイントしたときに表示」にして、ボタンの塗りつぶし色を設定します。

ボタンバーセグメント状態の書式スタイルは 🖌 ボタンをクリックし、書式コピーし、🖌 ボタンをクリックして適用先のボタンバーセグメントにペーストできます。

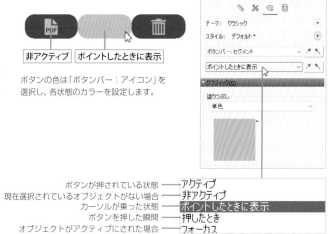

ボタンの色は「ボタンバー：アイコン」を選択し、各状態のカラーを設定します。

ボタンが押されている状態	アクティブ
現在選択されているオブジェクトがない場合	非アクティブ
カーソルが乗った状態	ポイントしたときに表示
ボタンを押した瞬間	押したとき
オブジェクトがアクティブにされた場合	フォーカス

POINT

ボタンにスクリプトの処理が指定されていない場合には、ポイントしたときに表示、押したときなどの外観は反映されません。

▌ フィールドをボタンにする

　フィールドをボタンに設定することができます。フィールドを選択し、「書式」メニューの「ボタン設定」を選択します。この例では、「都道府県」フィールドに「索引から挿入」という動作を割り当てます。

① フィールドを選択

「注文管理.fmp12」を開き、レイアウトモードにします。ボタンに設定するフィールドを選択します。

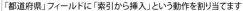
「都道府県」フィールドに「索引から挿入」という動作を割り当てます

② 「ボタン設定」を選択

「書式」メニューまたは右クリックで「ボタン設定」を選択します。

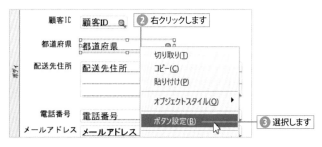

③ 「索引から挿入」を選択

「ボタン設定」ポップアップで「単一ステップ」を選択します。

「ボタン処理」ダイアログボックスのステップの「フィールド」カテゴリで「索引から挿入」をダブルクリックし、オプションで「指定フィールドへ移動」をチェックします。

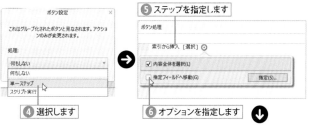

「フィールド指定」ダイアログボックスで「都道府県」フィールドを選択し、「OK」ボタンをクリックします。さらに「OK」ボタンをクリックし、「ボタン処理」ダイアログボックスも閉じます。

⑦「フィールド」指定ダイアログボックスでフィールドを選択します

⑧ クリックします

④ ボタンの実行

ブラウズモード（Ctrl + B）に切り替え、ボタンを設定したフィールドをクリックすると、割り当てられたスクリプトまたは動作が実行されます。
この例では、「都道府県」フィールドをクリックすると「索引一覧」が開きます。「索引一覧」には過去に入力された単語が表示されるので、目的の単語をクリックすると、そのデータが入力されます。

⑨ クリックします

⑩ 索引一覧ダイアログボックスが表示されます

⑪ 選択します

⑫ クリックします

⑤ 単語が入力される

単語が入力されます。

⑬ 選択した単語が入力されます

使用頻度
★ ★ ☆ | ここではスクリプトの活用例を紹介します。スクリプト機能を使って、繰り返し行う作業や毎回行う操作は、処理の自動化を行って業務を効率化することをお勧めします。

外部スクリプトを指定する

現在のファイルから、他のファイルのスクリプトを実行することができます。あらかじめ他のファイルで実行させたいスクリプトを作成しておき、現在のスクリプトでそれを利用します。

① 「スクリプト実行」を選択する

「スクリプトワークスペース」ダイアログで「顧客参照」スクリプトを作成します。
「スクリプト実行」スクリプトステップを追加しオプションの<不明>の部分をクリックします。

② 「FileMakerデータソースの追加」を選択

「スクリプト指定」ダイアログボックスが表示されます。
外部のFileMaker Proファイルのスクリプトを指定したいので、「現在のファイル」のメニューから「FileMakerデータソースの追加」を選択します。

③ ファイルを選択する

スクリプトが指定されたFileMaker Proファイルを選択し「開く」をクリックします。

> **POINT**
>
> スクリプトの実際の活用例については、「FileMaker Pro関数・スクリプトサンプル活用辞典」（ソーテック社刊）により多くの活用サンプルを掲載しています。
> より詳しく知りたい方はこちらも参考にされるとより深い知識が得られます。

④ スクリプトを選択する

ファイル内のスクリプトを選択します。複数選択することができます。
「OK」ボタンをクリックします。

⑥ ファイル内のスクリプトを選択します

⑤ スクリプトが登録される

外部ファイルのスクリプトが登録されます。
スクリプトの登録が終了したら、「閉じる」ボタン[×]をクリックします。
確認ダイアログボックスが表示されるので「保存」ボタンをクリックして保存します。

⑧ クリックします

⑦ スクリプトが登録されます

⑨ 最終的にこのようなスクリプトにします

```
顧客参照
  1  スクリプト実行 [指定：一覧から; 「顧客リスト表示」, ファイル: 「スクリプト指定ファイル 3」; 引数: ]
  2  ファイルを開く [非表示の状態で開く:オフ; 「スクリプト指定ファイル」]
```

▶ 外部スクリプトの実行

現在のファイルで、作成したスクリプトを実行すると、指定した外部ファイルのスクリプトが実行されます。

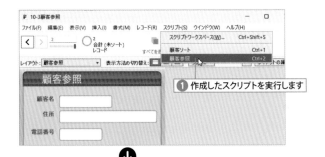

① 作成したスクリプトを実行します

② 外部スクリプトが実行されます

TIPS ファイル参照

あらかじめファイル参照を定義しておくと、指定した外部ファイルへのパスが保存され、スクリプトを作成するときに、簡単に外部スクリプトを指定することができます。ファイル参照の設定は「ファイル」メニューの「管理」から「外部データソース」を選択し、「新規」ボタンをクリックします。「データソースの編集」ダイアログボックスで「ファイルの追加」ボタンをクリックして、参照したいファイルを選択します。ファイル参照は、外部の値一覧などを利用する場合にも使うことができます。

Loopを使った処理の繰り返し

「Loop」スクリプトステップを使うと処理を繰り返すよう命令できます。

ここでは、「売上数量」が上位5位までの会社の「賞」フィールドに、「金賞」というテキストを入力するスクリプトを作成します。

スクリプトの内容は図の通りです。

▶このスクリプトのポイント

このスクリプトのポイントを説明します。最初に「売上数量」を「降順」でソートします。レコードは売上順に並びます。

最初のレコードに移動し、「賞」フィールドに「金賞」というテキストを挿入します。この作業を繰り返し、レコード番号の6に達したときに、作業を終わりにします。

このスクリプトを実行すると、上位から5レコードまでに「金賞」が入力されます。

① スクリプト実行前

② 選択します

③ 上位5位までに「金賞」が入力されます

CHAPTER 10　スクリプトとボタンの作成

▶「Loop」「End Loop」スクリプトステップ

「Loop」ステップは、「Loop」と「End Loop」の間に記述されている一連のステップを繰り返すよう命令します。ここでは、「賞」フィールドに「金賞」というテキストを挿入してから、次のレコードに移動します。これを繰り返します。

▶「Exit Loop If」スクリプトステップ

「Exit Loop If」ステップは設定した計算式の結果が真の場合に、「Loop」ステップを終了させます。ここでは、取得関数「Get(レコード番号)」を使い、レコードの番号を取得します。レコード番号が6になったときに繰り返し処理を終了します。

条件式を使った処理の分岐

「If」「Else」スクリプトステップを使うと、条件に合致しているかどうかで処理の分岐を行うスクリプトを作成します。ここでは、「売場面積入力」レイアウトで、「売場面積」に坪数を入力します。入力された数値によって、レイアウトを切り替えるスクリプトを作成します。

「100坪より小さい」場合は、書店名、住所、店長などの単純なレイアウトを表示します。「100坪以上」の場合は、売場責任者、ダイレクトメール送付情報など、フィールドが多いレイアウトを表示します。スクリプトの内容は図の通りです。

ここでは「売場面積入力」画面に、「レイアウト切り替え」ボタンを作成し、ボタンにスクリプト登録します。

「売場面積」フィールドに坪数を入力し、「レイアウト切り替え」ボタンをクリックするとスクリプトが実行され、レイアウトが切り替わります。

100坪より小さい場合は次のレイアウトが表示されます。

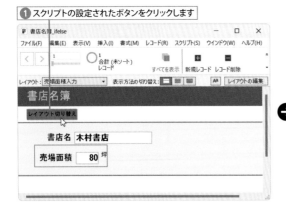

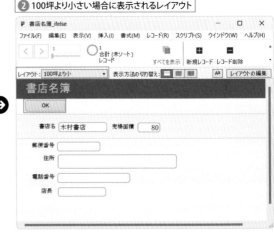

100坪以上の場合は次のレイアウトが表示されます。

❶ 売り場面積を110坪にしてスクリプト実行

❷ 100坪以下の場合と違うレイアウトが表示されます

「If」「Else」を使用するスクリプト部分だけを抜き出していますが、このサンプル例では、表示されたレイアウトでデータを入力して、「OK」ボタンをクリックすると「初期画面」に戻るようになっています。

▶「If」「Else」スクリプトステップを使う

「If」コマンドは、計算の結果が真（0以外の値）の場合にコマンドを実行します。「Else」は計算結果が偽（0）の場合は、「If」で指定されたコマンドとは異なるコマンドを実行します。

ここでは、「売場面積」が真の値である「売場面積＜100」であれば、以下で記述したスクリプトステップを実行し、偽の値（100坪より小さいもの以外）であれば「Else」以下のコマンドを実行します。

スクリプトパラメータを使う

スクリプトパラメータを使用すると、テキスト、数字をスクリプトに渡すことができます。定義したパラメータは、スクリプト内で使用することができます。また、Get（スクリプト引数）関数を使用すると他のスクリプトステップに渡すこともできます。

▶スクリプトパラメータを使ったスクリプト例

現在、表示しているレコードから「レコード作成」というスクリプトを実行します。新規レコードを作成後に、自動的に元のレコードに戻ってくるというスクリプトです。

たとえば、7番目のレコードを表示しているときに、このスクリプトを実行して、新規レコードを作成します。作成後に白動的に7番目のレコードに戻ってくることができます。

このスクリプトでは、「レコード作成」というメインスクリプトと、「作成実行」というサブスクリプトで構成されています。

スクリプトの内容は次ページの図の通りです。

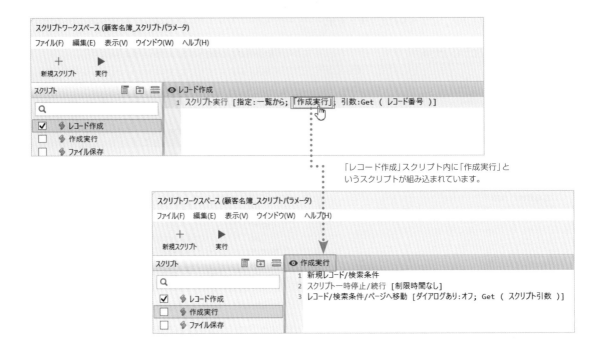

「レコード作成」スクリプト内に「作成実行」と
いうスクリプトが組み込まれています。

▶このスクリプトのポイント

❶ Get関数を使う

スクリプト実行開始時に、現在、表示しているレコード番号を、メインスクリプトのGet（レコード番号）関数でスクリプトパラメータとして取得します。

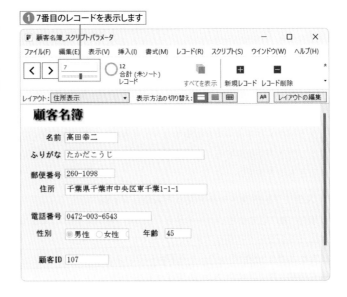

❶ 7番目のレコードを表示します

② 新規レコードを作成

「スクリプト」メニューから「レコード作成」を選択し、
新規レコードを作成しデータを入力します。
「続行」ボタンをクリックします。

③ 新しいレコードを作成します

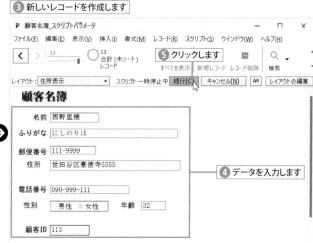

② 選択します

③ Get関数で元のレコードに戻る

スクリプトを続行すると保存されていたスクリプト
パラメータが、Get (スクリプト引数) 関数によってサ
ブスクリプトに引き渡され、元のレコードに戻ること
ができます。

⑥ 7番目のレコードに戻ります

TIPS スクリプトパラメータに関する注意点

スクリプトパラメータは、スクリプトの実行中だけ有効で、スクリプトが実行されるたびにリセットされてしまいます。
スクリプトパラメータは、Get (スクリプト引数) 関数を使用してサブスクリプトに引き渡すことができます。Get (スクリプト引数) 関
数でサブスクリプトに引き渡さない限り、親スクリプトと呼び出されたサブスクリプトのパラメータの値は別のものになってしまい
ますので、注意してください。

TIPS ファイルを開く時に表示するレイアウト

「ファイル」メニューの「ファイルオプション」では、ファイルを開く時に表示するレイアウトも指定できます。「このファイルを開く
時」の「表示するレイアウト：」にチェックマークを付け、表示するレイアウト名を選択します。

10.4 スクリプトトリガ

使用頻度
★ ★ ☆

スクリプトトリガを使うと、オブジェクトのクリック、データの入力、確定、レイアウト、モードの切り替えなどのイベントが発生した時に、スクリプトを実行することができます。よりスマートに自動実行システムなどを構築でき、データベースのカスタマイズに役立ちます。

スクリプトトリガの設定

スクリプトトリガは、イベントが発生したときにスクリプトを実行する機能です。「ボタン機能」と似ていますが、イベントの種類、スクリプトの実行タイミングを細かく設定することができます。たとえば、あるフィールドにデータを入力し確定した時に、指定したスクリプトを実行することができます。

ここでは、290ページの「条件式を使った処理の分岐」で使ったサンプルを少し変形し、スクリプトトリガを設定してみます。290ページで使用したスクリプトは、「売場面積」フィールドのデータが100坪より小さいか大きいかによって異なる画面に切り替えるというものでした。

そのサンプルでは、ボタンをクリックするとスクリプトが実行されましたが、このサンプルでは、「売場面積」フィールドにデータを入力し確定すると、スクリプトトリガによって自動的にスクリプトを実行します。

① フィールドを選択する

レイアウトモード（売場面積入力）に切り替え、スクリプトトリガを設定するフィールドオブジェクトを選択します。

② 「スクリプトトリガ設定」を選択

「書式」メニューまたは右クリックし「スクリプトトリガ設定」を選択します。

③ イベントを指定する

スクリプトを実行するイベントを指定します。ここでは「OnObjectSave」にチェックを入れます。
データを入力・変更し保存されたときにスクリプトが実行されます。

④ スクリプトを指定する

実行させたいスクリプトを選択し「OK」ボタンをクリックします。
さらに前のダイアログボックスに戻るので「OK」ボタンをクリックします。

④ 選択します

⑤ クリックします

⑤ スクリプトの実行

ブラウズモードで「売場面積」フィールドにデータを入力し確定すると、スクリプトが実行されます。

⑥ 入力し確定します

⑥ 画面が切り替わる

入力データが100坪以上の場合は、右のような画面に切り替わります。
100坪より小さい場合は別の画面に切り替わります。

スクリプトトリガの活用

　スクリプトトリガは、さまざまな活用方法が考えられます。ここでは、もう１つスクリプトトリガの例をあげておきます。

▶テキストを自動修正する

　ひらがなだけを入力させたいフィールドに、誤ってカタカナを入力したときに、自動的にひらがなに変換します。ひらがなだけを入力した場合はそのままで変わりません。たとえば、「よみ」フィールドをひらがなだけで統一したい場合に便利です。ここでは入力データが確定された場合に実行するようにします。

❶ スクリプトの作成

最初に次のような「ひらがな変換」というスクリプトを作成します。

❶ スクリプトを作成します

❷ スクリプトトリガを設定

レイアウトモードに切り替え、スクリプトトリガを「よみ」フィールドに設定します。
「よみ」フィールドオブジェクトを右クリックして「スクリプトトリガ設定」を選択します。
ダイアログボックスで「イベント」の「OnObjectSave」をチェックし、実行するスクリプトは先ほど作成した「ひらがな変換」に指定します。

❷ イベントを選択します

❸ スクリプトを指定します

❹ クリックします

❸ カタカナを入力する

ブラウズモードでカタカナを入力してみます。

❺ カタカナを入力します

❹ ひらがなに修正される

保存されるときに、ひらがなに自動変換されます。最初からひらがなを入力した場合は、そのままです。

❻ 自動的に修正されます

▶「スクリプトトリガ設定」のイベント

OnObjectEnter

設定したオブジェクトがアクティブになるとスクリプトが実行されます。

OnObjectKeystroke

1つ以上の文字が入力されたときにスクリプトが実行されます。

OnObjectModify

データが変更されたときにスクリプトが実行されます。

OnObjectValidate

選択したオブジェクトから移動するときに入力値の検証が行われますが、その前にスクリプトが実行されます。

OnObjectSave

データが入力、変更されて保存された後で、フィールドを終了する前にスクリプトが実行されます。

OnObjectExit

ユーザーが別のオブジェクトをクリックするなど、アクティブオブジェクトが終了される前にスクリプトが実行されます。

OnPanelSwitch

パネルを切り替えたときにスクリプトが実行されます。

OnObjectAVPlayerChange

レイアウトオブジェクトのメディアの状態を変更したときに実行されます。

OnWindowTransaction

トランザクションが正常に確定された後にスクリプトを実行しJSONオブジェクトを作成します。JSON オブジェクトには完了したトランザクション内のすべての操作に対してファイル名、基本テーブル名、レコード ID、操作、「onWindowTransaction」フィールド (または指定されたフィールド) の内容が含まれます。

▌レイアウトのスクリプトトリガ

スクリプトトリガで、特定のレイアウト上でスクリプトを実行するように設定できます。スクリプトトリガは設定したレイアウト上でのみ有効で、他のレイアウト上では動作しません。

たとえば、現在のレイアウト上で検索モードで検索を実行した後、ブラウズモードに戻るとき、ソートを行うスクリプトを実行するというようなことが設定できます。

① 「レイアウト設定」を選択

「レイアウト_スクリプトトリガ.fmp12」ファイルでレイアウトモードに切り替え、「レイアウト」メニューの「レイアウト設定」を選択します。

② イベントとスクリプトを指定

「レイアウト設定」ダイアログボックスの「スクリプトトリガ」タブでイベントとスクリプトを指定します。ここでは、イベントは表示モードを切り替えたときにスクリプトを実行する「OnModeEnter」、スクリプトは「選択」ボタンをクリックし、「ソート」スクリプトを指定しました。

① 「レイアウト」メニューの「レイアウト設定」を選択します

② イベントとスクリプトを指定します

③ 検索を実行する

「検索」モードで、「住所」フィールドが「東京都」で始まるレコードを検索します。

④ スクリプトが実行される

検索実行後、ブラウズモードに戻ると、検索されたレコードが「ふりがな」フィールドの五十音順でソートされて表示されます。
このレイアウト上でモードが変更されたときに、ソートのスクリプトが実行されています。

> **POINT**
>
> レイアウトに設定したスクリプトトリガのインジケータ（バッジ）は、レイアウトモードに切り替えると、レイアウト領域の右下に表示されます。
>
> レイアウト上のインジケータ

▶「レイアウト設定」の「スクリプトトリガ」のイベント

OnRecordLoad
このレイアウト上で、レイアウトの切り替え、新しいウインドウを開く、レコードの作成・削除、検索など、レコードが更新または入力された後でスクリプトが実行されます。

OnRecordCommit
このレイアウト上で、変更されたレコードが確定されるときにスクリプトが実行されます。

OnRecordRevert
このレイアウト上で、レコード、検索条件復帰によって、レコードが入力前の状態に戻されるときにスクリプトが実行されます。入力値の制限エラーによって、レコードが入力前の状態に戻される場合も実行されます。

OnLayoutKeystroke
このレイアウト上で、1つ以上の文字が入力されたときにスクリプトが実行されます。

OnLayoutEnter
このレイアウト上でロードされた後にスクリプトが実行されます。

OnLayoutExit
このレイアウトから移動する際にスクリプトが起動します。

OnLayoutSizeChange
このレイアウトで新しいモードに切り替えた後で実行されます。

OnModeEnter
モードを切り替えた後でスクリプトが実行されます。

OnModeExit
このレイアウト上で、現在のモードを終了するときにスクリプトが実行されます。

OnGestureTap

FileMaker Go、Windowsのレイアウト上でタップジェスチャが受信されたときに実行するスクリプトをトリガします。

OnViewChange

このレイアウト上で、フォーム形式、リスト形式、または表形式に切り替えた後に実行されます。

OnExternalCommandReceived

FileMaker Goで、ユーザーがロック画面や外部機器の再生ボタンを押したときに実行するスクリプトをトリガします。

ファイルを開くと同時にスクリプトを実行させる

ファイルを開くと同時に、作成したスクリプトを実行させることができます。

① 「ファイルオプション」を選択

「書店名簿スクリプトトリガ.fmp12」を開きます。「ファイル」メニューの「ファイルオプション」を選択します。

② 「実行するスクリプト」の指定

「ファイルオプション」ダイアログの「スクリプトトリガ」タブで「OnFirstWindowOpen」にチェックマークを付けます。

③ スクリプトを選択

「スクリプト指定」ダイアログボックスが開きます。ここで実行するスクリプト名を選択し「OK」ボタンをクリックします。
データベースファイルが開いたときに、特定のレイアウトを表示したり、特定の倍率を指定したり、さまざまな応用ができる機能です。

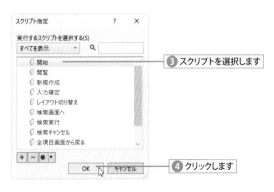

ファイルを閉じるときにファイルを保存するスクリプト

　バックアップなどのためにファイルを閉じるときに、ファイルを保存するスクリプトです。スクリプトの内容は右図のように、「名前を付けて保存 [現在のファイルのコピー]」です。

　ファイルオプションの「出力ファイルの指定」で保存するファイル名をあらかじめ指定しておくこともできますが、同一フォルダに同じファイル名があると自動的に上書きできません。

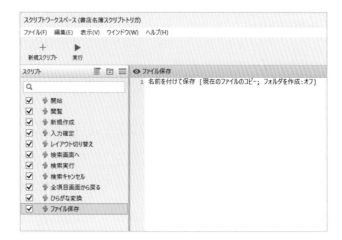

1 「ファイルオプション」を選択

「ファイル」メニューの「ファイルオプション」を選択します。

2 「実行するスクリプト」を指定

「ファイルオプション」ダイアログの「OnLastWindowClose」にチェックマークを付けます。

3 スクリプトを選択

「スクリプト指定」ダイアログボックスが開くので、作成した「ファイル保存」スクリプトをメニューから選択します。

POINT

レイアウトモードに切り替えると、スクリプトトリガが設定されたオブジェクトにはインジケータが表示されます。ただし「表示」メニューの「オブジェクト」で「スクリプトトリガ」のチェックをはずすと表示されません。

ポップオーバーボタン（138ページ参照）にスクリプトトリガを設定することができます。設定できるイベントは、通常の「スクリプトトリガ設定」とほぼ同様のイベントです。

レイアウトモードで「ポップオーバーボタン」を作成すると「ポップオーバー設定」ダイアログボックスが表示されます。「スクリプトトリガ設定」ボタンをクリックします。

「スクリプトトリガ設定」ダイアログボックスでイベントとスクリプトを設定します。

ここでは、イベントは現在のオブジェクトがアクティブでなくなると実行される「OnObjectExit」、スクリプトはカスタムダイアログを表示する「関連商品を参照」を選択しました。

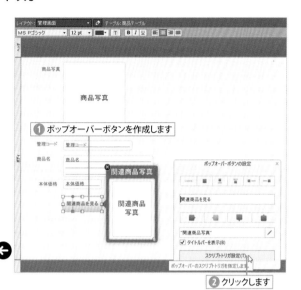

ブラウズモードでポップオーバーボタンをクリックすると「関連商品写真」フィールドがポップオーバー内に表示されます。

ポップオーバーが表示されているときに、ポップオーバー以外の部分をクリックすると、「OnObjectExit」のスクリプトトリガが実行され、カスタムダイアログが表示されます。

カスタムダイアログの「見る」ボタンをクリックすると、「関連商品」レイアウトに切り替わり表示されます。

「見ない」をクリックすると、レイアウトは変わりません。

ポップオーバーボタン内の「関連商品写真」フィールドをクリックしてもスクリプトが実行されます。

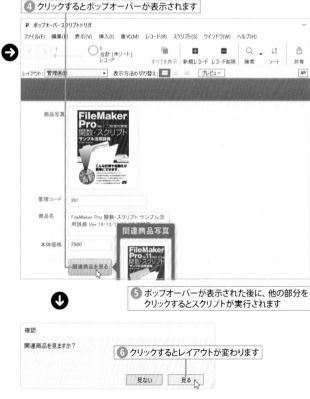

次ページへ続く

ポップオーバーボタンの中の「関連商品写真」フィールドをクリックしない場合でも、ポップオーバーボタンから移動して他をクリックした際にスクリプトを実行させることができます。

この例では、ポップオーバーボタンをクリックした場合には、その後にどのような動作を行っても確実にスクリプトを実行させることができます。

**⑦ スクリプトが実行され
レイアウトが変わります**

TIPS カスタムメニューをつくる

「環境設定」-「一般」で「高度なツールを使用する」をオンにしておくと、「ファイル」メニューの「管理」から「カスタムメニュー」、または、「ツール」メニューの「カスタムメニュー」から「カスタムメニューの管理」を選択して、設定したファイルにだけ表示されるオリジナルのメニューを作成することができます。

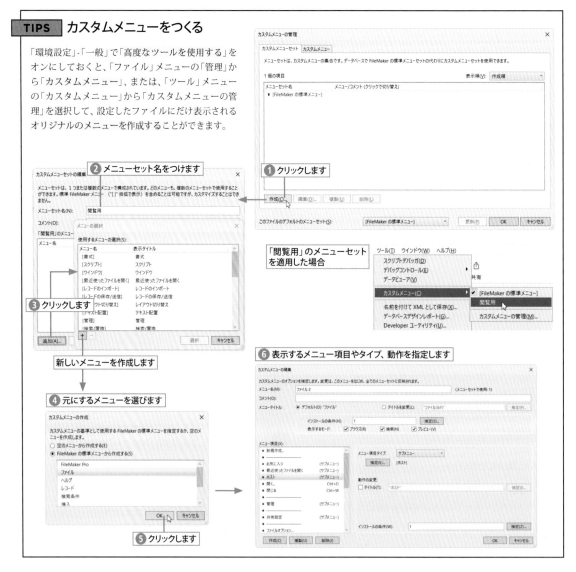

CHAPTER

11

データのインポートとエクスポート

作成したデータベースを他のアプリケーションで使用できるように書き出したり（エクスポート）、逆に他のExcelなどのアプリケーションで作成したデータをテーブル内に取り込む（インポート）ことができます。

使用頻度 ☆ ☆ ☆ FileMaker Proの他のファイルのレコードを現在のファイルに取り込んで、データベースとして活用することができます。「インポート順の設定」ダイアログボックスがVer.18以降で一新され、使いやすくなっています。

レコードをインポートするための準備

▶インポート元のファイル（取り込まれる側のファイル）

この例では、インポート元のファイル、（レコードが取り込まれる側）のファイルを「顧客11.fmp12」にします。レコードが取り込まれる側のファイルでは、検索などで必要なレコードだけを選び出します。

すべてのレコードを取り出す場合は、特に操作の必要はありません。

必要なレコードだけを取り込みたい場合は、インポート元のファイルをレコード検索で表示してから取り込みます

▶インポート先のファイル（現在のファイル）

この例では、レコードをインポートする側のファイル（現在のファイル）を「住所録11.fmp12」にします。

POINT

現在のインポート先のファイルのレコードは、必要なレコードだけを一致するレコードで置き換えたい場合は、検索して絞り込んでおきます。

インポート前の状態

レコードのインポートの実行

ここでは、「住所録11.fmp12」ファイルを開き、「顧客11.fmp12」ファイルのレコードを取り込みます。

「住所録11.fmp12」を開いた状態で、「ファイル」メニューの「レコードのインポート」から「ファイル」を選択します。

① レコードのインポート

データを取り込むファイル（住所録11.fmp12）を開き、「ファイル」メニューの「レコードのインポート」から「ファイル」を選択します。

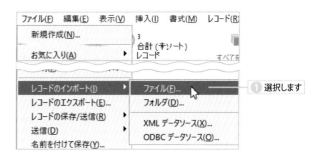

① 選択します

② ファイルを開く

「ファイルを開く」ダイアログボックスで、取り込むレコードのあるFileMaker形式のファイルを選択します。「開く」ボタンをクリックします。

② 取り込むレコードのあるファイルを選択します

③ クリックします

③ インポート方法を指定する

「インポート順の指定」ダイアログボックスが表示されます。

ソースからターゲットにどのようにインポートするかを「追加」「更新」「置換」から選びます。

「追加」は新規レコードとしてインポートデータを追加します。

「更新」を選ぶと、同じデータがあるときには、ソースデータで置き換えます。

「置換」はソースデータで置き換えます。

④ いずれか選択します

④ フィールド位置を合わせる

右のターゲットフィールド欄のフィールド名をクリックすると、フィールドを選ぶメニューが表示されます。ここでソースフィールドから取り込むフィールドを選択します。

フィールド数が多い場合には、フィールド検索してフィールドを選ぶことができます。

⑤ フィールド名をクリックします

検索してフィールドを選ぶことができます

⑥ フィールドを選択します

⑤ マッピングの設定

「マッピング」欄では、フィールドごとにインポートするかしないかをメニューから選ぶことができます。

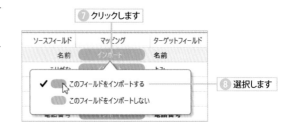

⑦ クリックします

ソースフィールド	マッピング	ターゲットフィールド
名前	インポート	名前

✓ このフィールドをインポートする

このフィールドをインポートしない

⑧ 選択します

⑥ 実際のデータの確認

◀ ▶ ボタンをクリックして、実際のレコードを確認します。

大丈夫なら、「インポート」ボタンをクリックすると、取り込みが始まります。

⑨ ◀ ▶ ボタンをクリックします

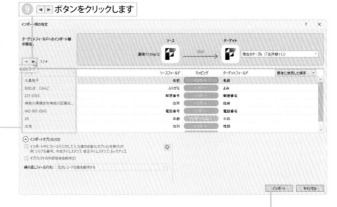

⑩ データの内容を確認できます

⑪ 設定を終了したら「インポート」ボタンをクリックします

TIPS インポートオプションの指定

「インポートオプション」では、インポート中に入力値の自動化が指定されている場合に、それを実行するかどうか、オブジェクトフィールドの外部格納を維持するかどうか、繰り返しフィールドがある場合に、元のレコード値を維持するかどうかを指定することができます。

⌃ インポートオプション(O)

☐ インポート中にフィールドに対して入力値の自動化オプションを実行(P)
例: シリアル番号、作成タイムスタンプ、修正タイムスタンプ、ルックアップ。

☐ オブジェクトの外部格納を維持(E)

繰り返しフィールド(R): 元のレコードの値を維持する

▶ インポートしたデータの確認

① 取り込んだデータの表示

データのインポートが終わると、「インポートの概要」が表示されます。

「OK」ボタンをクリックすると、取り込んだレコードだけが表示されます。

インポートの概要

ⓘ レコードのインポート概要
データがすべて正しくインポートされたことを確認してください。アクセス権、入力値の制限、ロックされたレコードは、レコード内またはフィールド内のデータがスキップされる原因になることがあります。

作成されたテーブル <なし>

追加または更新されたレコード: 4
エラーのためスキップされたレコード: 0
エラーのためスキップされたフィールド: 0

① クリックします

OK

② 取り込まれたデータだけが表示されます

アドレスブック

名前	郵便番号	住所	年齢	性別
大島純子	221-3333	神奈川県横浜市神奈川区陽光台3		女
西野悟	260-5678	千葉県千葉市中央区みはる野9-8		男
大野次郎	157-2222	東京都世田谷区上祖師谷99-9-1		男
矢沢昌治	330-8787	埼玉県大宮市本郷南55-55		男

② 全レコードを表示

すべてのレコードを表示するには、「レコード」メニューの「全レコードを表示」（[Ctrl]＋[J]）を選びます。またはツールバーの「すべてを表示」ボタンをクリックします。

③ すべてのデータが表示されます

④ クリックします

取り込まれたデータ

繰り返しフィールドのインポート

繰り返しフィールドを複数のレコードに分割してインポートすることができます。ここでは、次のような「納品書11.fmp12」ファイルの繰り返しフィールドを、「販売管理11.fmp12」ファイルへインポートしてみます。

インポート元のファイル

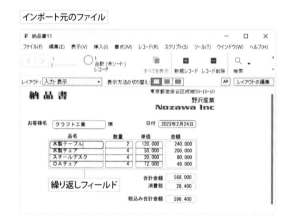

インポート先のファイル

① 取り込むフィールドの設定

インポート先のファイルを開き、「ファイル」メニューの「レコードのインポート」から「ファイル」を選択し、インポート元のファイル（納品書11.fmp12）を選択します。
上のソースからターゲットへのインポート方法で「追加」を選択し、ソースとターゲットフィールド名とマッピング方法を設定します。

① 取り込むフィールドを設定します

2 インポートオプションの設定

インポート元に繰り返しフィールドがある場合、「インポートオプション」の「繰り返しフィールド」メニューが選択できるようになります。

「元のレコードの値を維持する」をオンにすると繰り返しフィールドの最初のフィールドだけがインポートされます。

「値を複数のレコードに分割」を選択すると、複数のレコードに分割されて繰り返しフィールドがインポートされます。

「インポート」ボタンをクリックすると、「インポートの概要」が表示され、「OK」ボタンをクリックするとデータが取り込まれます。

新規テーブルを作成してインポートする

他のファイルのデータを1つの新規テーブルとしてインポートできます。複数のファイルを1つのファイルにまとめる場合などに便利です。

1 「新規テーブル」を選択する

「ファイル」メニューの「レコードのインポート」の「ファイル」を選択しインポートしたいファイルを選択します。

「インポート順の指定」ダイアログボックスの「ターゲット」の右のメニューから「新規テーブル」を選択します。

② 取り込むフィールドの設定

ソースフィールドとターゲットフィールドを設定し、
「インポート」ボタンをクリックします。

② フィールドを設定します

③ クリックします

③ テーブルが作成される

新たなテーブルが作成されて、レコードが取り込まれ
ます。
「ファイル」メニューの「管理」から「データベース」を
選択して「データベースの管理」ダイアログボックス
を表示させます。
「テーブル」タブでは、新たなテーブルが作成されてい
るのを確認できます。

④ 新たなテーブルが作成されているのが確認できます

TIPS　フォルダのインポート

「ファイル」メニューの「レコードのインポート」から「フォルダ」
を選択すると、選択したフォルダからピクチャ、ムービーファイ
ル、テキストファイルを一括してインポートすることができま
す。
ピクチャ、ムービーファイルのフォルダをインポートする場
合は、「各ピクチャファイルの参照データのみインポート」を
チェックすることによって、各ファイルへの参照のみをインポー
トするか、ファイルを直接インポートするかを指定することがで
きます。

取り込みたいデータのある
フォルダを指定します

他のアプリケーションのデータのインポート

使用頻度
☆ ☆ ☆

Excelのファイルをドラッグ＆ドロップで直接取り込むことができる他、以下のファイル形式のデータを取り込むことができます。ODBCドライバを経由したデータもSQL文を使って取り込むことができます。

交換できるファイルのタイプ

カスタム区切りのテキストファイル（.tab、.tsv、.txt）

テキストデータをタブ記号または、ダイアログボックスで指定した文字で区切った形式です。フィールドはタブ記号やその他の文字で区切られ、レコードは改行コードで区切られます。エクスポートはタブ区切り値形式を使用。

コンマ区切りのテキストファイル（.csv、.txt）

コンマでフィールドを区切ります。レコードは改行コードで区切られます。CSVフォーマットとも呼ばれます。

Merge ファイル（.mer）

コンマセパレートのテキスト形式に似たファイル形式です。FileMaker ProのMergeファイルはMicrosoft Wordのデータソースファイルと同形式です。

Excel95-2004 ワークブック（.xls）

Microsoft Excelの95から2004までのバージョンのファイルです。エクスポートは不可。

Excel ワークブック（.xlsx）

Microsoft Excelの2007以降のバージョンのファイルです。

XML ファイル（.xml）

XML形式の構造化されたデータです。

ODBC データソース

AccessやOracleなど、ODBCドライバを経由して取り込めるデータです。取り込む際に、ODBCデータソースを指定します。

HTML テーブル形式（.htm）

HTMLのテーブル形式でデータの書き出しだけができます。

dBase III・DBF IV形式（.dbf）

dBase III、dBase IV形式のデータエクスポート、インポートができます。

TIPS ODBCデータソースのインポート

「ファイル」メニューの「レコードのインポート」から「ODBCデータソース」を選択すると、ダイアログボックスが表示されます。ここでマシンにセットアップされているODBCデータソースを選択します。

| ODBC データソースを選択 | | × |

このマシンでセットアップされているデータソースを1つ選択してください。
（各 ODBC ドライバの説明書内の手順に従って、更にデータソースをセットアップできます。）

データソース名	ドライバ
商品購入	Microsoft Access Driver (*.mdb, *.accdb)

続行(C)... キャンセル

Excelデータをインポートする

　ExcelワークシートのデータをFileMaker形式に変換して開くことができます。FileMaker Proアイコンにドラッグ＆ドロップ、「作成」ウインドウの「変換」ボタン、「開く」コマンドからダイアログボックスで指定の3つの方法がありますが、最初の手順だけが異なります。

① ドラッグ＆ドロップする

Excelのデータファイルを FileMaker Proのアプリケーションアイコン（ショートカットアイコン）かウインドウへドラッグ＆ドロップします。

Excelファイル

またはダブルクリックしてダイアログボックスで
Excelファイルを指定します

② 取り込むワークシートの指定

Excel内に複数のワークシートがある場合、取り込むワークシートを指定します。
「OK」ボタンをクリックします。

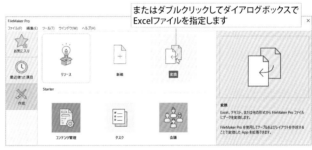

② ワークシートを選択します

③ クリックします

③ ファイルを保存する

「新規作成」ダイアログボックスが表示されるので、保存場所を指定して、「保存」ボタンをクリックします。

④ 「新規作成」ダイアログボックスで保存します

④ ソースとターゲットを指定する

「ファイルを変換」ダイアログボックスでソースとターゲットのフィールドを指定します。
「インポートオプション」では、ソースファイルの文字セット、ソースファイルのフィールド文字区切りを指定することができます。

POINT

Excelファイルは、「ファイル」メニューの「開く」からもFileMaker Proで開くことができます。

⑤ 設定します

⑥ 指定します

⑦ クリックします

⑤ FileMaker形式で開く

自動的にFileMaker形式のデータベースが作成されます。このとき2つのレイアウトが作成され、表形式で表示されます。

⑧ FileMakerのファイルとして開きます
レイアウトは2種類できます

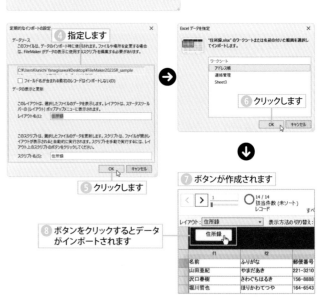

定期的にインポートする

同一のファイルから毎日のように繰り返しデータをインポートする場合に、この機能を使うと便利です。たとえばExcelの「住所録」ファイルからデータをインポートした場合、その後にExcelのデータが頻繁に更新され、それを定期的にFileMaker Proにインポートする必要があるとします。そのような場合にこの機能を使います。

定期的にインポートするためのレイアウト、スクリプトが自動的に作成されるので、そのスクリプトを実行するだけでデータをインポートできます。

① 定期的なインポートの設定

「ファイル」メニューの「レコードのインポート」で「ファイル」を選択します。
「ファイルを開く」ダイアログボックスで、インポートするファイルを選択し、「定期的なインポートとして設定」をチェックして「開く」ボタンをクリックします。

② データソースなどを指定する

「定期的なインポートの設定」ダイアログボックスで、レイアウト名、スクリプト名などを指定します。
「OK」ボタンをクリックし、「Excelデータを指定」ダイアログボックスでワークシートを指定し、「OK」ボタンをクリックします。

④ クリックでインポートされる

元のExcelファイルをデータを追加するなど更新を行なった場合、ボタンをクリックするだけでデータが自動的に更新した分だけインポートされます。

SECTION 11.3 ODBCデータのインポートとSQLクエリー

使用頻度
☆ ☆ ☆ | ODBC（Open Database Connectivity）ドライバを介してAccessやOracleデータをインポートし、SQLステートメントによるレコード処理を行うことができます。

レコードをインポートするためのデータソース指定

ここではMicrosoft Accessで作成したデータベースをWindowsのコントロールパネルの「管理ツール」で開き、「データソース（ODBC）」を使ってデータソースに登録します。

1 データソースアイコンを開く

Windows11では「コントロールパネル」で「Windowsツール」（Windows10では「管理ツール」）をクリックして「ODBCデータソース（64ビット）」アイコンをダブルクリックします。
macOSでは、http://www.odbcmanager.netにアクセスし、Actual Technologies社のODBCマネージャをインストールしてください。

2 データソースを指定する

「ODBCデータソースアドミニストレーター」ダイアログボックスを起動します。
「システムDSN」タブをクリックし、「追加」ボタンをクリックします。
macOSでは、「アプリケーション」→「ユーティリティ」のODBC Managerを起動します。

POINT

現在のマシンを使用しているユーザーだけが使う場合は、「ユーザーDSN」タブをクリックし、以下は同じ操作を行います。

3 AccessDriverを指定する

ここでは「Microsoft Access Driver（*mdb, *.accdb）」を選択し、「完了」ボタンをクリックします。
Access 2013以降のデータベースは「Microsoft Access Driver（*mdb, *.accdb）」のドライバーを選択してください。ドライバーが表示されない場合には、Microsoft社のサイトからダウンロードしてください。

1 クリックします
管理ツール ➡ 2 ダブルクリックします
ODBC データソース（64ビット）

Windows11ではスタートメニューを右クリックし、メニューから「コントロールパネル」を選びます。

3 選択します
4 クリックします

5 選択します
6 クリックします

④ 「選択」ボタンをクリックする

「ODBC Microsoft Access セットアップ」ダイアログボックスが表示されます。
データベースを選択するために、「選択」ボタンをクリックします。

⑤ データベースを選択する

Accessのデータベースファイルを選択し、「OK」ボタンをクリックします。

⑥ データソース名を入力する

データソース名を入力します。
「OK」ボタンをクリックします。

⑦ データソースが登録される

ODBCドライバー経由のデータソースが指定されました。
「OK」ボタンをクリックして終了します。

レコードのインポートの実行

　次の図はAccessで作成したデータ（テーブル）です。これらのデータをFileMaker Proのフィールドにインポートしてみます。

Microsoft Accessのデータベースファイル

---

① インポートしたいファイルを開く

ODBC経由でAccessファイルを取り込むためのフィールド定義を行っている空のFileMaker Proファイルを開きます。

① インポートしたいファイルを開きます

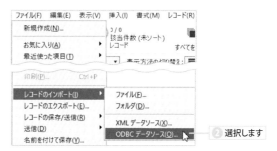

---

② ODBCデータソースのインポート

「ファイル」メニューの「レコードのインポート」の「ODBCデータソース」を選択します。

② 選択します

---

③ 登録したデータソースを選択

「ODBCデータソースの選択」ダイアログボックスで、先に登録した「商品購入」ファイルを選択し、「続行」ボタンをクリックします。

③ 登録したデータソースを選択します

④ クリックします

④ パスワードの設定

データベースにパスワードが設定されている場合は
「ユーザ名」と「パスワード」を入力します。
設定していない場合は「OK」ボタンをクリックします。

⑤ SELECT文の指定

「SQLクエリービルダー」ダイアログボックスが表示されます。
「SELECT」タブでAccessファイル内のテーブルと列を基に、取り出すデータを指定するためのSQL文（SELECT文）を指定します。
テーブルと列をリストで選択し、「SQLクエリーに挿入」ボタンをクリックすると、下の欄に入力されます。
どのデータをインポートするかの指定です。

⑥ WHERE文の指定

「WHERE」タブでは、ここで指定した条件に合致したデータだけを抽出することができます。
ここでは、「商品購入者リスト」と「商品台帳」コードが合致した場合という条件を設定します。
「SQLクエリーに挿入」ボタンをクリックします。

⑦ ORDER BY文の指定

「ORDER BY」タブでは、抽出したデータの並べ替えの指定を行います。

商品購入者リストの氏名を昇順でインポートするという指定です。

「SQLクエリーに挿入」ボタンをクリックして「実行」ボタンをクリックします。

⑪ 検索順序(昇順、降順)を指定します

⑧ インポート先の指定

Access側のODBCソースとFileMaker Pro側のターゲットのフィールドを一致させます。

「インポート」ボタンをクリックします。

⑮ Accessデータから引き出すFileMaker Proのフィールドを指定します

FileMaker Proのファイルのフィールド

⑯ クリックします

⑨ データが取り込まれる

「インポートの概要」ダイアログボックスで「OK」ボタンをクリックします。

指定したSQL文に従ってAccessファイルのレコードがFileMaker Proファイルに取り込まれます。

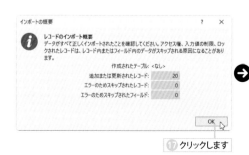

⑰ クリックします

⑱ FileMaker Proのフィールドにクエリー条件に合致したAccessのデータがインポートされました

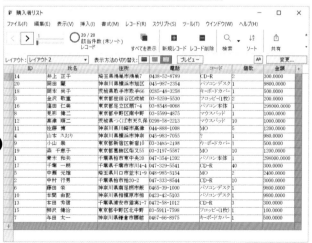

レコードのエクスポートと保存

使用頻度
☆ ☆ ☆

ここでは、FileMaker Proのレコードをタブやカンマ区切りテキスト、HTML、Excel、PDFなどの形式で書き出す方法について解説します。

データを他のファイル形式で書き出す

ここではFileMaker Proで作成した住所録のファイルのデータを書き出してみましょう。

1 データのエクスポート

あらかじめデータを書き出したいファイルを開いておき、「ファイル」メニューから「レコードのエクスポート」を選択します。

2 エクスポート先の指定

「ファイルへのレコードのエクスポート」ダイアログボックスで、エクスポートするフォルダとファイル名、ファイルの種類を指定し、「保存」ボタンをクリックします。
ファイルの種類は「タブ区切り値」を選んでいます。

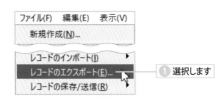

3 エクスポートするフィールドの指定

「フィールドデータのエクスポート順」ダイアログボックスが表示されます。
現在のFileMaker Proファイルのフィールドが左に表示されているので、エクスポートしたいフィールド名を選択し、「移動」ボタンをクリックします。
すべてのフィールドを移動したら、「エクスポート」ボタンをクリックします。

POINT

現在のレイアウトのフォーマットで書き出す場合は、「エクスポートされたデータに現在のレイアウトのデータ書式を適用する」を選びます。
現在のデータ書式を適用したくない場合は、このチェックをはずします。

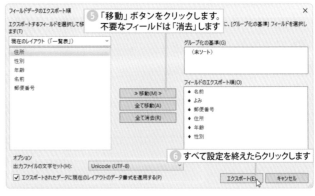

▶ グループ化の基準

　集計フィールドが含まれるレコードの場合、「フィールドデータのエクスポート順」ダイアログボックスの「グループ化の基準」でソートキーを選択しチェックを入れます。

　ただし、エクスポートを始める前に、集計フィールドのソート対象などでソートを行っておく必要があります。ソートを行ったソートキーが「グループ化の基準」として表示されます。

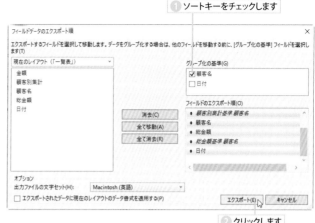

① ソートキーをチェックします

② クリックします

HTMLのテーブル形式で書き出す

　テーブルのレコードをHTMLテーブル形式に書き出し、Webブラウザ用のデータとして活用することができます。ファイルの種類を「HTML表形式」に設定し、次に表示されるダイアログボックスでエクスポート順、文字セットなどを指定してエクスポートします。エクスポートしたファイルをブラウザで開いてみると、図のように表示されます。

書き出すFileMaker Proのファイル

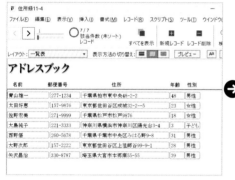

「HTML表形式」を選択します

書き出してWebブラウザで開いてみます

名前	よみ	郵便番号	住所	年齢	性別
青山雄一		277-1234	千葉県柏市東中央48-2-2	48	男性
太田好恵		157-9876	東京都世田谷区成城32-2--5	23	女性
佐野宏美		271-9999	千葉県松戸市松戸9876	18	女性
大島純子		221-3333	神奈川県横浜市神奈川区陽光台3-4	3	子ども
西野悟		260-5678	千葉県千葉市中央区みはる野9-8	31	男性
大野次郎		157-2222	東京都世田谷区上祖師谷99-9-1	28	男性
矢沢昌治		330-8787	埼玉県大宮市本郷南55-55	39	男性

POINT

書き出されたHTMLファイルには、スタイルが指定されていない素のHTMLデータです。
きれいにレイアウトするには、外部CSSファイルを作成してCSSを定義してHTMLファイルにリンクします。

Excelファイルとして保存する

FileMaker ProのデータをMicrosoft Excel形式のファイルとして保存することができます。

1 「レコードの保存/送信」を選択

「ファイル」メニューの「レコードの保存/送信」から「Excel」を選択します。
または、プレビューモードで「Excelファイルとして保存」ボタンをクリックします。

2 Excel形式で保存する

「保存後」でファイルを自動的に開くか、メールに添付して送信するかを設定できます。「ファイルを添付した電子メールの作成」を選択すると、ファイル保存後にメールソフトが開き、保存したファイルが添付された状態で表示されます。

チェックすると自動的にExcelが起動してファイルが開きます。

電子メールソフトが起動して、新しいメッセージにExcelファイルが添付されます。

PDFファイルとして保存する

FileMaker ProのデータをPDFファイルとして保存することができます。

1 「レコードの保存/送信」を選択

「ファイル」メニューの「レコードの保存/送信」から「PDF」を選択します。

② PDF「ファイルを保存する

「保存後」でファイルを自動的に開くか、メールに添付して送信するかを設定できます。「ファイルを添付した電子メールの作成」を選択すると、ファイル保存後にメールソフトが開き、保存したファイルが添付された状態で表示されます。

「オプション」では保存したPDFファイルを開く場合のパスワードの設定などを行うことができます。

PDFファイルとして保存されます

② ファイル名を入力します

③ クリックします

ファイル名(N):	address.pdf	保存(S)
ファイルの種類(T):	PDF ファイル (*.pdf)	キャンセル
保存(V):	対象レコード	オプション(P)...
外観(C):	書式に従ってフィールドを表示	

保存後：
☐ ファイルを自動的に開く(O)
☐ ファイルを添付した電子メールの作成(E)

チェックすると自動的にAdobe Readerが起動してファイルが開きます。

電子メールソフトが起動して、新しいメッセージにPDFファイルが添付されます。

▶ PDFオプションの設定

「レコードをPDFとして保存」ダイアログボックスの「オプション」ボタンをクリックすると、「PDFオプション」ダイアログボックスが表示され、開始ページ、セキュリティ、ファイルを開いたときの表示方法を設定できます。

開始ページを指定します。

開いたときにページ、パネルの表示状態を設定します。

ページを開いたときの倍率を設定します。

Adobe ReaderやAcrobatでのページレイアウトを設定します。

読み上げソフトで読み上げを可能にするかどうかを設定します。

PDFファイルを開くときにパスワードを要求するよう設定できます。

PDFを印刷、編集するときに、許可する項目（解像度、ページ操作、フォーム、コメント、署名など）を設定します。

コンテンツのコピーを許可するかどうかを設定します。

FileMaker Proでメールアドレス、メッセージのフィールドを作成し、そのフィールドに入力されたメールアドレスにメッセージ内容を指定してメール送信することができます。「送信経由」では現在使用している規定の「電子メールクライアント」あるいは「SMTPサーバー」を選択することができます。「SMTPサーバー」を選択するとFileMaker Proから直接メールを送信でき時間の短縮になります。

「ファイル」メニューの「送信」から「メール」を選択します。「メールを送信」ダイアログボックスで「宛先」「メッセージ」などを指定します。「宛先」「メッセージ」などはフィールドのデータを使用することもできます。それぞれの項目の右側の矢印でフィールドを選択してください。

複数のメールアドレスに送信する場合は、あらかじめ送信する対象レコードを検索で絞っておきます。「複数の電子メール（対象レコード内の各レコードに1つ）」を選択します。

「各メッセージに対して対象レコード全体でアドレスを収集する」を選ぶと、1つのレコードのアドレスに対して対象レコードの数だけメールが送信されます。たとえば、3つのレコードがある場合、全部で9通のメールが送信されます。対象レコードの件数によっては大量のメールが送信されることになるので注意してください。

① 1種類か複数の種類の電子メールかを選択します

② 宛先を指定します

③ この例では「メールアドレス」フィールドを指定します

電子メールアプリケーションを経由して電子メールを送信するには、コンピュータにサポートされる電子メールアプリケーションがインストールされて適切に設定されている必要があります。「ファイルを添付」では複数の添付ファイルを指定することができます。

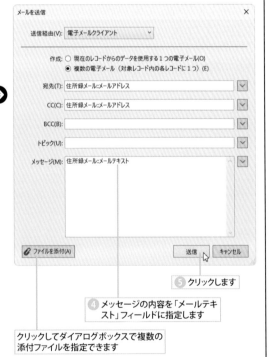

⑤ クリックします

④ メッセージの内容を「メールテキスト」フィールドに指定します

クリックしてダイアログボックスで複数の添付ファイルを指定できます

CHAPTER

12

ファイル共有とアクセス権、WebDirect、FileMaker Go

ここではネットワークを使ったFileMakerの運用について解説します。共有されたデータベースをWebブラウザから閲覧できるWebDirect、モバイル端末アプリFileMaker Goも簡単に構築できます。

使用頻度
★ ★ ☆

LANやWi-FiによるTCP/IPなどのネットワークプロトコルで接続されたWindowsやmacOSマシン同士、モバイル端末用アプリのFileMaker Goで、FileMaker Proのファイルを共有することができます。なお、同時に最大5人まで共有ファイルにアクセスでき、それ以上の人数では、ユーザー数に応じたチームライセンスでの購入が必要です。

ホストとしてファイルを共有する

FileMaker ProではFileMaker Goも含めネットワーク上の最大5人のユーザーが同時にホストへのファイル共有にアクセスすることができます（ピアツーピア共有：サーバーは不要）。6人以上で暗号化された状態で共有ファイルにアクセスするには、FileMaker ServerやFileMaker Cloudをホストにして共有することが必要になります。

1 FileMakerクライアントと共有

ネットワーク上にあるローカルPCのFileMakerファイルを共有できるようにするには、最初に共有したいファイルを開きます。
「ファイル」メニューの「共有設定」から「FileMakerクライアントと共有」を選択します。
または、ステータスツールバーの「共有」ボタンをクリックし、「FileMakerクライアントと共有」を選択します。

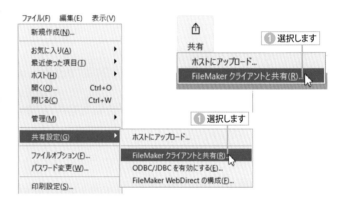

2 ネットワーク共有をオンにする

ダイアログボックスの「ネットワーク共有」を「オン」にします。
「ファイルへのネットワークアクセス」で「すべてのユーザ」を選択すると、TCP/IPアドレス（現在のマシン）が表示され、開いているファイル名もリストアップされ、このファイルが他のPCと共有できるようになります。

POINT

外部スクリプトやリレーション、ルックアップのあるファイルも同時に開いて共有する必要があります。

POINT

FileMakerホストはFileMaker ProとFileMaker Goとのみ共有できます。Clarisホストからの共有はFileMakerクライアントからはできません。

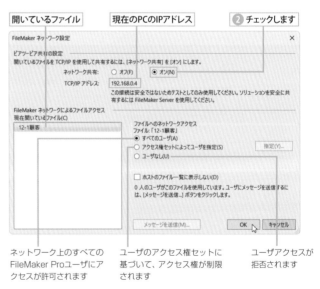

ネットワーク上のすべてのFileMaker Proユーザにアクセスが許可されます

ユーザのアクセス権セットに基づいて、アクセス権が制限されます

ユーザアクセスが拒否されます

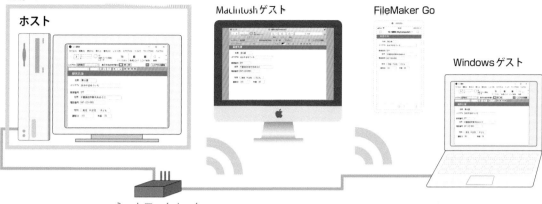

ネットワーク共有を有効にしたファイルを
最初に開いているユーザー

ホスト

Macintoshゲスト

FileMaker Go

Windowsゲスト

ネットワークルータ
Wi-Fiアクセスポイント

　ホストは、ファイルを最初に開いたユーザーになります。ホストとして開く場合、できるだけ自分のパソコンのハードディスクのデータをホストとして開くようにしてください。その後、ネットワークを経由して同じファイルを開くユーザーは、クライアント（ゲスト）になります。

▶ ファイル共有をオフにするには

　現在共有しているファイル共有をオフにするには、「FileMakerネットワーク設定」ダイアログボックスで「ネットワーク共有」を「オフ」にします。

TIPS　データベースへのリンクを送信

ホストでファイルが共有をオンにしている場合、他のFileMakerユーザーがこのデータベースにアクセスできるようにするために、電子メールでファイルへのURLリンクを送信することができます。ホストにはWindowsはOutlook、Macではメールのアプリケーションが必要です。「ファイル」メニューの「送信」から「データベースへのリンク」を選ぶと、送信URLが記されたメール送信ウインドウが起動します。メールソフトがない場合には、URLが記述された「リンクの送信」ダイアログボックスが開きます。

TIPS　ユーザ名（アカウント名）の設定

ファイルを共有して使用する際のホストへのアクセス名は、「編集」メニュー（Macは「FileMaker Pro」メニュー）の「環境設定」の「一般」タブの「ユーザ名」で設定します。

ここに入力します

TIPS　ODBC/JDBC経由の共有

FileMaker Proでは、Oracle、ExcelなどのODBCやJDBCに準拠したアプリケーションとファイルを共有することができます。この場合には、「アカウントとアクセス権」による拡張アクセス権が必要になります。さらに「ファイル」メニューの「共有設定」から「ODBC/JDBCを有効にする」を選択しダイアログボックスで「ODBC/JDBC共有」をオンにします。

クライアントとして共有ファイルを開く

　LAN上のクライアント側のPCが、共有設定された他のPC上のファイルをネットワークを介して開くことができます。FileMaker Go（349ページ参照）を含め5ユーザーが同時に開くことができます。

① 「ホストを表示」を選択する

「ファイル」メニューの「ホスト」から「ホストを表示」
（Ctrl + Shift + O）を選択します。
または、「ファイル」メニューの「開く」で「開く」ダイアログボックスの「ホスト」をクリックします。

② 共有ファイルを指定する

「ホスト」ダイアログボックスが表示されます。
左欄の認識されたコンピュータ名を選択すると、右に共有設定されているファイルが表示されるので、選択し「OK」ボタンをクリックします。
FileMaker CloudやFileMaker Serverを運用している場合にもホストとして表示されます。この場合、暗号化された状態で安全に共有することができます。

POINT

上の「ホストを検索」欄に共有元のコンピュータのIPアドレスを入力して検索することもできます。ダイアログボックスでネットワークのパスを入力してファイルを開くことも可能です。

③ 共有ファイルが開く

ホストコンピュータ上の共有ファイルが開きます。

POINT

レコード、レイアウト、スクリプトへの追加、変更などは、どのPCからでも実行できますが、同時に複数の人が行うことはできません。
どれか1台がレコード、レイアウトの追加、変更の作業をしている時は、他ではブラウズだけができます。作業をしている人が、別のレコード、レイアウトへ移動するのを待つか、入力が完了するまで、他からは変更などはできません。

▶共有ファイルを閉じる

　共有ファイルを閉じる時は、クライアントがすべてファイルを閉じてから、ホストのファイルを閉じます。クライアントが接続している状態だと、接続クライアント名がリストされたダイアログボックスが表示されるので、「問い合わせ」をクリックします。クライアントへ接続を切るようにというメッセージが送られます。

現在ファイルを利用しているゲスト名です

① クリックします

② ゲスト側にメッセージが表示されます

ゲストがクリックすると共有ファイルへの接続が保持されます

　なおフィールド定義、パスワード定義、レイアウトの順序変更、グループやアクセス権の定義・削除・変更、「別名で保存」コマンドを使ったファイルのコピー保存、ファイル状態の「単独」使用への切り替えはホスト上でしか行えません。

ホストからクライアントへメッセージを送信する

　ホスト側からデータベースにアクセスしているすべてのクライアントに伝えたいメッセージを送信することができます。

① 共有ファイルを開く

「ファイル」メニューの「共有設定」から「FileMakerクライアントと共有」を選択すると「FileMakerネットワーク設定」ダイアログボックスに他のPCでファイルを共有している人数が表示されます。
「メッセージを送信」ボタンをクリックします。

「オン」にすると共有ファイルが表示されます

共有しているユーザ数が表示されます

① クリックします

② メッセージを入力する

「メッセージを送信」ダイアログボックスにメッセージを入力し、「OK」ボタンをクリックします。

② メッセージを入力します

③ クリックします

③ クライアントでメッセージが表示される

自動的にネットワーク上のクライアントのウインドウにメッセージ内容が表示されます。何もしないとメッセージダイアログボックスは30秒後に閉じます。

④ ネットワーク上のマシンで表示されます

使用頻度
☆ ☆ ☆

アカウント、パスワードを設定し、パスワードを知っているアカウント名でアクセスする人だけが特定の作業を行える等、権限に応じて操作を限定できるように設定できます。これをアクセス権と言います。アクセス権は新規に作成したり編集することができ、特定のユーザーで特定の操作に限定するといったきめ細かな設定を行うことができます。

完全アクセス権を持つアカウントのパスワード設定

完全アクセス権を持つユーザーは、すべての操作が許可されています。

1 アカウントとアクセス権

「ファイル」メニューの「管理」から「セキュリティ」を選択します。

POINT

デフォルトでは、「Admin」アカウントにパスワードが設定されていないので、パスワードを入力なしで開くことができます。

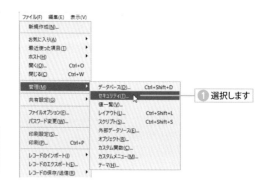

2 Adminを選択して「変更」をクリック

「セキュリティの管理」ダイアログボックスでは、完全アクセス権（すべての権限）を持つアカウントとして完全アクセス権のある「Admin」と閲覧のみアクセスできる「ゲスト」が設定されています。

「Admin」を選択して「パスワード」の「変更」ボタン🖉をクリックします。ここでは「1234」をパスワードとして設定します。

POINT

アクセス権が設定されていないファイルは「ファイルオプション」の「開く」タブでパスワードなしの「Admin」アカウントでログインして開くよう設定されています。

3 パスワードを設定する

「パスワードの設定」ダイアログにパスワードを入力し、確認用に同じパスワードを入力します。
なお、FileMaker Proではアカウント名は大文字、小文字の区別をしませんが、パスワードは区別します。

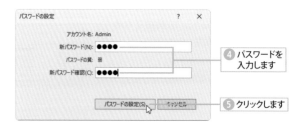

④ パスワード設定の完了

「セキュリティの管理」ダイアログボックスに戻ります。
そこでさらに「OK」ボタンをクリックします。

クリックすると、アカウント、アクセス権
セットなど、それぞれのタブごとに設定でき
るダイアログボックスが表示されます。

⑤ アカウントとパスワードの入力

完全アクセス権を持つアカウントとパスワードの確
認ダイアログボックスが表示されますので、先ほど設
定した「Admin」のアカウント名とパスワードを入力
し、「検証」ボタンをクリックします。
完全アクセス権を持つアカウントは最低1つはアク
ティブにしなければなりません。
1つもない場合は「アカウントのステータス」で「非ア
クティブ」を選択しても、そのアカウントは自動的に
アクティブに切り替わってしまいます。

POINT

共有ファイルへのサインインを試行して数分以内に
複数回失敗すると、しばらくアカウントがロックされ
サインインを再試行できなくなります。

⑥ Adminのパスワードが設定されました

⑦ クリックします

⑧ 完全アクセス権をもつアカウント
とパスワードを入力します

サンプルファイルではパスワードは
「1234」で設定しています。

⑨ クリックします

TIPS | **認証方法の選択**

「セキュリティの管理」ダイアログボックスの「認証方法」メニューでは、「FileMakerファイルまたは外部サーバー」を選択している場
合は、カスタムAppの内部認証または外部認証サーバーでアカウントを認証し、アカウントのアクセス権を設定します。
「認証方法」に「Claris ID - サーバー名」が表示されるのは、カスタムAppがClaris Custormer Consoleで共有ファイルへのアクセスが許
可されたユーザーやグループの場合です。
「Claris ID - サーバー名」を選択すると、Claris ID、外部アイデンティティプロバイダ (IdP) 認証によるアカウントが表示され、グルー
プ、ユーザーごとのアクセス権を設定します。

Amazon、Google、Microsoft Azure ADなどでサ
ポートされているOAuthアイデンティティプロバ
イダを使用し認証することができます。

▶ 設定したファイルを開いてみる

先ほどアカウント、パスワードを設定したファイルを開いてみましょう。

ファイルを開くときに、アカウントとパスワードを入力する認証ダイアログボックスが表示され、ここにアカウントとパスワードを入力するとファイルが開きます。

① アカウント名とパスワードを入力します

② クリックします

新規のアカウントを作成する

部署ごとやグループごとのアカウントを作成して、アカウントごとに権限を設定して、行う操作や表示するレイアウトなどを制限することができます。

① 「新規アカウント」をクリック

「ファイル」メニューの「管理」から「セキュリティ」を選択し、「セキュリティの管理」ダイアログボックスで「新規」ボタンをクリックします。

① クリックします

② アカウントとパスワードを設定

リストの最後の行に新規のアカウント表示されます。右のパネルで認証方法、「アカウント名」を入力し、「パスワード」の「変更」ボタンクリックしパスワードを設定します。

次に、「アクセス権セット」のメニューから「データ入力のみ」を選択します。

サンプルファイルでは、パスワードは「1234」で設定しています。

② アカウント名とパスワードを設定します

③ 選択します

このファイルをどこまでアクセスできるようにするかを設定します。「完全アクセス」「データ入力のみ」「閲覧のみ」から選択できます。

「新規アクセス権セット」を選択すると、新たなアクセス権を作成でき（333ページ参照）、詳細にアクセスできる項目の指定・制限が行えます。

❸ アカウントが作成される

データ入力のみが可能な新たなアカウントが作成されました。
「OK」ボタンをクリックします。

❹ 新たなアカウントが作成されます

❺ クリックします

TIPS アカウント作成時の警告

完全アクセス権を持つアカウントにパスワードが設定されていないと、図のような警告が出ます。その場合には、「許可」をクリックすると、そのまま設定されますが、通常はセキュリティのために「キャンセル」をクリックし、完全アクセス権を持つアカウントにパスワードを設定します。

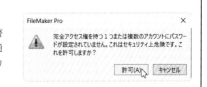

▶ ゲストアカウント

初期設定では「ゲスト」アカウントは非アクティブになっています。チェックを入れてアクティブにすると、アカウントをもたないユーザーもファイルの閲覧のみアクセスすることができます。

ファイルを開くときに、「開く」ダイアログボックスで「ゲストとしてサインイン」を選択できます。これをクリックするとゲストとしてパスワード認証なしでファイルを開くことができます。

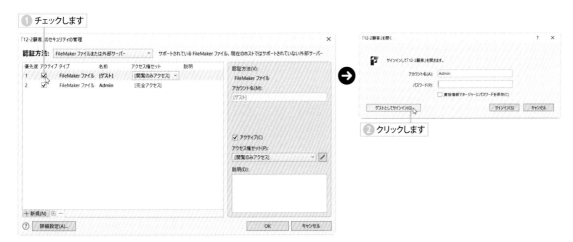

❶ チェックします

❷ クリックします

POINT

ファイルを開く際に、アカウント、パスワードが自動入力されるよう「ファイルオプション」で指定しているときに、他のアカウント情報を入力するには、Windowsでは Shift キー、Macでは option キーを押しながらファイルを開きます。

パスワードの変更とアカウントの削除

セキュリティのため、定期的にパスワードを変更したり、不要なアカウントは削除します。

① パスワード変更

完全アクセス権をもつアカウントでファイルを開きます。

パスワードを変更するには、「ファイル」メニューの「パスワード変更」を選びます。

POINT

ただし、パスワードの変更は完全アクセス権を持つアカウントからのみ可能です。完全アクセス権を持たないアカウントからは変更できません。

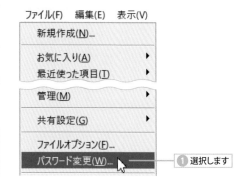

② 新パスワードの設定

ダイアログボックスが表示されるので、「旧パスワード」「新パスワード」「新パスワード確認」を入力して「OK」ボタンをクリックします。

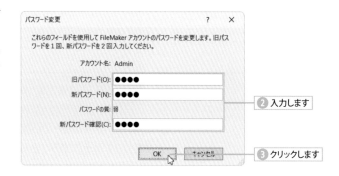

アカウントを削除したい場合は、「セキュリティの管理」ダイアログボックスで不要なアカウントを選択し、 − ボタンをクリックします。

▶ 次のサインイン時にパスワードを変えるには

① ログイン時のパスワード設定

「セキュリティの管理」ダイアログボックスで、アカウントを選択し、「次回サインインでパスワード変更を要求」にチェックを入れます。

② ファイルを開いたとき

そのファイルを次回に開いた時に、認証すると、パスワード変更のダイアログボックスが表示されます。セキュリティを高めるために便利な機能ですが、毎回、変更したパスワードを忘れないようにしなければなりません。

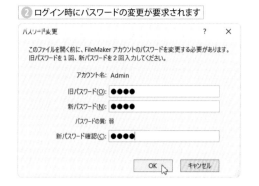

② ログイン時にパスワードの変更が要求されます

あらかじめ用意されているアクセス権セット

　空の新規ファイルの「セキュリティの管理」ダイアログボックスでは、ゲストと完全アクセスをもつAdminの2つのアカウントタイプが用意されています。選択して「アクセス権セット」の欄をクリックするとメニューには3つのアクセス権セットが用意されており選択することができます。

▶ 完全アクセス

　ファイルに対して全面的なアクセスが可能です。制限は全くありません。完全アクセスを持ったアカウントが必ず1つは必要です。

▶ データ入力のみ

　データ入力、ブラウズなどを行う機能だけにアクセスできます。

▶ 閲覧のみアクセス

　レコードのブラウズなど閲覧に関する機能のみにアクセスできます。

新規アクセス権セットの作成

　あらかじめ用意されたアクセス権ではなく、より細かな設定がされたアクセス権を作成してアカウントに割り当てると、ユーザーのアクセス権限を適切にコントロールできます。

　「セキュリティの管理」ダイアログボックスの「アクセス権セット」のメニューで、「新規アクセス権セット」を選択すると、ユーザ権限でファイルを開いた時に、アクセスできる項目をユーザーアカウントごとに編集することができます。

その設定はすべてのテーブル、値一覧、スクリプトに対して適用されます。個々のテーブル、値一覧、スクリプトに対して個別のアクセス権を設定する場合は、カスタムアクセス権を選択して設定を行います。

POINT

項目がグレー表示になる場合は、そのアクセス権では項目の編集が許可されていません。完全アクセス権などで再度ファイルを開いてください。

POINT

「拡張アクセス権」では、FileMaker WebDirect、ODBC/JDBCによるアクセス、FileMaker Proネットワークによるアクセスなどのオン・オフを切り替えることができます。

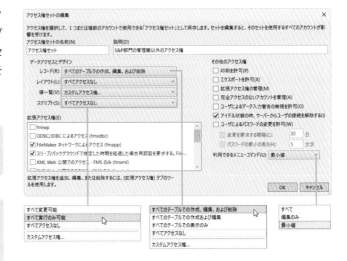

データアクセスとデザイン

▶ レコード

すべてのテーブルでの作成、編集、および削除

すべてのテーブルでレコードの作成、編集、削除ができます。

すべてのテーブルでの作成および編集

すべてのテーブルでレコードの作成、編集ができます。削除不可。

すべてのテーブルでの表示のみ

すべてのテーブルでレコードを表示できます。作成、編集、削除はできません。

すべてアクセスなし

すべてのテーブルでレコードにアクセスすることを禁止します。

カスタムアクセス権

個々のテーブルに対して個別のレコードアクセス権を設定できます。

▶ レイアウト

すべて変更可能

すべてのレイアウトの表示 作成、複製、削除、レイアウトモードへの切り替えができます。

すべて表示のみ

すべてのレイアウトの表示だけができます。作成、複製、削除、レイアウトモードへの切り替えは禁止します。

すべてアクセスなし

すべてのレイアウト機能にアクセスを禁止します。

カスタムアクセス権

個々のテーブルに対して個別のレイアウトアクセス権を設定できます。

▶ 値一覧

すべて変更可能

値一覧の表示、編集、および削除ができます。

すべて表示のみ

値一覧の表示だけができます。値一覧の編集は禁止します。

すべてアクセスなし

値一覧の項目の表示をしません。編集も禁止します。

カスタムアクセス権

値一覧への個別のアクセス権を設定できます。

▶ スクリプト

すべて変更可能

スクリプトの実行、メニューへの表示、「スクリプトワークスペース」ダイアログボックスでの編集、スクリプトのインポートができます。

すべて実行のみ可能

スクリプトの実行、メニューへの表示だけができます。スクリプトの編集は禁止します。

すべてアクセスなし

すべてのスクリプト機能にアクセスを禁止します。

カスタムアクセス権

個々のスクリプトに対して個別のアクセス権を設定できます。

拡張アクセス権

「アクセス権セットの編集」ダイアログボックスの「拡張アクセス権」では、共有ファイルへのアクセスを可能にするかどうかをチェックボックスのオン・オフで設定します。

FileMaker WebDirectによるアクセス（fmwebdirect）

FileMaker Server、FileMaker CloudのFileMaker WebDirectによりWebブラウザによるアクセスをするかどうかを設定します。

ODBC/JDBCによるアクセス（fmxdbc）

ファイルにODBC、JDBCデータソースとしてアクセスできるかどうかを設定します。

FileMakerネットワークによるアクセス（fmapp）

ネットワーク共有による共有ファイルやFileMaker Goによるアクセスができるかどうかを設定します。

スリープバックグラウンドで指定した時間を経過した場合再認証を要求する（fmreauthenticate0）

FileMaker Goでファイルの休止やアプリを切り替えた場合に再ログインしないでアクセス可能に設定します。

XML Web公開でのアクセス-FMSのみ（fmxml）

XML Web公開でブラウザあるいは他のアプリケーションからファイルにアクセスできるかどうかを設定します。FileMaker Serverのみ。

PHP Web公開でのアクセス-FMSのみ（fmphp）

PHP Web公開でブラウザあるいは他のアプリケーションからデータベースファイルにアクセスできるかどうかを設定します。FileMaker Serverのみ。

Apple EventおよびActiveXによるFileMaker操作の実行を許可（fmextscriptaccess）

他のアプリケーションのデータベースファイルへのアクセス。

URLによるFileMakerスクリプトの実行を許可（fmurlscript）

URLからのスクリプトを実行します。

FileMaker Data APIでのアクセス（fmreset）

FileMaker Data APIでのWebサービスからのデータベースファイルへのアクセス（FileMaker Server、FileMaker Cloudのみ）。

その他のアクセス権

印刷を許可

レコードの印刷、PDF保存をすることができます。

エクスポートを許可

レコードのエクスポート、Excelファイルの保存ができます。

拡張アクセス権の管理

拡張アクセス権を有効にするか無効にするかを設定します。

完全アクセスのないアカウントを管理

完全アクセス権が割り当てられていないアカウントを作成、変更、削除できます。

ユーザによるデータ入力警告の無視を許可

フィールド定義の入力オプションの設定に当てはまらないデータが入力されると警告ボックスが表示されますが、それを無視して入力できるようにします。

アイドル状態の時、サーバーからユーザーの接続を解除する

クライアントがアイドル状態の場合に、共有ファイルのユーザとFileMaker Serverとの接続を解除します。

ユーザによるパスワードの変更を許可

パスワードの変更を許可し、変更を要求する間隔、パスワードの最小の長さを設定することができます。

利用できるメニューコマンド

利用できるメニューコマンドの設定を行います。「すべて」「編集のみ」「最小値」から選択できます。

TIPS カスタムアクセス権

「アクセス権セットの編集」ダイアログボックスのメニューから「カスタムアクセス権」を選ぶと、個々のレコード・テーブル、レイアウト、値一覧、スクリプトに対して個別のアクセス権を設定できます。

特定のユーザーに対し、特定のレイアウトやスクリプトの表示、編集を許可したりすることができます。

図は、「住所表示」のレイアウトだけを「表示のみ」にするようカスタムアクセス権を設定しています。

SECTION 12.3 FileMaker WebDirectによる データベース公開

使用頻度
☆ ☆ ☆

FileMaker Serverを利用することにより、FileMaker Proで作成したデータベースをほぼ同じインターフェースと操作性のままWebブラウザ (PC、iPhone、iPad) に表示し、データベースを運用することができます。FileMaker WebDirectは、Webブラウザさえあればデータベースの閲覧、更新、検索などの運用を行える画期的な技術です。

FileMaker Server、FileMaker Cloudの概要

FileMaker ProのカスタムAppをチームで運用する場合、自社運用型のFileMaker Server、クラウド型のFileMaker Cloudのいずれかの選択肢があります。いずれも、カスタムAppを共有、FileMaker WebDirect機能を利用しWebブラウザに公開、FileMaker Goからのアクセスが可能です。

FileMaker Cloudでは、サーバー保守、セキュリティ、監視などの手間が省けます。

POINT

FileMaker Server、FileMaker Cloudともに、ユーザー数、契約期間に応じた価格体系となっています。

---

❶ アカウントとパスワードを設定

FileMaker Server、FileMaker Cloudいずれも、WebブラウザからそれぞれのAdmin Consoleへのサインイン画面に指定の方法でアクセスします (デスクトップに起動アイコンができます)。

インストール時、購入時に設定したアカウント名とパスワードを入力します。

FileMaker Cloudでは優先ホスト名が承認されたときの送信メールからアクセスできます。

FileMaker Cloudでは、パスワードを入力後、検証コードがメッセージで送付されるので、入力すると、手順3のダッシュボードが表示されます。

❷ セキュリティ設定

FileMaker Serverでは、セキュリティ設定で証明機関から発行された証明書がある場合には、SSL証明書をインポートします。

ここではテスト用の「Clarisデフォルト証明書を使用」を選んで「保存」をクリックします。

さらに「リスクを受け入れる」をクリックします。

TIPS　FileMaker Cloudを利用する

FileMaker CloudはFileMaker Serverを構築せずにクラウドのFileMaker Serverの機能を利用できるサービスです。自社でのサーバー管理、ハードウェア管理の手間がかかりません。

15日間利用できる試用版があるので試してみましょう (申し込み必要)。

※ 本稿執筆時点では、FileMaker Cloudの2023アップデートはされておりません。従い、FileMaker Cloudのインターフェース、操作画面等は変更される可能性があります。

③ ダッシュボードが表示される

WebブラウザでAdmin Consoleが表示されます。
Admin Consoleは、FileMaker Serverの構成と管理、共有データベースとクライアントの操作と監視、および使用状況情報の追跡を簡単に行うことができるWebベースのアプリケーションです。
Admin Consoleは6つのタブで構成されています。初期画面では、左のダッシュボードが表示されます。
ここにはクライアントからの接続数、サーバー名（ホスト名）、IPアドレス、バージョン、ライセンス有効期限、サーバーID、SSL証明書、前回のバックアップ、ボリューム状態（データストレージ）、システム使用状況が表示されます。

⑤ ダッシュボードでサーバーの状態を確認します

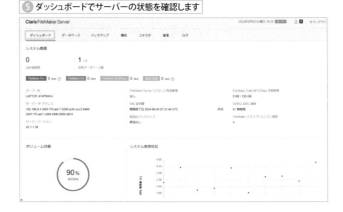

④ 「データベース」タブ

「データベース」タブでは、共有データベースや接続されたクライアントを1つのページ上で管理することができます。
データベース名の左側にあるアイコンは、データベースの状態を示します（青：接続中、赤：開始中、閉じ中、または検証中などの移行状態、黄：一時停止、 ：非暗号化、 ：セキュアデータベースフォルダで共有）。
右にはデータベースに接続中のユーザーが表示され、接続解除、メッセージ送信が行えます。

⑤ 「バックアップ」タブ

FileMaker Serverでは、1日1回共有データベースの自動バックアップを作成します。
FileMaker Cloudでは、20分ごとに自動的にバックアップされます。
「バックアップ」タブには次回の自動バックアップの時間が表示されます。
バックアップを選択して「バックアップを保存」をクリックし手動でバックアップできます。
バックアップのラベル名も変更することができます。
FileMaker Cloudでは、バックアップを復元することができます。

⑥ 「構成」タブ

FileMaker Server

左のカテゴリで構成の設定項目を選びます。

「一般設定」では、サーバー情報、起動設定、「FileMakerクライアント」では、セッションタイムアウト、データベースのフィルタ、「フォルダ」ではデータベースフォルダ（343ページ参照）、「スクリプトスケジュール」では共有されているデータベース上で実行するスクリプトスケジュールを管理、「通知」ではローカル通知、電子メール通知の設定、「SSL証明書」ではカスタム証明書のインポート、証明書情報、「ログ」ではログ設定、ログファイル設定を行います。

FileMaker Cloud

「一般設定」ではサーバー情報、「FileMakerクライアント」ではセッションタイムアウト、「ログ」ではダウンロードするログの選択、「自動メンテナンス」では自動メンテナンスのスケジュールが表示されます。

⑦ 「コネクタ」タブ

FileMaker Server

「Web公開」ではWeb Directの有効無効、起動センターURL、「Web公開エンジン」ではプライマリマシンの実行状態、IPアドレスを確認します。

「FileMaker Data API」は、APIステートメントを使用して複数のアプリケーションでデータ共有の有効無効を設定します。

「プラグイン」で有効にされたプラグインが使用される場合、FileMakerスクリプトエンジン、Web公開エンジン、「プラグインファイルのインストール」スクリプトステップの有効/無効を設定します。

FileMaker Cloud

「FileMaker Data API」の有効無効、年間制限、転送データ量、年間リセット日が用意されます。

「OData」では、OData対応クライアントアプリケーションからのアクセス有効無効を設定します。

「外部ODBCデータ」では、ODBCデータソースを追加できます。

> **POINT**
>
> 「コネクタ」タブの「FileMaker WebDirect」を「有効」にし、その下の「起動センターを開く」をクリックすると、WebDirectのホームが表示されます。

⑧「管理」タブ（Serverのみ）

FileMakerのライセンスの詳細、管理者情報、外部認証（アイデンティティ認証設定、Admin Consoleにサインインするための外部アカウントなど）を設定します。

⑧「サブスクリプション」タブ（Cloudのみ）

FileMaker Cloudのサブスクリプションをキャンセルする際に「手動を送信」ボタンをクリックします。

Claris Customer Consoleについて

　Claris Customer Consoleは、FileMaker Cloudインスタンス、Claris IDユーザおよびグループをすべて管理し、FileMakerソフトウェアをダウンロードできる統合されたポータルサイトです。

　FileMaker Cloudを購入すると、Customer Consoleへのリンクが記載された電子メールが送信され、リンクをWebブラウザで開きます。my.claris.comにアクセスしClaris IDとパスワードでサインインします。

　次のような画面構成になっています。

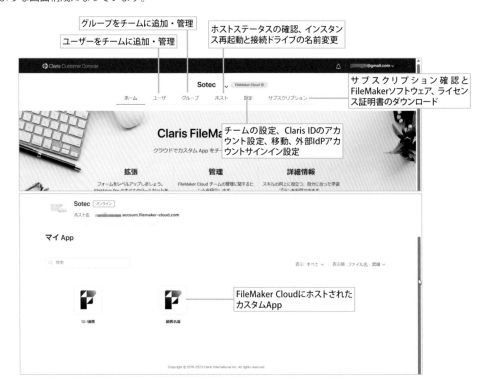

データベースへのFileMaker WebDirectの設定

FileMaker WebDirectに公開するデータベースを開き、Webブラウザで開けるように設定を行います。

① セキュリティの管理を開く

FileMaker WebDirectに公開するデータベースファイルを開きます（アカウント：Admin、パスワード：1234）。
「ファイル」メニューの「管理」から「セキュリティ」を選択します。「セキュリティの管理」ダイアログボックスが表示されます。

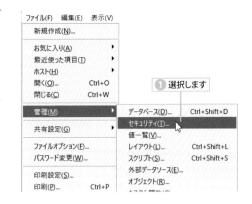

② アカウントの編集

最初に「ゲスト」アカウントの設定を行ないます。ゲスト（パスワードなしでアクセス可能）は現在、「閲覧のみアクセス」に設定されています。
「セキュリティの管理」ダイアログボックスで「ゲスト」アカウントを選び、「アクセス権セット」の ✏ ボタンをクリックします。

POINT

「セキュリティの管理」ダイアログボックスで「詳細設定」をクリックし設定するアカウントを選び「編集」をクリックする方法もあります。

③ 拡張アクセス権の設定

「アクセス権セットの編集」ダイアログボックスの「拡張アクセス権」で「FileMaker WebDirectによるアクセス（fmwebdirect）」および「FileMakerネットワークによるアクセス（fmapp）」にチェックを入れ、ダイアログボックスの「OK」ボタンをクリックします。
最後に完全アクセス権でのログイン確認が求められるので、アカウント（Admin）をパスワード（1234）を入力します。
同様の手順で、アカウントごとにアクセス権セットで「FileMaker WebDirectによるアクセス（fmwebdirect）」をオンに設定します。

POINT

「ファイル」メニューの「ファイルオプション」の「一般」で「次のアカウントを使用してログイン」のチェックを外してください。この操作もWebDirectアクセスに必須です。

CHAPTER 12　ファイル共有とアクセス権、WebDirect、FileMaker Go

FileMaker Server、FileMaker Cloudにデータベースをアップロードする

FileMaker WebDirectへのアクセスが設定されたデータベースファイルをFileMaker ServerまたはFileMaker Cloudにアップロードします。アップロードには次の2つの方法があります。

・「ファイル」メニューの「共有設定」から「ホストにアップロード」を使用する
・データベースファイルをFileMaker Serverの指定場所にコピーする（次ページTips参照）

ここでは、「ホストにアップロード」の方法でアップロードしてみます。

① ホストにアップロード

「ファイル」メニューの「共有設定」から「ホストにアップロード」を選びます。このときデータベースファイルは開いておく必要はありません。
または、ステータスツールバーの「共有」ボタンをクリックし、「ホストにアップロード」を選択します。

② Admin Consoleの名前とパスワード入力

ファイルを閉じる確認のダイアログボックスの後に、「ホストにアップロード」ダイアログボックスが表示されます。
「ホストを検索」欄にホストのIPアドレスを入力して検索するとマシンが認識されるので、クリックして選択します。

FileMaker Serverの場合、Admin Consoleの名前とパスワードを入力し「サインイン」をクリックします。

FileMaker Cloudの場合は、「セキュリティの管理」ダイアログボックスで「認証方法」を「Claris ID-サーバー名」を選択し、アカウントのアクセス権を設定しておきます。

③ ファイルとアップロード先の指定

ファイルのアップロード先とアップロードするファイルを確認します。
「アップロード」をクリックするとアップロードが始まります。

POINT

FileMaker Serverにアップロードする際、
「完全アクセス」アクセス権セットを使用するゲストアカウント
パスワードが空白の完全アクセスアカウント
「ファイルオプション」ダイアログボックスの「次のアカウントを使用してログイン」がオン（完全アカウントのみ）
の場合はセキュリティ保護されず、アップロードしたデータベースを開くことができません。

④ 終了する

無事アップロードされると、ダイアログボックスには「FileMaker Serverが正常にアップロードされました」と表示されます。
「終了」ボタンをクリックすると、ダイアログボックスが閉じます。

自動的にFileMaker Proで
データベースが開かれます。

⑦ クリックします

POINT

「アップロード後に（サーバー上の）データベースを自動的に開く」をオンしておくと、アップロードしたデータベースファイルが、Admin Consoleの「データベース」タブで接続中となり、開かれた状態になります。

TIPS　手動でデータベースファイルをコピーする方法、追加のデータベースフォルダの設定

データベースファイルは、FileMaker Serverをインストールしたマシン上の特定のデータベースフォルダにコピーしてもFileMaker WebDirect用のデータベースとして使うことができます。
初期設定では次のファイル階層にFileMaker WebDirectが設定されたデータベースをコピーします。その階層内にフォルダを作成することもできます。
Windowsは、
[ドライブ]:￥Program Files ￥FileMaker ￥FileMaker Server ￥Data ￥Databases
MacOSは、
/ライブラリ/FileMaker Server/Data/Databases/

なお、Admin Console画面の「構成」タブの「フォルダ」カテゴリで、デフォルトのパスを確認したり、2つのデータベースフォルダを追加することができます。「追加のデータベースフォルダ1（または2）を有効にする」をチェックし、入力フィールドで
Windowsは、filewin:/ドライブ文字:/フォルダ名/
Macは、filemac:/ドライブ文字:/フォルダ名/
の完全なパスを入力します。

FileMaker ServerにホストしたファイルをFileMaker WebDirectで表示

ここではFileMaker Serverにホストしたファイルを FileMaker WebDirect で表示してみます。
Webブラウザに次のURLを入力します。
http://127.0.0.1/fmi/webd（サーバーマシンでの表示）
http://[FMSのIPアドレス]/fmi/webd（ネットワークからの表示）
または
http://[ローカルホスト名]/fmi/webd
　ブラウザに FileMaker WebDirectのページが表示され、ホストされているデータベースアイコンが表示されています。クリックするとデータベースがWebブラウザに表示されます。

FileMaker CloudにホストしたファイルをFileMaker WebDirectで表示

　ここではFileMaker Cloudにホストしたファイルを FileMaker WebDirectで表示してみます。FileMaker Cloudにホストしたファイルは Claris Customer Console から開くことができます。

1 Claris Customer Consoleを開く

ローカルネットワーク上のPCでWebブラウザを起動し、次のURLを指定します。

https://console.claris.com/app/home

開くと「マイApp」にホストしたデータベースのアイコンが用意されています。

① Claris Customer Consoleを開きます

2 マイAppを開く

開きたいFileMaker Proファイルのアイコンをクリックします。

② クリックします

3 データベースが表示される

Webブラウザにデータベースが表示されます。
FileMaker Proのインターフェースとメニュー、ステータスツールバーがあるのがわかります。

③ データベースが表示されます

4 メニューを表示する

さまざまな操作を行うために、左上の⊙ボタンをクリックするとメニューが表示され、ファイルの操作、レコードの操作、レイアウト、スクリプトの操作などを行なうことができます。

④ クリックしてメニューを表示します

SECTION 12.4 FileMaker WebDirectデータベースの運用方法

FileMaker WebDirectのデータベースを運用するうえで、FileMaker Proでできて、FileMaker WebDirectでできないこと、Admin Consoleでの管理方法、データベースのセキュリティ、アクセス権、ファイルのレイアウト上での注意点などをここで解説します。

FileMaker WebDirectのしくみ

FileMaker WebDirectは、FileMaker ProファイルをFileMaker ServerまたはFileMaker Cloudにアップロードし、ネットワークを介しWebブラウザで閲覧、編集が可能になるテクノロジーです。

Webブラウザにデータベースを表示するしくみは、HTML5、CSS、JavaScriptといったWeb標準化の技術を使用し、FileMaker Server、FileMaker CloudとWebブラウザとの間でHTTP/HTTPSプロトコルによる通信を行います。FileMaker Proで可能な閲覧や編集などは、関数、スクリプトなどを含めほとんどがサポートされますが、Webブラウザ上で表示するため、フォント、書式、罫線、サイズ設定などサポートされない部分もあります。

FileMaker Proから直接FileMaker WebDirectにアップロードしたデータベースファイルを開き編集を行うと、リアルタイムにWebブラウザでの表示にも反映されます。

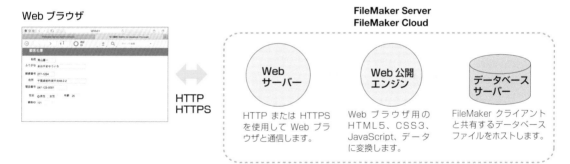

FileMaker WebDirectでできないこと

FileMaker Proで可能でもFileMaker WebDirectではできない操作や設計上のことがらがあります。これらはWebブラウザに表示するHTML5、CSSによる制約によります。

・複数の仮想ウインドウを開き操作できる。「新規ウインドウ」スクリプトステップ、ウインドウスタイルのサポート。
・別のオブジェクトの後ろに配置されているオブジェクトのクリックができない。
・表形式をサポートしない。（デフォルト表示が表形式の場合レイアウトは別の形式で表示させる）
・フィールド、レイアウト、スクリプト、リレーションシップ、値一覧、およびその他のデータベーススキーマを追加、削除、または変更することはできない。
・強調表示、段落テキストスタイル、タブ位置はサポートされない。リッチテキストは制限あり、Webブラウザに依存。
・参照によってリンクされたオブジェクトデータをサポートしない。参照されたオブジェクトデータはアイコンとして表示され、エクスポートできない。
・Webブラウザで使用できないフォントがある場合、使用できないフォントは既定のフォントで置き換えられる。

メニューバーとステータスツールバーの非表示

小さな画面デバイスで表示する場合、メニューバーやツールバーを表示しないようにすることができます。スクリプトステップで［ツールバーの表示切り替え［隠す］］と［メニューバーの表示切り替え［隠す］］を含む起動スクリプトを作成します。

「ファイル」メニューの「ファイルオプション」の「スクリプトトリガ」タブで「OnFirstWindowOpen」で起動時のスクリプトに指定します。

複数の関連ファイルのあるデータベースの場合には、これらのスクリプトを各ファイルで設定します。

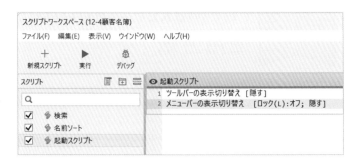

複数のスクリーンサイズ用のレイアウトを用意する

PCのWebブラウザ、iPhone、iPadのWebブラウザなど、サイズの異なるデバイスでFileMaker WebDirectを利用する場合には、スクリーンサイズごとにデバイス用のレイアウトを用意しておき、自動的に表示するように設計しておくと、より操作性が高まります。

OnFirstWindowOpenスクリプトトリガとGet(デバイス)の取得関数を利用すると、起動時のレイアウトをデバイスのサイズに合わせることができます。

また、OnLayoutSizeChangeスクリプトトリガを利用すると、ブラウザの寸法が特定の高さまたは幅よりも大きいまたは小さい場合に、そのサイズに合ったレイアウトを表示するスクリプトを用意しておき、適切なサイズのレイアウトを表示することができます。スクリプトトリガの指定方法は296ページを参照してください。

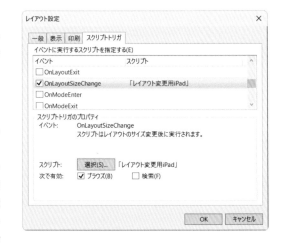

アカウントごとに表示するレイアウトを制限する

「ファイル」メニューの「管理」の「セキュリティ」では、初期設定で「ゲスト」（閲覧のみアクセス）、「Admin」（完全アクセス）が許可されるアカウントが用意されています。

FileMaker WebDirectを管理者、閲覧のみのユーザーだけでなく、特定のレイアウトで入力や検索、ソートなどが許可されたユーザーアカウントが必要な場合があります。

① 「新規」アカウントの作成

特定のレイアウトを表示するユーザーアカウント作成のため「セキュリティの管理」ダイアログボックスが表示されます。
「新規」をクリックします。

② アカウント名、パスワードを指定

右欄でアカウント名を入力します。パスワードも必要な場合にはパスワードを入力します。
「アクセス権」ドロップダウンから「新規アクセス権セット」を選びます。

③ アクセス権セットの編集

アクセス権セットの名前と説明を入力します。
「データアクセスとデザイン」の「レイアウト」ドロップダウンで「カスタムアクセス権」を選択します。

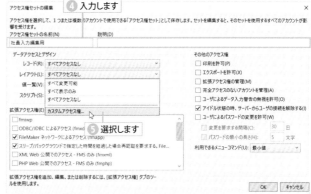

④ 表示するレイアウトを選ぶ

「カスタムレイアウトアクセス権」ダイアログボックスが表示されます。ここで設定するレイアウトをクリックして選択し、下の「レイアウト」でアクセスする方法、「このレイアウトを使用するレコード」で行なう操作を設定します。
ここでは両方とも「変更可能」に設定し、「OK」ボタンをクリックします。
さらに前の手順のダイアログボックスで「OK」ボタンをクリックします。

ホーム画面に表示するデータベース

特定のアカウントにFileMaker WebDirectで公開しているデータベース名を、データベースを選択する起動センターに表示させたくない場合があります。

その場合には、「ファイル」メニューの「共有設定」で「FileMaker WebDirectの構成」を選び、「ホストのファイル一覧に表示しない」をチェックします。

起動センターにデータベースを
表示するか否かを設定します

チェックすると表示されません

レイアウトのデザインに関する注意点

FileMaker WebDirect用に表示するレイアウトの作成時には、次の点に注意して作成してください。

- オブジェクト、グループ化されたオブジェクトは、複数のレイアウトパートにまたがらないようにする。
- テキストオブジェクトが折り返し表示される場合は、テキストオブジェクトのサイズを大きくしておく。
- 強調表示、上付き文字、下付き文字の条件付き書式設定のオプションはサポートされない。
- ポップオーバーのサイズはウインドウのサイズ変更に応じ変更されないので、Webブラウザのウインドウサイズを考慮してポップオーバーを設計する。
- 既存の値または値一覧に基づいたフィールド値のオートコンプリートをサポートしない。
- 縦書きテキスト、行間は未サポート。
- 編集ボックス、チェックボックス、ラジオボタン、およびドロップダウンカレンダーフィールドとして設定されているフィールドは常に上揃えで表示される。
- テキストデータの前後にスペースを入れると、表示されない。
- 数字フィールドは10桁を表示できる幅に設定する。
- ポップアップメニューおよびドロップダウンリストでは、値一覧の一番上に空白値が表示される。
- 値一覧項目の前後のスペースは表示されない。
- チェックボックスセットやラジオボタンセットに設定されているフィールドでは、値は水平に並べられる。垂直に表示するには、フィールドの幅を狭くする。
- ラジオボタンセット、チェックボックスセットは標準のHTMLのラジオボタンやチェックボックスとして表示される。
- 整数でない太さのオブジェクト境界は近似の整数に切り下げられる。
- タブ順はFileMaker Proで設定したタブ順と異なる場合がある。

SECTION

12.5 FileMaker Goを使う

使用頻度

☆ ★ ☆

FileMaker Goは、iPhone/iPad用にApp Storeから無料で提供され、共有設定したFileMaker ProのデータをiPhone、iPadのFileMaker Goでブラウズ、検索、データ追加・削除、ソート等の操作を行なうことができます。
ここでは、iPadでFileMaker Goを使う例を解説します。FileMaker ProでiPadの画面サイズに合わせたレイアウトを作成しておくとより見やすくなります。

■ LAN環境でFileMaker Goを使う

　LAN上でFileMaker Goを使ってFileMaker Proのデータベースファイルにアクセスします。FileMaker Goは無料アプリです。App StoreからダウンロードしてiPhoneやiPadにインストールしておきます。

❶ FileMakerネットワーク

「ファイル」メニューの「共有設定」から「FileMakerクライアントと共有」を選択します。

❷ ネットワーク共有をオンにする

「ネットワーク共有」を「オン」にします。
「ファイルへのネットワークアクセス」で「すべてのユーザ」を選択すると、TCP/IPアドレス（現在のマシン）が表示され、開いているファイル名がリストアップされます。このファイルがFileMaker Goで共有できるようになります。

❸ iPadでFileMaker Goを起動

iPad等のモバイル端末でFileMaker Goを起動します。起動画面で下にある「ホスト」をタップし、左上の「ホスト」をタップしパネルを表示します。

❹ ホストを追加する

「ホスト」パネルにはWi-Fiネットワーク上で「ネットワーク共有」がオンになっているコンピュータ名が表示されます。
コンピュータ名をタップします。
+をタップしてホストIPアドレスを入力して検索することもできます。

POINT

はじめて接続するホストは「セキュリティの警告」が出ることがあるので、「接続」「常に接続を許可」をタップします。

⑤ データベースを選択する

FileMaker Proでネットワーク共有が設定されたネットワーク上のデータベースが表示されるので、タップします。

アカウント、パスワードが設定されているファイルは入力します。セキュリティ警告が出た場合には、接続を許可してください。

⑥ ファイルが開く

ファイルが開きます。このファイルの例では、iPadを横向きにした画面サイズに合わせて、レイアウトを作成してあります。

作業を終えたらタイトルをタップし、次の画面が表示されたら左上の⊗ボタンをタップして閉じます。

IPホストアドレスからアクセスする

ホストにIPアドレスを指定してFileMaker Proのデータベースにアクセスできます。

① ホストを追加する

ホーム画面で右下の「ホスト」をタップし、[+] ボタンをタップします。(iPhoneでの例)

「ホストアドレス」欄にホストコンピュータのIPアドレスを入力します。

入力したら「保存」をタップします。

POINT

IPアドレスはFileMaker Proの「ファイル」メニューの「共有設定」から「FileMakerクライアントと共有」を選択しダイアログボックスで確認することができます。

② データベースを選択

セキュリティ警告が出る場合は、接続を許可します。
先ほど入力したホストコンピュータでネットワーク
共有されているデータベースファイルが「ホスト」に
表示されるので、タップします。
ホストコンピュータのデータベースファイルが
FileMaker Goで開きます。

iTunesを使ってファイルをデバイスに追加、PCに保存する

iTunesのファイル共有で、コンピュータ上のFileMaker ProのファイルをiPhone、iPad上のFileMaker Goに追加できます。また、iPad上のFileMaker Goのファイルをコンピュータ上に保存することもできます。

▶ iPadにファイルを追加する

① iPadを接続してiTunesを起動

iPadやiPhoneをコンピュータに接続して、iTunesを起動します。
接続したデバイス(iPadやiPhone)を選択し、左側のメニューで「ファイル共有」をクリックします。

② FileMaker Goでファイルを追加

下にスクロールして「ファイル共有」の「App」のリストで「FileMaker Go」を選択し「ファイルを追加」ボタンをクリックします。
あるいは、「FileMaker Goの書類」欄にファイルをドラッグ&ドロップすると追加されます。

③ 追加するファイルを選択

「追加」ボタンをクリックした場合は、ダイアログボックスで「FileMaker Go」に追加するファイルを選択して「追加」（Windowsは「開く」）をクリックします。

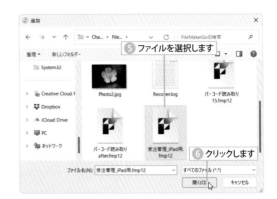

④ ファイルが追加される

FileMaker Goにデータベースファイルが追加されます。
iTunesで同期を行なうと、iPadやiPhoneにファイルが転送され、FileMaker Goの「ホーム」画面の「デバイス」からファイルを開けます。

▶ コンピュータにファイルを保存する

iPhone、iPad上のファイルをコンピュータに保存することができます。

① 保存するファイルを選択

iTunesの「App」タブをクリックします。「ファイル共有」で保存するファイルを選択し「保存先」ボタンをクリックします。

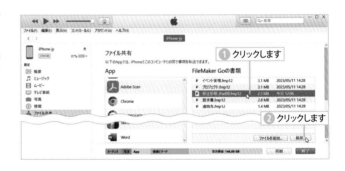

② フォルダに保存する

ダイアログボックスで保存したいフォルダを開きます。
「フォルダーの選択」をクリックすると、そのフォルダにファイルが保存されます。

③ ファイルが保存される

コンピュータ上にファイルが保存されます。

TIPS **FileMaker Goのファイルを保存してインポート**

コンピュータ上にFileMaker Proの同名の元ファイルがある場合は、別フォルダにFileMaker Goのファイルを保存します。
その後、FileMaker Proの元ファイルを開き、別フォルダに保存したFileMaker Goのファイルからレコードをインポートします。こうすると2つのファイルのレコードを統合することができます。

FileMaker Goの操作

上記の方法でFileMaker Goでデータベースファイルが使えるようになったら、レコード作成、検索、ソート、レイアウトの切り替えなどの操作が行えます。

▶ レコードの操作

中央下の左右の矢印をタップするとレコードをブラウズすることができます。右下のボタンをタップするとレコードの追加・複製、レコード削除、ソートなどレコード操作関連のメニューが表示されます。

目的のメニューを選択すると操作が行えます。

また、スライドコントロールやポップオーバーボタンが設定されているコントロールもスライドやタップ操作で使用することができます。

タップしてブラウズ　　レコードを追加　　レコード削除　ソート

POINT

テキストなどの入力フィールドは、インスペクタの「データ」タブのキーボードタイプで、「データタイプのデフォルト」を選ぶと、テキストならASCII、数字ならテンキーがiPhoneやiPadで表示されます。

POINT

FileMaker Goでは、マイApp画面で選択したファイルに☆マークをタップ、またはファイルアイコンを長押しして「お気に入り」をタップして、お気に入り画面に登録することができます。

▶検索

右上端の🔍ボタンをタップすると、クイック検索、新規検索を作成、対象レコードの絞り込み、対象レコードの拡大、検索条件を変更などのメニューが表示されます。

▶レイアウトの切り替え

左上端の◯ボタンをタップすると「操作」メニューが表示されます。

「レイアウト」をタップするとレイアウトの選択・表示方法の切り替えメニューが表示されます。

レイアウト、表示方法
の切り替え

▶印刷、エクスポート、設定関連

左上端の◯ボタンをタップし「操作」メニューからは印刷、エクスポート、保存、スクリプトのサブメニューが表示されます。これを使うとFileMaker Goのファイルをエクスポートしたり、メールに添付して送信することができます。

▶ヘルプや登録など

ファイルを閉じた状態で⚙ボタンをタップすると、キーチェーンの管理、ヘルプ、登録、入門ツアーなどの操作が行なえます。

SECTION

12.6

FileMaker Goでバーコード入力

使用頻度

☆ ☆ ☆

FileMaker Goでは、フィールドへの入力にバーコード、ミュージックライブラリ、カメラ、マイクなどを使用することができます。ここでは、iPhone/iPadのカメラからバーコードを読み取り、ISBN-10を取得し、Amazonの書籍ページを表示するデータベースを作成してみます。

▍ バーコードを入力する

iPhone用のレイアウトを作成し、バーコードを［デバイスから挿入］スクリプトステップを使ってボタンに設定し、ISBN-10のバーコードを取得します。

❶ iPhone用レイアウトを作成

新規レイアウト作成のダイアログボックスで「タッチデバイス」の「iPhone」を選択し、新しいレイアウトを作成します。
「バーコード」という名前の「オブジェクト」フィールドを作成しフィールドピッカーから配置します。

① iPhone用のレイアウトを作成します

② オブジェクトフィールドを配置します

❷ 「デバイスから挿入」スクリプトステップ

「スクリプト」メニューから「スクリプトワークスペース」を選び、ダイアログボックスで「新規スクリプト」ボタンをクリックし、スクリプトに「バーコード読み取り」と名前を付けます。
右欄のスクリプトステップで「デバイスから挿入」をダブルクリックし、左側のスクリプトに登録します。
「ターゲットフィールドの指定」をオンにすると「フィールド指定」ダイアログボックスが表示されます。「バーコード」フィールドを指定します。
「次から挿入」で「バーコード」を選びます。

③ クリックします
④ 名前を付けます
⑤ スクリプトを設定します
⑥ クリックします

⑦ 選択します
⑧ クリックします
⑨ クリックします
⑩ 選択します

3 バーコードオプションの指定

「バーコードオプション」ダイアログボックスが表示されます。

使用するiPhoneのカメラを「バック」「フロント」から選びます（通常は「バック」）。

スキャンするサイズを選びます。ここではメモリの負担にならないよう「中」にしておきます。

バーコードタイプは、自動的に認識するよう、すべてチェックしておきます。

よければ「OK」ボタンをクリックし、スクリプトを確認します。

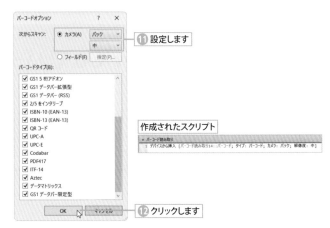

⑪ 設定します

作成されたスクリプト

⑫ クリックします

4 ISBNを取得するフィールド作成・配置

読み取ったバーコードからISBN10桁の数字を取得する計算フィールド「ISBN10」を

GetAsText（バーコード）

の式で作成します（計算結果は「テキスト」）。

GetAsText関数はフィールドのデータをテキストで返す関数です。

フィールドピッカーから作成した「ISBN10」フィールドを配置します。

⑬ 計算フィールドを作成します

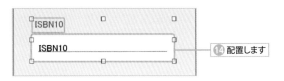

⑭ 配置します

5 ボタンを配置する

「バーコード読み取り」スクリプトを実行するよう設定したボタンを配置します。ボタンツールでボタンのサイズでドラッグし「ボタン」設定パネルで名前を入力します。

「処理」メニューから「スクリプト実行」を選択し、ダイアログボックスで「バーコード読み取り」スクリプトを指定します。

⑮ ボタンを配置します

⑯ スクリプトを指定します

⑰ クリックします

⑥ カメラをテストする

ISBN10桁の数字が取得できるかテストします。
324ページを参考に「FileMakerネットワーク設定」ダイアログボックスでネットワーク共有をオンにします。
FileMaker GoをiPhoneで起動し、共有ファイルを開き書籍のISBN10コードを撮影します。
「ISBN10」フィールドにISBNの書名のコードが入力されればOKです。書籍の価格が取得されてしまう場合は、横位置で撮影するなどの工夫をします。

URLを取得しボタンに設定する

次に取得したISBN10コードをAmazonに表示するURLに変換し、URLを実行するボタンを配置します。

① Amazonに表示する計算フィールド

Amazonに表示するURLを取得する計算フィールド「Amazon」を図のように作成します。
次のURLを直接手入力します。

"http://www.amazon.co.jp/dp/" & ISBN10

最後の「ISBN10」はフィールド名です。
作成したら「Amazon」フィールドはフィールドピッカーから配置しますが、配置しなくても問題ありません。

② URLを表示するスクリプト作成

タップすると取得したURLのWebページを表示するスクリプトを作成します。
「Webブラウザ」という名前のスクリプトで、「URLを開く」スクリプトステップを挿入します。
「ダイアログあり：オフ」、次に⚙をクリックし「［URLを開く］オプション」ダイアログボックスで「指定」をクリックし、「計算式の指定」ダイアログボックスが表示されます。
「バーコード読み取り14::Amazon」のように「テーブル名::フィールド名」を指定します。

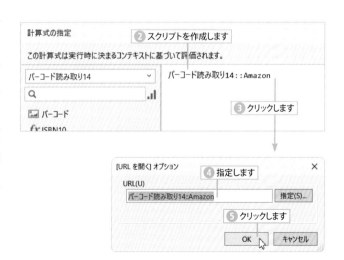

③ ボタンの配置と設定

ボタンツールで「スクリプト実行」を選択し、スクリプト指定で「Webブラウザ」スクリプトを指定します。ボタン名は「ブラウザ」という名前のラベルにします。

⑥ ボタンを作成します

⑦ 「スクリプト実行」を選択します

⑧ 選択します

⑨ クリックします

④ FileMaker Goで表示する

Section 12.5で解説した手順でネットワーク共有を設定し、FileMaker Goでアクセスし新規レコードを作成してから「バーコード入力」ボタンをタップします。
カメラが起動するので、書籍のバーコードを撮影します（横位置も撮影可能です）。
「ISBN10」フィールドにISBNが取得されます。
「ブラウザ」ボタンをタップするとAmazonサイトの書籍ページが表示されます。

⑩ FileMaker Goで開きます

⑪ タップします

⑫ バーコードを撮影します

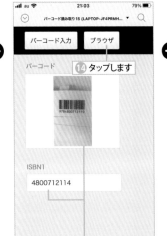

⑭ タップします

⑬ バーコードが撮影されるとISBNを取得します

⑮ Amazonサイトの書籍ページが表示されます

タップするとSafariで開きます

関数・スクリプト
ステップ一覧

最後に、FileMaker Pro で使用できるすべての
関数とスクリプトのリファレンスを掲載しま
す。関数は使用例も併せて載せているので使
用方法の参考にしてください。

使用頻度

★ ★ ★

ここでは FileMaker Pro で使うことができる「関数」を分野別に活用例をまじえて解説します。関数とは、特定の計算を行い、その結果を返すようあらかじめ設定された式のことです。関数は、単独で使うこともできますし、複数の関数と組み合わせて使うこともできます。

関数の基本構文

FileMaker Pro で関数を使う場合、下記の構文が基本となります。

関数名 (引数)　　または　　関数名 (引数1; 引数2; ...)

「引数」とは、計算の実行対象となる書式のことで、テキスト、数値、フィールド、他の関数などを指定することができます。引数が複数の場合、セミコロン（;）で区切られます。引数内にさらに関数を設定することもできます。

テキスト関数

Char (数値)

1つあるいは複数の Unicode コードポイントを表す数値に対応するテキストを返します。

◆活用例
Char(0) は空白の文字列 "" を返します。
Char(97) は「a」を返します。
Char(98) は「b」を返します。
Char(30001) は「由」を返します。

Code (テキスト)

テキストの Unicode コードポイントの数字を返します。ゼロの文字がある場合は、空のテキストを返します。特殊なキーは下記のような値を返します。
backspace → 8　tab → 9　shift-tab → 9　enter → 10　return → 13
escape → 27　left arrow → 8　up arrow → 29　right arrow → 30　down arrow → 31　space → 32　delete → 127

◆活用例
下記のようなスクリプトを作成します。
IF[Code (Get (トリガキー入力)) = 13]
　　検索実行 []
End if
レイアウトモードで目的のフィールドを選択しスクリプトトリガを設定します。イベントを「OnObjectSave」に指定して、実行するスクリプトに上記のスクリプトを指定します。
結果 ☛ 検索モードでトリガを設定したフィールドに文字を入力し、改行キーを押すと検索が実行されます。

Exact (テキスト ; 比較テキスト)

与えられた 2 つのテキストが完全に一致した場合は真 (1) を返し、一致しない場合は偽 (0) を返します。大文字、小文字は区別して比較します。

◆活用例
「商品名」フィールドと「品名」フィールドのデータが同じかどうかを調べます。「商品名」フィールドのデータが「テーブル」、「品名」フィールドのデータが「木製テーブル」の場合
「確認」フィールド= Exact(商品名 ; 品名)
結果 ☛ 「確認」フィールドに「0」を返します。
また、Exact 関数は、画像などのオブジェクトに対しても完全に一致しているかどうか区別できます。この場合の書式は
Exact (オブジェクト ; 比較オブジェクト)
となり、返される値は、テキストの場合と同じです。

Filter (フィルタするテキスト ; フィルタテキスト)

フィルタテキストで指定したテキストだけを、フィルタするテキストから取り出し（通過させ）ます。フィルタ値に文字を指定しない場合は、空の文字列を返します。大文字と小文字は区別します。

◆活用例
「住所」フィールドで文字列「東京都」のみを調べます。
「取り出し」フィールド =Filter (住所フィールド ; " 東京都 ")
結果 ☛ 「取り出し」フィールドに「東京都」を返します。

FilterValues (フィルタするテキスト ; フィルタ値)

フィルタ値で指定したテキストだけを、フィルタするテキストから取り出し（通過させ）ます。値には改行で区切られた文字列が指定可能です。さらに値には、空白、1 文字、単語、文章、段落も指定可能です。フィルタ値に文字を指定しない場合は、

空の文字列を返します。大文字と小文字は区別しません。
テキストフィールドで文字列を直接入力する場合の改行入力は、Enter キー（Windows）または return キー（macOS）を押します。また、フィルタするテキストまたはフィルタ値の引数が文字列の時は、改行したい位置で段落文字（¶）を挿入する必要があります。改行を挿入するには、「計算を指定」ダイアログボックスで「¶」ボタンをクリックします。

◆活用例
「住所」フィールドで郵便番号と住所の文字列が同じで、かつ郵便番号と住所が改行されている文字列だけを表示させる。
「住所改行」フィールド＝
FilterValues (住所 ; " 〒 101-0001 ¶ 東京都千代田区 ")
結果 ☛「住所改行フィールド」に、
〒 101-0001
東京都千代田区
のように改行して文字列を返します。

GetAsCSS (テキスト)

テキストを、HTML にデザイン要素を付加する CSS（Cascading Style Sheets）の仕様に変換して返します。文字列に CSS を適用すると、クリエータの意図したようにブラウザで表示が可能です。
適用されるのは、文字関連のブラウズモードで指定したスタイルのみで、フォント、サイズ、色、スタイル、テキスト位置などの CSS のタグが自動生成されます。

◆活用例
「商品名」フィールドのテキスト指定が、「フォント =Helvetica、サイズ =18 ポイント、文字色 = 青、スタイル = 太字、テキスト位置 = 左揃え」で、文字列「FileMaker Pro 2023」と入力されている場合
「CSS 変換」フィールド =GetAsCSS (商品名)
結果 ☛「CSS 変換」フィールドに
< span style= "font-family: 'Helvetica';font-size: 18px;color: #3366FF;font-weight: bold;text-align: left;" >FileMaker Pro 2023</span>
という span 要素に style 属性を付加した CSS を返します。

GetAsDate (テキスト)

テキストに「年 / 月 / 日」の様式で入力した文字列を、日付で計算できるように値を返します。計算結果は日付です。

◆活用例
「日付」フィールドのデータが「2023/5/20」の場合
「日付 B」フィールド＝ GetAsDate (日付)
結果 ☛「日付 B」フィールドに「2023/05/20」を返します。

GetAsNumber (テキスト)

テキストを数値データに変換します。数値以外は無視されます。計算結果は数字です。

◆活用例
「日付」フィールドのデータが「西暦 2023 年」の場合
「日付 B」フィールド＝ GetAsNumber(日付)
結果 ☛「日付 B」フィールドに「2023」を返します。

GetAsSVG (テキスト)

テキストを、Web グラフィックス用の XML ベースの言語である SVG（Scalable Vector Graphics）形式に変換して返します。

◆活用例
「商品名」フィールドのテキスト指定が、「フォント =MS P ゴシック、サイズ =18 ポイント、文字色 = 青、スタイル = 太字、テキスト位置 = 左揃え」で、文字列「FileMaker Pro 2023」と入力されている場合
「SVG 変換」フィールド =GetAsSVG (商品名)
結果 ☛「SVG 変換」フィールドに
<styleList>
<style#0>"", Begin: 1, End: 17</style>
</styleList>
<data>
<span style="0">FileMaker Pro 2023</span>
</data>
という SVG タグを返します。

GetAsText (データ)

数値、日付、時刻、オブジェクトを含むフィールドのデータをテキストデータに変換して返します。計算結果はテキストです。

◆活用例
「金額 A」フィールドのデータが「100」の場合
「金額 B」フィールド＝ GetAsText(金額 A)
結果 ☛「金額 B」フィールドに「100」のテキストデータを返します。

GetAsTime (テキスト)

テキストに「時 : 分 : 秒」の様式で入力した文字列を、時刻定数に変換します。

◆活用例
「時刻」フィールドのデータが「12:10:50」の場合
「時刻 B」フィールド＝ GetAsTime(時刻)
結果 ☛「時刻 B」フィールドに「12:10:50」を返します。

GetAsTimestamp (テキスト)

テキストをタイムスタンプデータタイプ（日付けと時刻）に変換します。テキストは日付の後に時刻が記述されている必要があります。日付は、0001/1/1 からの経過秒数です。86400 秒が 1 日です。計算結果はタイムスタンプです。

◆活用例
「日付」フィールドに文字列「2023/5/20」と入力した場合
「タイムスタンプ変換」フィールド =GetAsTimestamp (日付)
結果 ☛「タイムスタンプ変換」フィールドに、「2023/5/20 0:00」を返します。

GetAsURLEncoded (テキスト)

URL として使用できるよう、URL エンコーディングしてテキストが返されます。すべての文字が UTF-8 に変換され、文字、数字以外の上位 ASCII 文字は、%HH 形式に変換されます。

◆活用例

「テキスト」フィールド =GetASURLEncoded(" 東京 City")

結果 ☞「テキスト」フィールドに「%E6%9D%B1%E4%BA%ACCity」を返します。

GetValue(値一覧 ; 値番号)

値一覧から値番号で与えられる要求された値を返します。値一覧の引数がテキストのときは、文字列の各項目に改行文字（¶）を挿入する必要があります。

◆活用例

「都市名」フィールド =GetValue(" 東京 ¶ 京都 ¶ 大阪 ", 2)

結果 ☞「都市名」フィールドにテキスト「京都」を返します。

Left(テキスト ; 文字数)

テキストの左端から、指定した文字数分だけの文字を返します。計算結果はテキストです。

◆活用例

「住所」フィールドのデータが「埼玉県さいたま市」の場合

「住所B」フィールド＝ Left(住所 ; 2)

結果 ☞「住所B」フィールドに「埼玉」を返します。

LeftValues(テキスト ; 値数)

改行で区切られたテキスト項目を左から指定した値数分だけ返します。テキストには、空白、1文字、単語、文章、段落を使用することができます。Enter キー（Windows）または return キー（macOS）をタイプすると、新しい値が作成されます。

◆活用例

「都道府県名」フィールドに
東京都
神奈川県
千葉県
と改行で区切られたテキストが入力されている場合

「指定都道府県」フィールド =LeftValues (都道府県名 ; 2)

結果 ☞「指定都道府県」フィールドに
東京都
神奈川県
を返します。

LeftWords(テキスト ; 単語数)

テキストの左端から、指定した単語数分だけの文字を返します。日本語の場合は、同じ文字種（ひらがな、カタカナ、漢字）が連続している文字列を、1つの単語として扱います。欧文の場合は、句読点、スペースで区切られた文字列を単語として扱います。計算結果はテキストです。

◆活用例

「商品名」フィールドのデータが「検索ソフト短冊くん」の場合

「商品名B」フィールド＝ LeftWords(商品名 ; 2)

結果 ☞「商品名B」フィールドに「検索ソフト」を返します。

Length(テキスト)

テキストの文字数を求めます。計算結果は数字です。

◆活用例

「名前」フィールドのデータが「野沢直樹」の場合

「名前B」フィールド＝ Length(名前)

結果 ☞「名前B」フィールドに「4」を返します。

Lower(テキスト)

テキストの英文の大文字を小文字に変えます。日本語は処理できません。計算結果はテキストです。

◆活用例

「商品名」フィールドのデータが「COMPUTER」の場合

「商品名B」フィールド＝ Lower(商品名)

結果 ☞「商品名B」フィールドに「computer」を返します。

Middle (テキスト ; 先頭文字位置 ; 文字数)

テキストの指定した先頭文字位置から、指定した文字数分のテキストを返します。文字位置、文字数とも数字で与えます。計算結果はテキストです。

◆活用例

「商品区分」フィールドのデータが「雑誌実用データ」の場合

「商品区分B」フィールド＝ Middle(商品区分 ;3;2)

結果 ☞「商品区分B」フィールドに「実用」を返します。

MiddleValues (テキスト ; 値開始位置 ; 値数)

改行で区切られたテキストの値開始位置から、指定した値数分のテキストを返します。

テキストは、空の文字、1文字、単語、文章、または段落を使用できます。Enter キー（Windows）または return キー（macOS）をタイプすると新しい値が作成されます。

◆活用例

「都道府県」フィールドに文字列
東京都
神奈川県
千葉県
と改行で区切られた文字列が入力されている場合

「指定都道府県」フィールド =MiddleValues (都道府県 ; 2 ; 2)

結果 ☞「指定都道府県」フィールドに
神奈川県
千葉県
の値を返します。

MiddleWords (テキスト ; 先頭単語位置 ; 単語数)

テキストの指定した先頭単語位置から、指定した単語数分のテキストを返します。日本語の場合は、同じ文字種の文字列を1つの単語として扱います。計算結果はテキストです。

◆活用例

「商品名」フィールドのデータが「検索ソフト短冊くん」の場合

「商品名B」フィールド＝ MiddleWords(商品名 ;3;2)

結果 ☞「商品名B」フィールドに「短冊くん」を返します。

PatternCount (テキスト ; 検索テキスト)

テキストの中に、検索テキストで指定した文字がいくつあるかを計算して、その数字を返します。

◆活用例

「性別組み合わせ」フィールドのデータが「男女・男男・女女」で「検索文字」フィールドに「女」を入力した場合

「文字数」フィールド＝
PatternCount(性別組み合わせ ; 検索文字)
結果 ☞ 「文字数」フィールドに「3」を返します。

Position (テキスト ; 検索テキスト ; 先頭文字位置 ; 回数)

テキストを先頭文字位置から検索して、検索テキストがあれ
ば、その位置を先頭文字位置から数えて返します。回数は何回
目の検索文字列まで数えるかを数字で指定します。検索文字列
が含まれていない場合は 0 を返します。先頭文字位置も数字で
入力します。計算結果は数字です。

◆活用例
「性別組み合わせ」フィールドのデータが「男女・男男・女女」で「検
索文字」フィールドに「女」を入力した場合
「文字数」フィールド＝
Position(性別組み合わせ ; 検索文字 ;1;1)
結果 ☞ 「文字数」フィールド「2」を返します。

Proper (テキスト)

テキストの英文の最初の文字を大文字にして、その後は小文
字にします。計算結果はテキストです。

◆活用例
「商品名」フィールドのデータが「computer」の場合
「商品名B」フィールド＝ Proper(商品名)
結果 ☞ 「商品名B」フィールドに「Computer」を返します。

Quote (テキスト)

指定したテキストを、ダブルクォーテーションマークで囲ん
だテキスト形式で返します。テキスト内に「改行」など特殊文
字がある場合は、適切な計算式用の記号を返します。

◆活用例
「商品名」フィールドに、
「りんご」
「青森産」
と改行を入れて文字を入力しているとき、
「マーク付き商品名」フィールド =Quote (商品名) の場合
結果 ☞ 「文字列」フィールドに、「" りんご ¶ 青森産 "」を返します。

Replace (テキスト ; 先頭文字位置 ; 文字数 ; 置換テキスト)

テキストの先頭文字位置から指定した文字数までの文字列
を、置換テキストで指定した文字列で置き換えます。計算結果
はテキストです。

◆活用例
「商品区分」フィールドのデータが「書籍コード名」で
「置換文字」フィールドに「文房具」を入力した場合
「商品区分B」＝ Replace(商品区分 ; 1; 2; 置換文字)
結果 ☞ 「商品区分B」フィールドに「文房具コード名」を返します。

Right (テキスト ; 文字数)

テキストの右端から、指定した文字数分の文字列を返します。
計算結果はテキストです。

◆活用例
「商品名」フィールドのデータが「マック入門」の場合
「商品名B」フィールド＝ Right(商品名 ; 2)

結果 ☞ 「商品名B」フィールドに「入門」を返します。

RightValues (テキスト ; 値数)

改行で区切られたテキストの右端（最後）から指定した値数
分の文字列を返します。

テキストには、空白、1 文字、単語、文章、または段落を使
用できます。**Enter**キー（Windows）または**return**キー（macOS）
を押すと改行されます。
計算式で、改行文字を挿入するには、「計算を指定」ダイア
ログボックスで「¶」ボタンをクリックします。

◆活用例
「都道府県」フィールドに、
東京都
千葉県
神奈川県
と改行で区切られた文字列が入力されている場合
「指定都道府県」フィールド =RightValues (都道府県 ; 1)
結果 ☞ 「指定都道府県」フィールドに、「神奈川県」を返します。

RightWords (テキスト ; 単語数)

テキストの右端から、指定した単語数の文字列を返します。
日本語の場合は、同じ文字種の文字列を 1 つの単語として扱い
ます。計算結果はテキストです。

◆活用例
「商品名」フィールドのデータが「Web 入門書」の場合
「商品名B」フィールド＝ RightWords(商品名 ; 1)
結果 ☞ 「商品名B」フィールドに「入門書」を返します。

SerialIncrement (テキスト ; 増分)

テキスト中にある数値を基準に、増分で指定した数値を返し
ます。増分は正と負の両方を使用することができます。また、
増分が小数点を含む数値の場合、増分の整数部分のみ計算に反
映されます。

◆活用例
「シリアル番号」フィールドに、「ymc45」と入力されている場合
「変更シリアル番号」フィールド =SerialIncrement (シリアル番号 ; 5)
結果 ☞ 「変更シリアル番号」フィールドに、「ymc50」を返します。
「変更シリアル番号」フィールド =SerialIncrement (シリアル番号 ; -1)
結果 ☞ 「変更シリアル番号」フィールドに、「ymc44」を返します。
「変更シリアル番号」フィールド =SerialIncrement (シリアル番号 ; 2.1)
結果 ☞ 「変更シリアル番号」フィールドに、「ymc47」を返します。

SortValues (値 {; データタイプ ; ロケール })

指定されたデータタイプとロケールに基づいて値の一覧を
ソートします。値はキャリッジリターンで区切られた値一覧で
ある任意のテキスト式またはフィールドです。
データタイプを指定すると指定したデータタイプでソートしま
す。
「1」がテキスト、「2」が数字、「3」が日付、「4」が時刻、「5」
がタイムスタンプです。
ロケール引数には English、Spanish、Japanese といった言語を
指定します。

Substitute (テキスト ; 検索テキスト ; 置換テキスト)

テキスト内の検索した文字列を、置換テキストで指定した文字列ですべて置き換えます。計算結果はテキストです。

◆活用例

「備考欄」フィールドのデータが「男の中の男」で
「検索文字」フィールドに「男」を入力し
「置換文字」フィールドに「女」を入力した場合
「備考欄B」= Substitute(備考欄 ; 検索文字 ; 置換文字)
結果 ☞「備考欄B」フィールドに「女の中の女」を返します。

Trim (テキスト)

テキストの前後にある空白を削ります。計算結果はテキストです。

◆活用例

「氏名」フィールドのデータが「 早乙女優子 」の場合
「氏名B」フィールド= Trim(氏名)
結果 ☞「氏名B」フィールドに「早乙女優子」を返します。

TrimAll (テキスト ; 全角詰め ; タイプ)

テキストの空白を削除します。ただし、半角空白、全角空白、単語の間に空白を１つあけるかどうかを指定できます。計算結果はテキストです。

「全角詰め」は、2 つの指定が選択できます。
0：半角の空白だけを削ります。
1：半角の空白、全角の空白の両方を削ります。
「タイプ」は 4 つの指定が選択できます。
0：全角文字と半角文字の間の空白を削ります。
1：半角文字と全角文字の間を半角分の空白をあけ、他の空白は削ります。半角文字と全角文字の間に空白がなかったときは、空白をあけます。
2：半角文字と全角文字の間に空白が連続している場合にのみ半角分の空白をあけ、他の空白は削ります。
3：すべての空白を削ります。

◆活用例

「名前コード名」のデータが「W123 早乙女　優子」の場合
「名前コード名B」= TrimAll(名前コード名 ;1;1)
結果 ☞「名前コード名B」に「W123 早乙女優子」を返します。

UniqueValues (値 {; データタイプ ; ロケール })

指定されたデータタイプとロケールに基づいて一覧内の重複を取り除きユニークな値を返します。
値はキャリッジリターンで区切られた値一覧である任意のテキスト式またはフィールドです。データタイプは SortValues と同様です。
ロケールの引数を「Unicode_Raw」に設定した場合は、文字は大文字小文字と発音区別記号で文字を区別するなどの Unicode の数字エンコードに基づいて値が区別されます。

Upper (テキスト)

テキストの英文をすべて大文字にします。計算結果はテキストです。

◆活用例

「商品名」フィールドのデータが「FileMaker」の場合
「商品名B」フィールド= Upper(商品名)
結果 ☞「商品名B」フィールドに「FILEMAKER」を返します。

ValueCount (テキスト)

改行で区切られたテキストの合計数を返します。テキストには、空白、1 文字、単語、文章、または段落を使用することができます。Enter キー（Windows）または return キー（macOS）をタイプすると改行します。計算式で改行文字を挿入するには、「計算を指定」ダイアログボックスで「¶」ボタンをクリックします。

◆活用例

「都道府県」フィールドに、
東京都
千葉県
神奈川県
と入力されている場合
「カウント都道府県」フィールド =ValueCount (都道府県)
結果 ☞「カウント都道府県」フィールドに「3」を返します。

WordCount (テキスト)

テキスト中の単語の数を返します。日本語の場合は、同じ文字種の文字列を 1 つの単語として扱います。計算結果は数字です。

◆活用例

「項目」フィールドのデータが「FileMaker 入門」の場合
「項目B」フィールド= WordCount(項目)
結果 ☞「項目B」フィールドに「2」を返します。

▍書式設定関数

RGB (赤 ; 緑 ; 青)

コンピュータで色を表現する際に用いられる赤、緑、青の RGB 値を組み合わせ、色を表す整数値を返します。この値を TextColor 関数の引数に用いることができます。各色、0 から 255 までの数値を指定します。

◆活用例

「色指定」フィールド =RGB (255; 0; 0)
結果 ☞ 赤色を表す「16711680」を返す。
「色指定」フィールド =RGB (0; 255; 0)
結果 ☞ 緑色を表す「65280」を返す。
「色指定」フィールド =RGB (0; 0; 255)
結果 ☞ 青色を表す「255」を返す。
「色指定」フィールド =RGB (0; 0; 0)
結果 ☞ 黒色を表す「0」を返す。
「色指定」フィールド =RGB (255; 255; 255)
結果 ☞ 白色を表す「16777215」を返す。

TextColor (テキスト ; RGB (赤 ; 緑 ; 青))

テキストを RGB 関数で指定した色で表示します。

◆活用例

「警告」フィールド =TextColor (" 未納 "; RGB (255; 0; 0))

結果 ☞ 文字列「未納」が「赤」色で表示されます。

TextColorRemove (テキスト ; RGB (赤 ; 緑 ; 青))

テキストのすべての色、RGB 関数で指定されたテキストの色を削除し、デフォルトの色で表示します。

◆活用例

「入金額」フィールドが空白の場合と数値データが入っている場合で、「警告」フィールドの「チェック」という文字列の色を変化させます。
「警告」フィールド =If(GetAsBoolean(入金額)=0; TextColor(" チェック ";RGB(255;0;0)); TextColorRemove(" チェック ";RGB(255;0;0)))
結果 ☞ 「入金額」フィールドのデータが空白の場合は「警告」フィールドに「チェック」という文字列が「赤」色で表示されます。
「入金額」フィールドに金額データが入力された場合は「チェック」という文字列の「赤」色を削除し、レイアウトモードで設定したデフォルトの文字色で表示されます。

TextFont (テキスト ; フォント名)

テキストを指定したフォント名に変更します。フォント名の大文字と小文字は区別します。
返されるフィールドタイプがテキストでない場合、書式設定オプションが失われます。

◆活用例

「フォント指定」フィールド =
TextFont (" タイトル文字 ";" 平成明朝 ")
結果 ☞ 文字列「タイトル文字」を平成明朝のフォント書式で返します。

TextFontRemove(テキスト {; 削除対象フォント })

テキストからすべてのフォント指定を削除し、デフォルトフォントにします。オプションで削除対象フォントを指定することもできます。フォント名の大文字と小文字は区別します。

◆活用例

「テキスト」フィールド =TextFontRemove (" 明朝体テキスト ")
結果 ☞ 「テキスト」フィールドに、フィールドのデフォルトのフォントで表示される「明朝体テキスト」を返します。

TextFormatRemove (テキスト)

すべてのテキスト書式を削除します。

◆活用例

「テキスト」フィールド =TextFormatRemove (" 文字列 ")
結果 ☞ 「テキスト」フィールドに、書式を何も適用しない単語「文字列」を返します。

TextSize (テキスト ; フォントサイズ)

テキストを指定したフォントサイズに変更します。サイズはポイントで指定します。

◆活用例

「種別」フィールド =TextSize (" 国民年金 "; 50)
結果 ☞ 「種別」フィールドに、文字サイズ 50 ポイントで文字列「国民年金」を返します。

TextSizeRemove (テキスト {; 削除対象サイズ })

テキストからすべてのフォントサイズを削除し、デフォルトサイズにします。オプションで削除対象フォントサイズを指定することもできます。

◆活用例

「テキスト」フィールド =TextSizeRemove ("12 ポイント & 24 ポイント ")
結果 ☞ 「テキスト」フィールドに、フィールドのデフォルトフォントサイズで表示される「12 ポイント & 24 ポイント」を返します。

TextStyleAdd (テキスト ; スタイル)

テキストを指定した文字スタイルに変更します。スタイルの指定に演算子「+」を使用して複数スタイルを指定できます。スタイルでは大文字と小文字が区別されます。

指定できるスタイル

標準（Plain）/ 太字（Bold）/ 斜体（Italic）/ 下線（Underline）/ 強調表示（HighlightYellow）/ 字間狭く（Condense）/ 字間広く（Extend）/ 字消し線（Strikethrough）/ スモールキャップ（SmallCaps）/ 上付き（Superscript）/ 下付き（Subscript）/ 大文字（Uppercase）/ 小文字（Lowercase）/ タイトル（Titlecase）/ 単語下線（WordUnderline）/ 二重下線（DoubleUnderline）/ すべてのスタイル（AllStyles）（使用できるすべてのスタイル）

◆活用例

「リスト」フィールド =TextStyleAdd (" 国民年金未納者 "; 太字 + 下線)
結果 ☞ 「リスト」フィールドに、文字列「国民年金未納者」を太字かつ下線の書式で返します。

TextStyleRemove (テキスト ; スタイル)

テキストから指定したスタイルを削除します。スタイルの指定に演算子「+」を使用して複数スタイルを削除できます。スタイルでは大文字と小文字が区別されます。「すべてのスタイル」を指定すると簡単にスタイルの全削除が可能です。

指定できるスタイル

標準（Plain）/ 太字（Bold）/ 斜体（Italic）/ 下線（Underline）/ 強調表示（HighlightYellow）/ 字間狭く（Condense）/ 字間広く（Extend）/ 字消し線（Strikethrough）/ スモールキャップ（SmallCaps）/ 上付き（Superscript）/ 下付き（Subscript）/ 大文字（Uppercase）/ 小文字（Lowercase）/ タイトル（Titlecase）/ 単語下線（WordUnderline）/ 二重下線（DoubleUnderline）/ すべてのスタイル（AllStyles）（使用できるすべてのスタイル）

◆活用例

「リスト」フィールドに文字列「国民年金未納者」が入力されており、その書式指定が「下線」になっている場合
「下線なしリスト」フィールド =TextStyleRemove (リスト ; 下線)
結果 ☞ 「下線なしリスト」フィールドに、文字列「国民年金未納者」を下線なしで返します。

数字関数

Abs (数値)

数値の絶対値を求めます。計算結果は数字です。

◆活用例

「数Ａ」フィールドのデータが「-10」の場合

「数Ｂ」フィールド = Abs (数Ａ)

結果 ☞ 「数Ｂ」フィールドに「10」を返します。

Ceiling (数値)

数値を整数に切り上げて返します。

◆活用例

「測定値」フィールド =Ceiling (10.3) の場合

結果 ☞ 「測定値」フィールドに「11」を返します。

Combination (設定サイズ ; 選択肢の数)

設定サイズの中から指定した選択肢の数を基にしたサイズの組み合わせ数がいくつあるかを求めます。

◆活用例

「1、2、3」の設定サイズから 2 つを選択した組み合わせがいくつあるかを求める場合。

「組み合わせ」フィールド =Combination (3; 2)

結果 ☞ 「組み合わせ」フィールドに、「3」を返します（「12」「13」「23」の 3 通りの組み合わせ）。

Div (数値 ; 除数)

数値を除数で割った値の整数値を返します。

◆活用例

「整数計算」フィールド =Div (10.3 ; 2)

結果 ☞ 「整数計算」フィールドに、「5」を返します。

Exp (数値)

定数 e(自然数の対数の底 ;2.7182818...) を底とする与えられた数字のべき乗を求めます。計算結果は数字です。

◆活用例

「計算」フィールド = Exp(1)

結果 ☞ 「計算」フィールドに「2.7182818...」を返します。

Factorial (数値 {; 係数数 })

1 またはオプション指定可能な係数の数で指定した数値で終了する数値の階乗（自然数の積）を返します。

◆活用例

「階乗」フィールド =Factorial (5) の場合

「5*4*3*2*1」の積となる。

結果 ☞ 「階乗」フィールドに、「120」を返します。

「階乗」フィールド =Factorial(5; 3) の場合

「5*4*3」の積となる。

結果 ☞ 「階乗」フィールドに、「60」を返します。

Floor (数値)

指定した数値の次に小さい整数に切り捨てた値を返します。

◆活用例

「金額」フィールド =Floor (10.3) の場合

結果 ☞ 「金額」フィールドに、「10」を返します。

Int (数値)

数値の小数点以下を切り捨て、整数を返します。計算結果は

数字です。

◆活用例

「金額」フィールドのデータが「1150」の場合

「消費税」フィールド = Int(金額 *0.03)

結果 ☞ 「消費税」フィールドに「34」を返します。

Lg (数値)

指定した数値の 2 を底とする対数を返します。負の数値ではエラーを返します。0 の場合は何も返しません。

◆活用例

「計算」フィールド =Lg (4) の場合

結果 ☞ 「計算」フィールドに、「2」を返します。

Ln (数値)

数値の自然対数を返します。Exp 関数は、Ln 関数の逆関数となります。負の数値ではエラーを返します。0 の場合は何も返しません。

◆活用例

「計算」フィールド =Ln (2.7182818) の場合

結果 ☞ 「計算」フィールドに、「.9999999895305023」を返します。

Log (数値)

数値の常用対数（10 を底とする対数）を返します。負の値ではエラーを返します。0 の場合は何も返しません。

◆活用例

「計算」フィールド =Log (100)

結果 ☞ 「計算」フィールドに、「2」を返します。

Mod (数値 ; 除数)

数値を除数で割ったときの余りを返します。計算結果は数字です。

◆活用例

「数値」フィールドのデータが「32」の場合

「余り」フィールド = Mod(数量 ; 3)

結果 ☞ 「余り」フィールドに「2」を返します。

Random

0 から 1 の間の乱数を返します。ただし、0 と 1 は含みません。

◆活用例

「乱数」フィールド = INT （Random*10) の場合

結果 ☞ 「乱数」フィールドに「0」から「9」までの数を返します。

Round (数値 ; 桁数)

指定した小数点以下の桁数で四捨五入します。桁数にマイナスを指定した場合は、1、10、100 の位などで四捨五入します。計算結果は数字です。

◆活用例

「数Ａ」フィールドのデータが「212.16」の場合

「数Ｂ」フィールド = Round(数Ａ ; 1)

結果 ☞ 「数Ｂ」フィールドに「212.2」を返します。

SetPrecision (式 ; 桁数)

式の計算を、指定した小数点以下の桁数まで計算し返します。桁数は最大 400 までです。

◆活用例

「数 A」フィールド =SetPrecision (5/9; 20) の場合

結果 ☛ 「数 A」フィールドに、
「0.55555555555555555556」を返します。

Sign (数値)

数値が負のときは「-1」、0 のときは「0」、正のときは「1」を返します。計算結果は数字です。

◆活用例

「金額」フィールドのデータが「12000」の場合

「残金確認」フィールド = Sign(金額)

結果 ☛ 「残金確認」フィールドに「1」を返します。

Sqrt (数値)

数値の平方根を求めます。計算結果は数字です。

◆活用例

「平方根」フィールド = Sqrt(4)

結果 ☛ 「平方根」フィールドに「2」を返します。

Truncate (数値 ; 桁数)

数値を、指定した小数点以下の桁数で切り捨てた数を返します。

◆活用例

「数 A」フィールドのデータが「212.168」の場合

「数 B」フィールド = Truncate(数 A ; 1)

結果 ☛ 「数 B」フィールドに「212.1」を返します。

日付関数

Date (月 ; 日 ; 年)

年月日の西暦の日付を返します。計算結果は日付（日付フィールドに設定された日付書式）です。

◆活用例

「日付」フィールド = Date(10; 20; 2023)

結果 ☛ 「日付」フィールドに「2023/10/20」を返します。

Day (日付)

日付の中から、日を表す 1 から 31 の数値を返します。計算結果は数字です。

◆活用例

「日付 A」フィールドのデータが「2023.5.10」の場合

「日付 B」フィールド = Day (日付 A)

結果 ☛ 「日付 B」フィールドに「10」を返します。

DayName (日付)

日付の曜日名を求め、その結果を返します。計算結果はテキストです。

◆活用例

「日付 A」フィールドのデータが「2023.5.30」の場合

「日付 B」フィールド = DayName (日付 A)

結果 ☛ 「日付 B」フィールドに「火曜日」を返します。

DayOfWeek (日付)

日曜日を「1」として、与えられた日付の曜日までの数を求め返します。計算結果は数字です。

◆活用例

「日付 A」フィールドのデータが「2023.5.30」の場合

「日付 B」フィールド = DayOfWeek (日付 A)

結果 ☛ 「日付 B」フィールドに「3」を返します。

DayOfYear (日付)

その年の 1 月 1 日から、与えられた日付までの日数を求め返します。計算結果は数字です。

◆活用例

「日付 A」フィールドのデータが「2023.5.30」の場合

「日付 B」フィールド = DayOfYear (日付 A)

結果 ☛ 「日付 B」フィールドに「150」を返します。

Month (日付)

日付の月を求め返します。計算結果は数字です。

◆活用例

「日付 A」フィールドのデータが「2023.5.30」の場合

「日付 B」フィールド = Month (日付 A)

結果 ☛ 「日付 B」フィールドに「5」を返します。

MonthName (日付)

日付の月を求めテキストで返します。計算結果はテキストです。

◆活用例

「日付 A」フィールドのデータが「2023.5.30」の場合

「日付 B」フィールド = MonthName (日付 A)

結果 ☛ 「日付 B」フィールドに「5 月」を返します。

WeekOfYear (日付)

日付が、その年の 1 月 1 日から何週目かを求めます。年の最初と最後の半端な週も 1 と数えます。計算結果は数字です。

◆活用例

「日付 A」フィールドのデータが「2023.5.30」の場合

「日付 B」フィールド = WeekOfYear (日付 A)

結果 ☛ 「日付 B」フィールドに「22」を返します。

WeekOfYearFiscal (日付 ; 開始日)

日付で指定した年の経過週数（1 ～ 53）を開始日（1 ～ 7）で指定した曜日を週の最初の日とした数値で返します。ただし、その年の始めの週は、4 日以上ないと計算されません。計算結果は数字です。

◆活用例

「日付 A」フィールドのデータが「2023.5.30」の場合

「日付 B」フィールド = WeekofYearFiscal (日付 A ; 2)

結果 ☛ 「日付 B」フィールドに「22」を返します。

Year (日付)

日付の中の年を表す数字を返します。計算結果は数字です。

◆活用例

「日付A」フィールドのデータが「2023.5.30」の場合

「日付B」フィールド= Year (日付A)

結果 ☞「日付B」フィールドに「2023」を返します。

時刻関数

Hour (時刻)

時刻の中の「時」を表す数字を返します。計算結果は数字です。

◆活用例

「時刻A」フィールドのデータが「12:15:58」の場合

「時刻B」フィールド= Hour (時刻A)

結果 ☞「時刻B」フィールドに「12」を返します。

Minute (時刻)

時刻の中の「分」を表す数字を返します。計算結果は数字です。

◆活用例

「時刻A」フィールドのデータが「12:15:58」の場合

「時刻B」フィールド= Minute (時刻A)

結果 ☞「時刻B」フィールドに「15」を返します。

Seconds (時刻)

時刻の中の「秒」を表す数字を返します。計算結果は数字です。

◆活用例

「時刻A」フィールドのデータが「12:15:58」の場合

「時刻B」フィールド= Seconds (時刻A)

結果 ☞「時刻B」フィールドに「58」を返します。

Time (時 ; 分 ; 秒)

与えられたデータを時、分、秒の時刻形式で返します。計算結果は時刻です。

◆活用例

「時刻」フィールド= Time (12;15;58)

結果 ☞「時刻」フィールドに「12:15:58」を返します。

タイムスタンプ関数

Timestamp (日付 ; 時刻)

西暦の日付と時刻を含むタイムスタンプを返します。

返す値の書式は、ファイル作成時に指定してある日付書式に則します。日付と時刻の書式変更は、は「コントロールパネル」の「日付と時刻」（Windows）で、macOS では「システム環境設定」の「日付と時刻」で行うことができます。計算結果のタイプ指定は必ず「タイムスタンプ」にします。

◆活用例

「貸出日」フィールド =Timestamp (Date (5; 6; 2023) ; Time (21; 20; 30))

結果 ☞「貸出日」フィールドに、「2023.5.6 9:20:30 PM」を返します。

オブジェクト関数

Base64Decode (テキスト {; 拡張子を含むファイル名 })

Base64 フォーマットでエンコードされたテキストからオブジェクト内容を返します。テキストにはデコードする Base64 テキストを、拡張子を含むファイル名には、デコードされた Base64 テキストから作成されたファイルのファイル名と拡張子を指定します。

Base64 はデータを英数字だけによるマルチバイト文字やバイナリデータを扱うためのエンコード方式です。計算結果はオブジェクトです。

Base64Encode (ソースフィールド)

引数に指定されたオブジェクトフィールドの内容を Base64 フォーマットのテキストで返します。計算結果はテキストです。

Base64EncodeRFC (RFC 番号 , データ)

データを指定された Base64 フォーマットのテキストとして返します。RFC 番号では 1421（行の最大長は 64、改行コードは CRLF）といった書式番号を指定します。

CryptAuthCode (データ ; アルゴリズム ; キー)

指定された暗号化ハッシュアルゴリズムを使用してバイナリ HMAC（Keyed-Hash Message Authentication Code）を返します。アルゴリズムの引数には MD5 などのアルゴリズム番号を指定します。

CryptDecrypt (オブジェクト ; キー)

指定されたキーで、CryptEncrypt 関数によって返されたオブジェクトデータを復号化してテキストまたはオブジェクトデータを返します。

CryptDecryptBase64 (テキスト ; キー)

指定されたキーで Base64 エンコードテキストを復号化してテキストまたはオブジェクトデータを返します。

CryptDigest (データ ; アルゴリズム)

指定された暗号化ハッシュアルゴリズムにより生成されたバイナリハッシュ値を返します。

CryptEncrypt (データ ; キー)

指定されたキーでデータを暗号化してオブジェクトデータを返します。

CryptEncryptBase64(データ ; キー)

指定されたキーでデータを暗号化して Base64 フォーマットのテキストを返します。

CryptGenerateSignature(データ ; アルゴリズム ; プライベート RSA キー ; キーパスワード)

データのデジタル署名を生成します。

データ：署名を生成する任意のテキスト式

アルゴリズム：使用する暗号化アルゴリズムの名前

プライベート RSA キー：RSA プライベートキーのテキスト

キーパスワード：RSA プライベートキーを復号するためのパスワード

CryptVerifySignature(データ ; アルゴリズム ; パブリック RSA キー ; 署名)

デジタル署名がこのデータに対し有効かどうかを検証します。

データ：署名を検証するデータを表すテキスト式

アルゴリズム：使用する暗号化アルゴリズムの名前

パブリック RSA キー：署名生成に使用されたプライベートキーに対応する PEM 形式の PKCS#1 RSA パブリックキーを表すテキスト

署名：CryptGenerateSignature 関数で返される値などのデータを検証するバイナリ RSA 署名

GetContainerAttribute (ソースフィールド ; 属性名)

指定されたオブジェクトフィールドのファイルのさまざまな属性を返します。属性名はダブルクォーテーションで囲んで指定します。

◆活用例

オブジェクトフィールドの写真ファイルを指定し属性名に "all" を指定した場合

結果 ☞ [General]

Filename: P9030123.JPG（ファイル名）

StorageType: Embedded（埋め込み、外部、ファイル参照など）

MD5: 69A913D9E6302E38EDEE9189B46694E2（参照ファイルに暗号化ハッシュ関数 MD5 を適用した結果）

FileSize: 1873779（ファイルサイズ）

InternalSize: 1873843（オブジェクトフィールドが占めるファイルサイズ）

ExternalSize: 0（オブジェクトフィールドによって外部に保存されるサイズ）

ExternalFiles: 0（オブジェクトフィールドに関連付けられる外部ファイルリスト）

[Image]

Width: 4032（イメージのピクセル幅）

Height: 3024（イメージのピクセル高さ）

dpiWidth: 314（イメージの水平 DPI）

dpiHeight: 314（イメージの垂直 DPI）

Transparency: 0 (False)（アルファチャンネルの有無）

[Photos]

Orientation: 1 (Normal)（写真の向きを数値で返す）

Created: 2012/09/03 11:03:38（写真の初期タイムスタンプ）

Modified:（写真の最新タイムスタンプ）

Latitude:（写真の保存場所の緯度）

Longitude:（写真の保存場所の経度）

Make: OLYMPUS IMAGING CORP.（カメラ製造元）

Model: E-PM1（カメラの型）

その他、[Audio]、[Barcodes]、[Signatures]、[Groups] などの設定項目があります。

GetHeight (ソースフィールド)

オブジェクトフィールドに保存したピクチャーやムービーの高さをピクセル数で返します。計算結果は数字です。対象オブジェクトがない場合は、「0」を返します。

◆活用例

「写真」という名前のオブジェクトフィールドに、高さ 600 ピクセルの画像を挿入している場合

「画像高さチェック」フィールド＝ GetHeight (写真)

結果 ☞「画像高さチェック」フィールドに「600」を返します。

GetLiveText (オブジェクト ; 言語)

テキスト認識アルゴリズムにより指定したオブジェクトフィールド内の画像の文字を指定した言語のテキストデータで返します。

言語コードは、en-US、ja-JP、uk-UA、de-DE、ko-KR など 10 種類が指定できます。

GetThumbnail (ソースフィールド ; 幅に合わせる ; 高さに合わせる)

オブジェクトフィールドに保存したピクチャーやムービーの幅と高さを指定したピクセル数で別のフィールドに返します。計算結果はオブジェクトです。対象オブジェクトがない場合は、「0」を返します。また、表示される画像の縦横比は元の画像と同じ比率です。

◆活用例

「写真」という名前のオブジェクトフィールドに、幅 800 ピクセル、高さ 600 ピクセルの画像を挿入している場合

「サイズ指定表示」フィールド＝ GetThumbnail (写真 ; 200 ; 150)

結果 ☞「サイズ指定表示」フィールドに、幅 200 ピクセル、高さ 150 ピクセルのサイズに変更して指定画像を表示します．

GetWidth (ソースフィールド)

オブジェクトフィールドに保存したピクチャーやムービーの幅をピクセル数で返します。計算結果は数字です。対象オブジェクトがない場合は、「0」を返します。

◆活用例

「写真」という名前のオブジェクトフィールドに、幅 800 ピクセルの画像を挿入している場合

「画像幅チェック」フィールド＝ GetWidth (写真)

結果 ☞「画像幅チェック」フィールドに、「800」を返します。

HexDecode (データ {; 拡張子を含むファイル名 })

16 進フォーマットでエンコードされたテキストからのオブジェクトまたはテキスト内容を返します。

HexEncode (データ)

データを 16 進フォーマットのテキストとして返します。

ReadQRCode (オブジェクト)

オブジェクトフィールド内の QR コードの値をテキストとして返します。

TextDecode (オブジェクト ; エンコード)

指定された文字エンコードを使用してオブジェクトデータからデコードされたテキストを返します。

TextEncode (テキスト ; エンコード ; 改行コード)

指定された文字エンコードと改行コードを使用してテキストからオブジェクトデータとしてテキストファイルを返します。

VerifyContainer (ソースフィールド)

外部に保存されたデータの正当性を表す論理値を返します。

「0」の場合は、外部で保存されたファイルが変更、削除されている。

「1」の場合は、変更、削除されていない場合。

「?」の場合は、オブジェクトフィールドではない。

日本語関数

DayNameJ (日付)

日付の曜日名を求め日本語で返します。計算結果はテキストです。

◆活用例

「日付A」フィールドのデータが「2023.5.30」の場合

「日付B」フィールド＝ DayNameJ (日付A)

結果 ☛ 「日付B」フィールドに「火曜日」を返します。

Furigana (テキスト ; オプション)

日本語テキストを、ひらがな、カタカナ、またはローマ字に変換します。オプションには変換先の文字種を指定します。

1：ひらがな

2：全角カタカナ

3：全角ローマ字

4：半角カタカナ

5：半角ローマ字

◆活用例

「名前」フィールドのテキストが「野沢直樹」のとき、

「ふりがな」フィールド =Furigana (名前 ; 1)

結果 ☛ 「ふりがな」フィールドに

のざわなおき

Hiragana (テキスト)

テキスト内の全角および半角のカタカナをひらがなに変換します。計算結果はテキストです。

◆活用例

「商品名」フィールドのデータが「レモン」の場合

「商品B」フィールド＝ Hiragana(商品名)

結果 ☛ 「商品B」フィールドに「れもん」を返します。

KanaHankaku (テキスト)

テキスト内の全角カタカナを半角カタカナにします。計算結果はテキストです。

◆活用例

「名前」フィールドの全角カタカナを半角カタカナにします。「名前」フィールドのデータが「東京システム開発」の場合

「名前B」＝ KanaHankaku(名前)

結果 ☛ 「名前B」フィールドに「東京ｼｽﾃﾑ開発」を返します。

KanaZenkaku (テキスト)

テキスト内の半角カタカナを全角カタカナにします。計算結果はテキストです。

◆活用例

「名前」フィールドのデータが「東京ｼｽﾃﾑ開発」の場合

「名前B」フィールド＝ kanaZenkaku (名前)

結果 ☛ 「名前B」フィールドに「東京システム開発」を返します。

KanjiNumeral (テキスト)

テキスト内の全角および半角の数字文字列を漢数字にします。計算結果はテキストです。

◆活用例

「西暦1」フィールドのデータが「2020」の場合

「西暦2」フィールド＝ KanjiNumeral(西暦1)

結果 ☛ 「西暦2」フィールドに「二〇二〇」を返します。

Katakana (テキスト)

テキスト内のひらがなを全角カタカナにします。計算結果はテキストです。

◆活用例

「商品名」フィールドのデータが「れもん」の場合

「商品B」フィールド＝ Katakana(商品名)

結果 ☛ 「商品B」フィールドに「レモン」を返します。

MonthNameJ (日付)

日付の月を求め日本語で返します。計算結果はテキストです。

◆活用例

「日付A」フィールドのデータが「2023.5.30」の場合

「日付B」フィールド＝ MonthNameJ (日付A)

結果 ☛ 「日付B」フィールドに「5月」を返します。

NumToJText (数値 ; セパレータ ; 文字種)

数値に含まれるローマ数字を日本語テキストに変換します。値を返す場合、セパレータと文字種が数値指定できます。指定できるのは0から3の4種類です。それら以外の数値を指定すると、0が適用されます。

セパレータの指定

0 - セパレータなし

1 - 3 桁ごと (千単位)

2 - ten thousands(万) および millions(億) 単位

3 - tens(十)、hundreds(百)、thousands(千)、ten thousands(万) および millions(億) 単位

タイプの指定

0 - 半角の数字

1 - 全角の数字

2 - 漢数字 (一二三)

3 - 旧式の漢数字 (壱弐参)

◆活用例

「金額」フィールドに、「387000000」と数値が入力されている場合

「金額日本語表示」フィールド =NumToJText (金額 ; 2 ; 0)

結果 ☛ 「金額日本語表示」フィールドに「3 億 8700 万」を返します。

RomanHankaku (テキスト)

テキスト内の全角英数文字を半角英数文字にします。計算結果はテキストです。

◆活用例

「商品名」フィールドのデータが「ＦＩＬＥＭＡＫＥＲ」の場合

「商品名Ｂ」フィールド＝ RomanHankaku (商品名)

結果 ☛「商品名Ｂ」にフィールドに「FILEMAKER」を返します。

RomanZenkaku (テキスト)

テキスト内の半角英数文字を全角英数文字にします。計算結果はテキストです。

◆活用例

「商品名」フィールドのデータが「FILEMAKER」の場合

「商品名Ｂ」フィールド＝ RomanZenkaku (商品名)

結果 ☛「商品名Ｂ」にフィールドに「ＦＩＬＥＭＡＫＥＲ」を返します。

YearName (日付 ; 形式)

日付の西暦年を年号に変換し返します。計算結果はテキストです。形式は以下 3 種類から選択できます。

0：明治 5、大正 5、昭和 5、平成 5、令和 5

1：(明) 5、(大) 5、(昭) 5、(平) 5、(令) 5

2：M5、T5、S5、H5、R5

◆活用例

「日付Ａ」フィールドのデータが「1957.3.11」の場合

「日付Ｂ」フィールド＝ YearName (日付Ａ ; 0)

結果 ☛「日付Ｂ」フィールドに「昭和 32」を返します。

JSON関数

JSONDeleteElement (json ; キーまたは索引またはパス)

オブジェクト名、配列索引、またはパスで指定された JSON データ要素を削除します。JSON（JavaScript Object Notation）とは、XML などと同様のテキストベースのデータフォーマットです。XML と比べて通信時のデータ量を削減できるなどのメリットがあります。

JSONFormatElements (json)

JSON データ内の要素を整形しタブ文字と改行コード文字を追加したテキストを返します。

JSONGetElement (json ; キーまたは索引またはパス)

JSON データで、オブジェクト名、配列索引、またはパスで指定された要素のクエリーを実行します。

JSONListKeys (json ; キーまたは索引またはパス)

オブジェクト名、配列索引、またはパスで指定された要素に対する JSON データ内のオブジェクト名（キー）または配列索引の一覧を表示します。

JSONListValues (json ; キーまたは索引またはパス)

オブジェクト名、配列索引、またはパスで指定された要素に対する JSON データ内の値の一覧を表示します。

JSONSetElement (json ; キーまたは索引またはパス ; 値 ; タイプ)

オブジェクト名、配列索引、またはパスで指定された JSON データ内の要素を追加または変更します。

統計関数

Average (フィールド {; フィールド ...})

繰り返しフィールドに入力されている数値の平均値を求めます。また、引数に複数のフィールドを「;」で区切って指定し、それらの平均値を求めることもできます。ただし、空白のフィールドは無視されます。計算結果は数字です。

◆活用例

繰り返しフィールド「得点」のデータが「8」「12」「10」の場合

「平均得点」フィールド＝ Average (得点)

結果 ☛「平均得点」フィールドに「10」を返します。

Count (フィールド {; フィールド ...})

データの入力された繰り返しフィールドの数を求めます。ただし、空白のフィールドは無視されます。計算結果は数字です。

◆活用例

繰り返しフィールド「得点」のデータが「8」「12」「10」の場合

「得点件数」フィールド＝ Count (得点)

結果 ☛「得点件数」フィールドに「3」を返します。

List (フィールド {; フィールド ...})

指定したフィールド、繰り返しフィールド、関連フィールド内のすべての値を返します。

◆活用例

繰り返しフィールド「得点」のデータが「8」「12」「10」の場合

「得点リスト」フィールド＝ List (得点)

結果 ☛「得点リスト」フィールドに

8

12

10

のように改行して返します。

Max (フィールド {; フィールド ...})

繰り返しフィールドに入力されている数の最大値を求めます。また、引数に複数のフィールドを「;」で区切って指定し、その中の最大値を求めることもできます。ただし、空白のフィールドは無視されます。計算結果は数字です。

◆活用例

繰り返しフィールド「得点」のデータが「8」「12」「10」の場合

「最高得点」フィールド＝ Max (得点)

結果 ☛「最高得点」フィールドに「12」を返します。

Min (フィールド {; フィールド ...})

繰り返しフィールドに入力されている数の最小値を求めます。また、引数に複数のフィールドを「;」で区切って指定し、その中の最小値を求めることもできます。ただし、空白のフィールドは無視されます。計算結果は数字です。

◆活用例

繰り返しフィールド「得点」のデータが「8」「12」「10」の場合

「最小得点」フィールド = Min (得点)

結果 ☞「最小得点」フィールドに「8」を返します。

StDev (フィールド {; フィールド ...})

繰り返しフィールドに入力されている数の標準偏差を求めます。また、引数に複数のフィールドを「;」で区切って指定し、その標準偏差を求めることもできます。ただし、空白のフィールドは無視されます。計算結果は数字です。

◆活用例

繰り返しフィールド「点数」のデータが「48」「55」「68」「73」の場合

「標準偏差」フィールド = StDev (点数)

結果 ☞「標準偏差」フィールドに「11.5181...」を返します。

StDevP (フィールド {; フィールド ...})

繰り返しフィールドに入力されている数の母集団標準偏差を求めます。また、引数に複数のフィールドを「;」で区切って指定し、その母集団標準偏差を求めることもできます。ただし、空白のフィールドは無視されます。計算結果は数字です。

◆活用例

繰り返しフィールド「点数」のデータが「48」「55」「68」「73」の場合

「母集団標準偏差」フィールド = StDevP (点数)

結果 ☞「母集団標準偏差」フィールドに「9.9749...」を返します。

Sum (フィールド {; フィールド ...})

繰り返しフィールドに入力されている数の合計を求めます。また、引数に複数のフィールドを「;」で区切って指定し、合計を求めることもできます。ただし、空白のフィールドは無視されます。計算結果は数字です。

◆活用例

繰り返しフィールド「売上金額」のデータが「980」「1050」「1280」「1800」の場合

「合計金額」フィールド = Sum (売上金額)

結果 ☞「合計金額」フィールドに「5110」を返します。

Variance (フィールド {; フィールド ...})

繰り返しフィールドなどフィールドに入力されている複数の値の分散値を返します。オプションで、中カッコ { } 内のフィールドを指定できます。関連レコードにあるフィールドや同じレコード内にある複数の非繰り返しフィールドにも適用できます。

◆活用例

「得点分散値」フィールド =Variance (得点) と定義し、繰り返しフィールドの「得点」フィールドに「10」「11」「15」「9」「12」の値が入力されている場合

結果 ☞「得点分散値」フィールドに、「5.3」を返します。得点のばらつきが大きいほど、返す値が大きくなります。

VarianceP (フィールド {; フィールド ...})

繰り返しフィールドなどフィールドに入力されている複数の値の母集団分散値を返します。オプションで、中カッコ { } 内のフィールドを指定できます。関連レコードにあるフィールドや同じレコード内にある複数の非繰り返しフィールドにも適用できます。

◆活用例

「得点母集団分散値」フィールド =VarianceP (得点) と定義し、繰り返しフィールドの「得点」フィールドに「10」「11」「15」「9」「12」の値が入力されている場合

結果 ☞「得点母集団分散値」フィールドに、「4.24」を返します。得点のばらつきが大きいほど、返す値が大きくなります。

▌繰り返し関数

Extend (非繰り返しフィールド)

非繰り返しフィールドと繰り返しフィールドとの間で計算をする場合に使います。計算結果は数字です。

◆活用例

繰り返しフィールド「定価」のデータが「1000」「2000」「3000」

非繰り返しフィールド「掛率」のデータが「0.8」の場合

繰り返しフィールド「仕入価格」=定価 *Extend (掛率)

結果 ☞「仕入価格」フィールドに「800」「1600」「2400」を返します。

GetRepetition (繰り返しフィールド ; 回数)

指定した回数分の繰り返しフィールド内の値を返します。

◆活用例

繰り返しフィールド「定価」のデータが「1000」「2000」「3000」の場合

「定価 2」フィールド = GetRepetition (定価 ; 2)

結果 ☞「定価 2」フィールドに「2000」を返します。

Last (繰り返しフィールド)

繰り返しフィールド内の最後の値を返します。ただし、空白の値は除きます。

◆活用例

繰り返しフィールド「定価」のデータが「1000」「2000」「3000」の場合

「ラスト」フィールド = Last (定価)

結果 ☞「ラスト」フィールドに「3000」を返します。

▌財務関数

FV (支払い額 ; 利率 ; 支払い期間)

一定の支払い金額、その期間の利率、支払いの期間（月）に基づいて、投資がどれだけの値になるかを求めます。計算結果は数字です。

◆活用例

「支払い額」が 10,000 円、「利率」が年 8%、「支払い期間」が 3 年で満期の場合

「満期額」フィールド= FV (10000; 0.08/12; 3*12)
　　結果 ☞ 「満期額」フィールドに「40535.57 」を返します。

NPV (支払い額 ; 利率)

　年利率が固定されているとして、さまざまな金額で定期的に支払われる金額の実質的な現在価値を計算します。利率は数値、支払い額は繰り返しフィールドを指定します。計算結果は数字です。

　◆活用例

　繰り返しフィールド「金額」のデータが「10000」「20000」「30000」の場合
　「金額 B」フィールド= NPV (金額 ; 0.05)
　　結果 ☞ 「金額 B」フィールドに「53579.52704...」を返します。

PMT (元金 ; 利率 ; 支払い期間)

　元金、利率、支払い期間に基づいて必要な支払い額を求めます。利率、支払期間は月単位です。計算結果は数字です。

　◆活用例

　借入金（元金）100 万円を、年利 6.8%、支払い期間 24 ヶ月で返済する場合
　「支払い額」フィールド= PMT(1000000; 0.068/12; 24)
　　結果 ☞ 「支払い額」フィールドに「44681.96...」を返します。

PV (支払い額 ; 利率 ; 支払い期間)

　年利率が固定されているとして、一定の金額で行われる支払いのとき、現在の実質的な価値を計算します。計算結果は数字です。

　◆活用例

　支払い額が毎年 100 万円、利率が年 5%、支払い期間が 5 年の場合
　「実質価格」フィールド= PV(1000000; 0.05; 5)
　　結果 ☞ 「実質価格」フィールドに「4329476.67...」を返します。

▌三角関数

Acos (数値)

　数値のアークコサイン（逆余弦）を求めます。入力する引数は -1 から 1 の範囲の数字にします。アークコサインは角度、そのコサインは数値になります。角度は 0 から Pi の範囲のラジアン単位で返されます。

Asin (数値)

　数値のアークサイン（逆正弦）を求めます。入力する引数は -1 から 1 の範囲の数字にします。アークサインは角度で、そのサインは数値になります。角度は -Pi/2 から Pi/2 の範囲のラジアン単位で返されます。

Atan (数値)

　数値のアークタンジェント（タンジェントの逆数）を求めます。ラジアンで返します。計算結果は数字です。

　◆活用例

　= Atan(1)
　　結果 ☞ 0.785398...

Cos (ラジアン単位角度)

　角度のコサインを求めます。数値には角度をラジアンで入力します。計算結果は数字です。

　◆活用例

　= Cos(Radians(60))
　　結果 ☞ 0.5

Degrees (ラジアン単位角度)

　数値をラジアンから度数に変換します。計算結果は数字です。

　◆活用例

　= Degrees(Atan(1))
　　結果 ☞ 45

Pi

　円周率（π）を求めます。計算結果は数字です。

　◆活用例

　= PI
　　結果 ☞ 3.1415926535897932

Radians (ラジアン単位角度)

　角度をラジアンに変えます。計算結果は数字です。

　◆活用例

　= Radians(60)
　　結果 ☞ 1.0471975511965977

Sin (ラジアン単位角度)

　数値（ラジアン）で表された角度のサインを求めます。計算結果は数字です。

　◆活用例

　= Sin(Radians(30))
　　結果 ☞ 0.5

Tan (ラジアン単位角度)

　数値（ラジアン）で表された角度のタンジェントを求めます。計算結果は数字です。

　◆活用例

　= Tan (Radians(45))
　　結果 ☞ 1

▌論理関数

Case (条件 1; 結果 1 {; 条件 2; 結果 2; ...; デフォルト値 })

　与えた条件を評価して、それに対応した結果を返します。条件 1 が真（0 以外の値）なら結果 1 を返し、偽の場合には条件 2 を評価し、それが真ならば結果 2 を返す...という働きをします。いずれの値も真でない場合は値を返しませんが、デフォルト値を設定している場合は、その値を返します。

　◆活用例

　「条件 1」フィールドに対応する値を「男性」、「条件 2」フィールドに対応する値を「女性」、その結果を表示する「性別」フィールドに Case 関数を設定し、デフォルト値に「誤入力」を設定した場合
　「性別」フィールド= Case(条件 1;" 男性 "; 条件 2;" 女性 ";" 誤入力 ")

「条件 1」フィールドに「1」を入力
結果 ☞「性別」フィールドに「男性」を返します。
「条件 1」フィールドに「0」、「条件 2」フィールドに「1」を入力
結果 ☞「性別」フィールドに「女性」を返します。
「条件 1」フィールドに「0」、「条件 2」フィールドに「0」を入力
結果 ☞「性別」フィールドに「誤入力」を返します。

Choose (条件 ; 結果 0 {; 結果 1; 結果 2...})

与えた条件を評価して、その索引値が「0」の場合は結果 0、「1」の場合は結果 1、「2」の場合は結果 2 を返す…という働きをします。索引値に対応する結果がない場合は値を返しません。

◆活用例
「好きな球団」フィールド= Choose (番号選択 ; " 巨人 " ; " 中日 " ; " 広島 ")
「番号選択」フィールドに「2」を入力した場合
結果 ☞「好きな球団」フィールドに「広島」を返します。

Evaluate (式 {; [フィールド 1; フィールド 2 ;...]})

指定した式を計算として評価し返します。オプションとして、式に関係するフィールドの一覧を指定できます。指定しない場合、フィールドの値を変更しても計算結果は更新されません。

◆活用例
「結果評価」フィールド =Evaluate (50+5)
結果 ☞「結果評価」フィールドに、「55」を返します。

EvaluationError (式)

指定した式のエラーコードを返します。
エラーの種類は、構文エラーとランタイムエラーの 2 つがあります。構文エラーは、計算無効を示します。ランタイムエラーは、フィールドやレコードが見つからなかった場合を示します。
エラーコードの一覧については、Get (最終エラー) 関数を参照してください。
なお、構文エラーを返すには、Evaluate 関数を EvaluationError 関数内で指定する必要があります。

◆活用例
「式の検証」フィールド =EvaluationError (Evaluate(総額))
と指定している場合
「総額」フィールドが計算式で、「200000+ 追加金」と指定し、「追加金」フィールドに「5000」と入力すると、「総額」フィールドに「205000」と正しく表示されているときには
結果 ☞「式の検証」フィールドに、「0」を返します。
「0」はエラーなしを意味します。
例えば、何らかの理由で「追加金」フィールドが削除された場合は、EvaluationError 関数は、エラーコード「102」を返します。「102」は「フィールドが見つかりません」という意味です。

ExecuteSQL (SQL クエリー ; フィールド区切り ; 行区切り {; 引数 ... })

指定した SQL クエリーステートメントを実行して、その結果を返します。戻り値はテキストです。ステートメントには 2 つのクエリーの結果を組み合わせた句を含むことができます。
フィールド区切りは、計算結果のフィールド間の区切りとなる文字列で、空の文字列が指定されるとコンマが区切りとなり

ます。計算結果の最終フィールドの後には表示されません。
行区切りは、計算結果のレコード間の区切りとなる文字列で、空の文字列が指定されると改行が区切りとなります。計算結果の最終行の後には表示されません。

GetAsBoolean (データ)

「データ」の値が 0 あるいは空である場合は「0」を、そうでない場合は「1」を返します。

◆活用例
「写真」フィールドというオブジェクトフィールドに写真が入力された場合
「撮影チェック」フィールド =GetAsBoolean (写真)
結果 ☞「撮影チェック」フィールドに「1」を返します。

GetField (フィールド名)

指定したフィールドの内容を返します。引数にクォーテーションを付けると、返される値は指定したフィールドの値です。引数がクォーテーションなしでは、返される値は指定したフィールドに、フィールド名が保存されているフィールド内の値です。

◆活用例
「姓」フィールドに「青木」、「名」フィールドに「恵美」という値が入力されている場合。
結果 ☞「名前」フィールドに「青木恵美」を返します。
「姓」フィールドに「旧姓」、「名」フィールドに「恵美」という値が入力されていて、「旧姓」フィールドには「山本」という値が入力されている場合。
「名前」フィールド= GetField (姓) &" "& GetField (" 名 ")
結果 ☞「名前」フィールドに「山本恵美」を返します。

GetNthRecord(フィールド名 ; レコード番号)

指定したレコード番号の指定したフィールドのデータを返します。

◆活用例
現在のレコードの 1 つ前のレコードの「品名」フィールドに「スーパーリファレンス Pro」と入力されている場合
「前レコード参照」フィールド =GetNthRecord(品名 ; Get(レコード番号)-1)
結果 ☞ 現在のレコードの「前レコード参照」フィールドに「スーパーリファレンス Pro」と返します。

GetSummary (集計フィールド ; 区分けフィールド)

集計フィールドの値を使って、区分けフィールド内の集計結果を求めます。区分けフィールドとは、ソートの基準となるフィールドのことです。データがソートされると同一ないし似たようなデータがグループ化されるため、そのグループ内の集計結果を返すことができます。
そのため GetSummary 関数の使用に際しては、集計フィールドが設定してあり、かつ区分けフィールド内のデータがソートされていなければなりません。ソートされていない場合は結果を返しません。計算結果は数字です。

If (条件式 ; 結果 1; 結果 2)

与えられた条件式を評価して、それが真（0以外の値）ならば結果 1 を返し、偽である場合には結果 2 を返します。条件式は数値または論理値を返すものを設定します。

◆活用例

「目標」フィールド = If (販売実績 :=1000; " 報奨金支給 "; " 報奨金なし ") の場合

結果 ☞「販売実績」フィールドに 1000 以上の数値を入力すると、「目標」フィールドに「報奨金支給」を返し、それ以下の数値では「報奨金なし」を返します。

IsEmpty (フィールド)

指定したフィールド内に何も入力されていない場合は真（1）を返し、何か入力されている場合は偽（0）の値を返します。

◆活用例

「チェック欄」フィールド= IsEmpty (空欄)

結果 ☞「空欄」フィールドに何か記入されている場合は、「チェック欄」フィールドに「0」を返します。

IsValid (フィールド)

指定したフィールド内に無効な値が入力された場合や、そのフィールドが参照している関連ファイルのフィールドが削除された場合に、偽（0）の値を返します。その他の場合は真（1）の値を返します。

◆活用例

「チェック欄」フィールド= IsValid (年齢)

「年齢」フィールドのタイプが「数字」、そこに漢字で「三十九」と入力した場合

結果 ☞「チェック欄」フィールドに「0」を返します。

IsValidExpression (式)

指定した式の構文が正しい場合は、「1」（真）を返します。そうでない場合は、「0」（偽）を返します。

◆活用例

「式の検証」フィールド =IsValidExpression (100 * 1.05) の場合

結果 ☞「式の検証」フィールドに、「1」（真）を返します。

Let ({[} 変数 1= 式 1 {; 変数 2= 式 2...]} ; 計算)

指定した式を変数として設定し、その変数を用いて計算し、その結果を返します。変数は左から順に複数設定できます。

◆活用例

「総額」フィールド =Let (税額 =50; 税額 +1000) の場合

結果 ☞「総額」フィールドに、「1050」を返します。

Lookup (ソースフィールド {; エラー時の式 })

定義したリレーションシップに基づきルックアップした、そのソースフィールドの値を返します。ソースフィールドとは、ルックアップ値の取得元フィールドです。オプションでエラー時の式を指定できます。

◆活用例

「単価」テーブルには「商品コード」「単価」「商品名」の 3 つのフィールドを設定しています。次に、「商品名」テーブルには「商品コード」「商品名」2 つのフィールドを設定しています。2 つのテーブルは「商品コード」でリレーションシップを構築しています。

この時、「商品名」テーブルに「商品コード」が「111」、「商品名」が「りんご」と入力されているレコードがあるとします。

上記を前提に、単価テーブルの「商品名」フィールド =Lookup (商品名 :: 商品名 ; " 該当するデータがありません ") と定義し、かつ単価テーブルの「商品コード」フィールドに「111」を入力した場合

結果 ☞ 単価テーブルの「商品名」フィールドに、文字列「りんご」を返します。ルックアップの取得ができなかった場合は、エラー時の式として指定した文字列「該当するデータがありません」を返します。

LookupNext (ソースフィールド ; 後方 / 前方フラグ)

定義したリレーションシップに基づきルックアップした、そのソースフィールドの値を返します。ソースフィールドとは、ルックアップ値の取得元フィールドです。オプションでルックアップがエラーとなった場合、後方 / 前方フラグの指定に従って、次に小さい / 大きい値で一致するレコードのソースフィールドの値を返します。

◆活用例

「単価」テーブルには「商品コード」「単価」「商品名」の 3 つのフィールドを設定しています。次に、「商品名」テーブルには「商品コード」「商品名」2 つのフィールドを設定しています。2 つのテーブルは「商品コード」でリレーションシップを定義しています。

この時、「商品名」テーブルの「商品コード」には「111」から「333」までは有効な商品名を入力したレコードがありますが、エラー処理用に商品コード「666」を入力したレコードがあり、その「商品名」フィールドには「商品名なし」のデータが入力されています。

上記を前提に、単価テーブルの「商品名」フィールド =LookupNext (商品名 :: 商品名 ; Higher) と定義し、かつ単価テーブルの「商品コード」フィールドに「555」を入力した場合

結果 ☞ 単価テーブルの「商品名」フィールドに、文字列「商品名なし」を返します。これはルックアップの取得ができなかったので、次に大きい（Higher）値を返したわけです。

Self

計算式を設定したフィールドの内容を返し、その他の場合は空の結果を返します。

◆活用例

「仕入れ価格」フィールドと「販売価格」フィールドという数字フィールドがある場合。「販売価格」フィールドの定義オプションで「入力値の制限」の「計算式で制限」を選びます。その計算式を「Self> 仕入れ価格」とした場合。

結果 ☞「販売価格」フィールドの数字が「仕入れ価格」フィールドの数字を下回ると、警告のダイアログボックスが表示されます。

SetRecursion (式 ; 最大繰り返し)

While 関数と再帰的カスタム関数のループは 5000 回に制限されています。この関数を使い制限を最大繰り返し数まで増やしたり減らしたりすることができます。

最大繰り返し数を超えた場合は「?」を返します。

◆活用例

SetRecursion (

// 式

```
While (
 [ i = 0 ] ; // 初期変数
 i < 10 ; // 条件
 [ i = i + 1 ] ; // ロジック
 i // 結果
 )
 ;
 5 // 最大繰り返し
 )
```
　結果 ☛「最大繰り返し数をロジックのループが超えるので「?」を返します。

While ([初期変数] ; 条件 ; [ロジック] ; 結果)

　条件が真の間はロジックのループを繰り返し、条件が偽となりループが停止したときに結果を返します。ロジックを繰り返す条件は 50000 回が上限となります。次の例で「条件」が i < 50001 とすると「?」を返します。

　◆活用例
```
While (
 [ i = 0 ] ; // 初期変数
 i < 50000 ; // 条件
 [ i = i + 1 ] ; // ロジック
 i // 結果
 )
```
　結果 ☛ 50000

その他の関数

ComputeModel (モデル名 ; 名前 1 ; 値 1)

　Core ML モデル表か結果を含む JSON オブジェクトをテキストで返します。
　ビジョンモデルの場合の構文は
ComputeModel (モデル名 ; "image" ; 値 1 ; "threshold" ; returnAtLeastOne)
となります。threshold はビジョンモデルが返す結果数を制限するために使用される値です。
　returnAtLeastOne はビジョンモデルで真の値（ゼロ以外）だと信頼度が高い結果が返され、偽の値（ゼロ）だと空の文字列が返されます。

ConvertFromFileMakerPath (FileMaker パス ; 形式)

　FileMaker 形式のパスを標準形式に変換します。「形式」はパスを返す標準形式を指定する名前付きの値です。指定の形式に変換できない場合、「?」を返します。

　◆活用例
　FileMaker パスが「file:/C:/Users/nozawa/Documents/fmlist.xlsx」の場合（Windows のローカルファイルの完全パスの場合）
　結果 ☛「形式」により変換される値
　URLPath: file:///C:/Users/nozawa/Documents/fmlist.xlsx
　PosixPath: ?
　WinPath: C:¥Users¥nozawa¥Documents¥fmlist.xlsx

ConvertToFileMakerPath (標準パス ; 形式)

　標準形式のパスを FileMaker 形式に変換します。形式は標準パスの標準形式を指定する名前付きの値です。ConvertFromFileMakerPath とは逆方向の処理です。FileMaker パスに変換できない場合、「?」を返します。

　◆活用例
　ConvertToFileMakerPath ("/Users/nozawa/Documents/test.xlsx" ; PosixPath)
　結果 ☛ **file:/Macintosh HD/Users/nozawa/Documents/list.xlsx**
　（起動ボリュームが Macintosh HD の Mac）
　file:/C:/Users/nozawa/Documents/list.xlsx
　（C ドライブ起動の Windows）

GetAddonInfo(アドオン ID)

　アドオンの情報を含む JSON オブジェクトを返します。アドオン ID はインストールされているアドオンの UUID を表すテキストです。

GetBaseTableName(フィールド)

　参照されたフィールドの基本テーブル名を返します。

GetFieldName (フィールド名)

　指定したフィールドの名前を返します。フィールド名 は、(テーブル名 :: ファイル名) のように完全修飾名で返します。

　◆活用例
　下記のようなスクリプトを作成します。
　IF[Evaluate (" 名簿 :: 担当者 ") = ""]
　　カスタムダイアログを表示 [GetFieldName (名簿 :: 担当者)& " フィールドが空白です "]
　End if
　目的のレイアウト上でスクリプトトリガのイベントを「OnRecordCommit」に指定して、このスクリプトを指定します。
　結果 ☛ レコードが変更され確定される時に、担当者フィールドが空白の場合、カスタムダイアログボックスに「名簿 :: 担当者フィールドが空白です」と表示されます。

GetLayoutObjectAttribute(オブジェクト名 ; 属性名 {; 繰り返し回数 ; ポータル行番号 })

　インスペクタで指定したオブジェクト名を指定し、指定されたレイアウトオブジェクトの属性（タイプ、アクティブかどうか、座標値、ソース、コンテンツなど）を返します。
　属性名として指定できるのは、
objectType/hasFocus/containsFocus/isFrontPanel/isActive/isObjectHidden/bounds/left/right/top/bottom/width/height/rotation/startPoint/endPoint/source/content/enclosingObject/containedObjects
などがあります。詳細はヘルプを参照。

　◆活用例
　オブジェクト名「印刷ボタン」のオブジェクトがあり、GetLayoutObjectAttribute (" 印刷ボタン " ; "objectType")
　結果 ☛「button group」と返します。
　オブジェクト名「印刷ボタン」のオブジェクトがあり、

GetLayoutObjectAttribute (" 印刷ボタン " ; "width")

結果 ☞「256」と幅の値を返します。

GetLayoutObjectOwnerInfo (オブジェクト ID)

レイアウトオブジェクトの所有権情報を含む JSON オブジェクトを返します。

GetModelAttributes (モデル名)

ロードされている名前付きモデルに関する JSON 形式のメタデータを返します。

LayoutObjectUUID

計算式が定義されたレイアウトオブジェクトの UUID を返します。

取得関数

取得関数は、エラーの検証やその防止を目的にスクリプト内で使用したり、データベースファイルの内容、実行中の操作の状態（ステータス）に関する情報を得るために使う関数です。

Get (FileMaker パス)

現在使用している FileMaker Pro のフォルダへのパスを返します。

Get (UUID)

現在 FileMaker Pro が実行されているハードウエアの UUID (Universally Unique Identifier)の値を返します。固有の 128 ビットの文字列を返し、レコード固有の ID を作成できます。

◆活用例

「固有 ID」フィールド＝ Get (UUID)

結果 ☞16 バイトの固有の文字列（ID）が割り当てられます。

Get (UUID 番号)

大きな UUID （Universally Unique Identifier) 値を表す固有の 24 バイト （192 ビット）の数字を返します。

Get (アカウントアクセス権セット名)

現在のユーザーが使用しているアカウントに割り当てられているアクセス権セット名を返します。アクセス権セット名とは、データベースファイルへのアクセスレベルを定義したセットのことで、「完全アクセス」「データ入力のみ」「閲覧のみアクセス」の 3 つのセット名があります。

Get (アカウントグループ名)

アカウントが外部サーバーまたは OAuth アイデンティティプロバイダによって認証された場合に現在のアカウントのグループ名を返します。

Get (アカウントタイプ)

現在サインインしているユーザのアカウントタイプを返します。

FileMaker ファイル：ゲスト	Guest
FileMaker ファイル	FileMaker File
外部サーバー	External
OAuth：Amazon	Amazon
OAuth：Google	Google
OAuth：Microsoft Azure AD	Azure
Claris ID または IdP	Claris ID< チーム名 >

Get (アカウント拡張アクセス権)

現在のユーザーが使用しているアカウントで、追加で使用できる拡張アクセス権の一覧を返します。

具体的には、FileMaker Pro を使用して開くことを許可（fmnet）、FileMaker Go や FileMaker ネットワークを使用して開くことを許可（fmapp）、FileMaker WebDirect で Web ブラウザを使用して開くことを許可（fmwebdirect）、ODBC または JDBC データソースとして開くことを許可（fmxdbc）するかを識別するキーワードの一覧を改行で区切り返します。

Get (アカウント名)

データベースファイルが現在どのユーザによって使用されているかを調べ、そのアカウント名を返します。もしユーザーが任意のアカウント名を定義しないで、デフォルトの「Admin」アカウントを使用している場合には、「Admin」を返します。ユーザーがゲストアカウントを使用している場合、「[Guest]」を返します。

Get (アクティブフィールドテーブル名)

現在アクティブなフィールドのテーブルの名前（カーソルが挿入されているフィールド名）を返します。アクティブなフィールドがない場合は、空の文字列を返します。

Get (アクティブフィールド内容)

現在、カーソルの置かれているアクティブフィールドの内容を返します。

Get (アクティブフィールド名)

現在、カーソルの置かれているアクティブフィールド名を返します。

Get (アクティブポータル行番号)

現在、選択されているポータル行番号のカレント行を返します。選択されていない場合は、「0」を返します。

Get (アクティブレイアウトオブジェクト名)

現在、ウインドウ内のアクティブなレイアウトオブジェクトのオブジェクト名を返します。

Get (アクティブレコード番号)

現在の対象レコード内のフォーカスがあるレコードを表す番号を返します。

Get (アクティブ繰り返し位置番号)

選択されている繰り返しフィールドが何回目のフィールドなのかを番号で返します。

Get (アクティブ修飾キー)

ユーザーが使う Shift キーなどのアクティブ修飾キーの対応番号を返します。キーコンビネーションは合計した数です。

修飾キーの対応番号

Shift	1
Capslock	2
Ctrl と control	4
Alt と option	8
Command（mac OS）	16

Get (アクティブ選択サイズ)

現在、選択されている文字列が、何文字あるかを数値で返します。何も選択されていない場合は、「0」を返します。

Get (アクティブ選択位置)

現在、選択されているテキストの開始文字位置を数値で返します。何も選択されていない場合は、カーソルの現在の位置を返します。

Get (アプリケーションアーキテクチャ)

現在のアプリケーションアーキテクチャを返します。
64 ビットバージョンの FileMaker Pro、FileMaker Server、FileMaker Cloud、FileMaker WebDirect、FileMaker DataAPI およびカスタム Web 公開の場合「x86_64」
64 ビットの ARM ベースのデバイスで実行されている FileMakerGo または Apple シリコン搭載 Mac の場合「arm64」

Get (アプリケーションバージョン)

FileMaker のアプリケーション名と、そのバージョンを返します。アプリケーション名は下記の通りです。
Claris Pro または FileMaker Pro の場合、「Pro (バージョン)」
Web クライアントの場合、「Web Publishing Engine (バージョン)」
xDBC クライアントの場合「xDBC(バージョン)」
FileMaker Server、FileMaker Cloud の場合、「Server (バージョン)」
FileMaker Go（iPhone）の場合、「Go (バージョン)」
FileMaker Go（iPad）の場合、「Go_iPad (バージョン)」
FileMaker Data API の場合、「FileMaker Data API Engine (バージョン)」

Get (アプリケーション言語)

現在使用中の言語名をテキストで返します。
FileMaker Pro が対応する言語は次の通りです。
英語 / 日本語 / フランス語 / イタリア語 / ドイツ語 / スウェーデン語 / スペイン語 / オランダ語 / 簡体中国語 / 繁体中国語 / ポルトガル語 / 韓国語

Get (インストールされた FM プラグイン)

現在使用している FileMaker Pro にインストールされているプラグインの名前、バージョン、有効・無効状態表示を返します。各項目はセミコロンで区切られ、各プラグインの値のセットの戻り値は改行で区切られます。
プラグインが現在の環境下で有効な場合は「Enabled」を、無効な場合は「Disabled」を返します。

Get (インストールされた FM プラグインの JSON)

インストールされているプラグインの属性を含む JSON オブジェクトを返します。

Get (ウインドウスタイル)

スクリプトの実行対象のウインドウのスタイルを返します。ドキュメントウインドウは「0」を、フローティングドキュメントウインドウは「1」を、ダイアログウインドウは「2」、カードウインドウは「3」を返します。計算結果は数字です。

Get (ウインドウデスクトップ高さ)

デスクトップ領域の高さをピクセル単位で返します。

Get (ウインドウデスクトップ幅)

デスクトップ領域の幅をピクセル単位で返します。

Get (ウインドウのズームレベル)

ウインドウのズーム倍率を返します。「環境設定」ダイアログボックスの「一般」タブで「ウインドウの内容を拡大して読みやすくする」（Win のみ）を選択している場合はズーム倍率とアスタリスクが表示されます。

Get (ウインドウモード)

現在のウインドウモードを数値で返します。「0」がブラウズモード、「1」が検索モード、「2」がプレビューモード、「3」が印刷中です。

Get (ウインドウ高さ)

スクリプト実行対象のウインドウの高さを、ピクセル単位で返します。

Get (ウインドウ左位置)

対象ウインドウの位置（メニューバーまたはツールバーの左下隅）から、画面の左端までの横方向の幅をピクセル数で返します。WebDirect ではカードのみでサポート。

Get (ウインドウ上位置)

対象ウインドウの位置（メニューバーまたはツールバーの左下隅）から、画面の下端までの縦方向の幅をピクセル数で返します。WebDirect ではカードのみでサポート。

Get (ウインドウ内容高さ)

対象ウインドウのコンテンツ領域の高さをピクセル数で返します。コンテンツ領域とは、タイトルバー、スクロールバー、表示倍率コントロール、およびページ余白は含まれません。WebDirect ではスクロールバーとフッタ領域が含まれます。FileMaker Go では内容領域にステータスバー、メニューバー、ツールバーは含まれません。

Get (ウインドウ内容幅)

対象ウインドウのコンテンツ領域の幅をピクセル数で返します。

Get (ウインドウ表示)

スクリプト実行対象のウインドウが現在、表示されているか否かを数値で返します。表示されている場合は「1」を返します。非表示の場合は、「0」を返します。

Get (ウインドウ幅)

スクリプト実行対象のウインドウの幅をピクセル数で返します。

Get (ウインドウ方向)

スクリプト実行対象のウインドウの方向を示す数値を返します。-2（横向き左）、-1（横向き右）、0（スクエア）、1（縦向き）、2（縦向き上下逆）

Get (ウインドウ名)

実行されているスクリプトのウインドウの名前を返します。ウインドウがない場合は空の文字列を返します。

Get (エラー処理状態)

実行されているスクリプトの中で、「エラー処理」スクリプトステップのオプションが「オン」の場合は「1」を返します。そうでない場合は「0」を返します。

Get (オープンデータファイル情報)

各オープンデータファイルのファイル ID とパスを改行で区切って返します。

Get (カスタムメニューセット名)

アクティブなカスタムメニューセットの名前を返します。カスタムメニューセットでない場合は空の文字列が返されます。

Get (キャッシュファイルパス)

アクティブなファイルのキャッシュファイルのパスを返します。

Get (キャッシュファイル名)

アクティブなファイルのキャッシュファイルの名前を返します。

Get (クイック検索テキスト)

クイック検索を最後に実行したときに入力したテキストを返します。

最後の検索で「東京都」を [クイック検索] ボックスに入力した場合、「東京都」を返します。

Get (システム IP アドレス)

NIC（ネットワークインターフェースコントローラ）カードに接続しているコンピュータの全 IP アドレスの一覧を、改行で区切って返します。

Get (システム NIC アドレス)

コンピュータに接続されているすべての NIC（ネットワークインターフェースコントローラ）カードのハードウェアアドレスを返します。

Get (システムドライブ)

実行中の OS の存在するドライブまたはボリューム名を返します。

Windows では、OS が「C」ドライブにある場合、「/C:/」を返します。macOS では、OS が「ボリューム」という名前のボリュームにある場合、「/ ボリューム /」を返します。

Get (システムの外観)

現在の OS の外観モードの名前を返します。Windows では、「設定」のコンピュータの簡単操作で「ハイコントラスト」が有効で、ハイコントラストの配色がアクティブになっている場合に、現在のデフォルトのハイコントラストの配色名を返します。
macOS、iOS、iPadOS では、現在の外観モード（ライト、ダーク）を返します。

Get (システムバージョン)

使用しているオペレーティングシステムのバージョンを返します。

Windows 8.1 の 場合「6.3」、Windows 10 の 場合「10.0」、Windows 11 の場合「11.0」、macOS13.0 の場合「13.0」、iOS または iPadOS バージョン 16.0 の 場合「16.0」、FileMaker WebDirect の場合、「<OS 名またはデバイス ><Web ブラウザ >< ブラウザバージョン >」を返します。

Get (システムプラットフォーム)

使用しているシステムのプラットホームを番号で返します。

macOS で Intel ベースの場合「1」、Windows が「-2」、iOS または iPadOS が「3」、FileMaker WebDirect が「4」、CentOS Linux が「5」、Ubuntu Linux が「8」です。

Abs(Get (システムプラットフォーム)) とすると、macOS と Windows を区別することができます。

Get (システム言語)

システムの言語名を返します。

Get (システム書式使用状態)

「書式」メニューの「システム書式の使用」がチェックされている場合は「1」、そうでない場合は「0」を返します。

「システム書式の使用」は、システム書式が異なるコンピュータでファイルを開いた場合、または最後にファイルを開いた後にシステム書式を変更した場合のみ、「書式」メニューに表示されます。通常は表示されていません。

Get (スクリーン高さ)

スクリーンの縦の高さをピクセル数で返します。

Get (スクリーン深さ)

画面上で 1 ピクセルを表示するのに必要なビット数を返します。

Get (スクリーン倍率)

現在開いているファイルの画面の拡大率を返します。OS X と FileMaker Go では、次のように画面の相対ピクセル密度に基づいた拡大率を返します。
1：Retina ディスプレイのないデバイス
2：Retina ディスプレイの Mac または iPhone 6/7/8/11、iPad Pro の場合
3：iPhone 6 Plus/7 Plus/8 Plus/X/11 Pro Max

Get (スクリーン幅)

スクリーンの横幅をピクセル数で返します。

Get (スクリプトアニメーション状態)

現在実行されているスクリプトでアニメーションが有効な場合「1」を、無効な場合「0」を返します。WebDirect では未サポートで空を返します。

Get(スクリプトの結果)

実行されたサブスクリプトからのスクリプトの結果を返します。サブスクリプトが結果を返さなかった場合は、スクリプトの結果の内容は空になります。スクリプトステップの条件式の中に使用すると、サブスクリプトが結果を返したかどうかを評価して、次にどのサブスクリプトを実行するかを判断させることができます。

◆活用例
スクリプトの一部に下記のような部分を作成したとすると、サブスクリプトが結果を返さない場合には「確認してください」というカスタムダイアログを表示します。
If[Get(スクリプトの結果)=0]
カスタムダイアログを表示 [" 確認してください "]
End If

Get (スクリプト引数)

スクリプト内の計算式の中で、式に渡された引数があれば、その引数の値を返します。

Get (スクリプト名)

現在のスクリプト名を返します。

Get (ステータスエリア状態)

ステータスエリア状態が非表示の場合「0」、表示の場合「1」、表示およびロックの場合に「2」、非表示およびロックの場合「3」を返します。

Get (セッション識別子)

「セッション識別子」スクリプトステップで設定した値を返します。

Get (ソート状態)

ソート状態を数値で返します。未ソートは「0」、ソート済みは「1」、半ソートは「2」です。

Get (タイムスタンプ)

システムに設定している日付と時刻を返します。

Get (タッチキーボード状態)

タッチキーボードが必要時に自動的に表示されるように設定されている場合に「1」（真）を返します。それ以外の場合は「0」（偽）を返します。

Get (テキスト定規表示)

テキスト定規が表示されているかどうかを論理値で返します。現在、テキスト定規が表示されている場合は「1」を、そうでない場合は「0」を返します。

Get (デスクトップパス)

現在使用しているユーザーのデスクトップフォルダへのパスを返します。

Get (デバイス)

FileMaker Pro、FileMaker WebDirect を実行しているコンピュータの種類、FileMaker Go を実行している iOS デバイスの種類を示す数値を返します。デバイスが不明の場合「0」、Mac「1」、Windows PC「2」、iPad「3」、iPhone「4」、Android「5」Linux「6」が返されます。

Get(テンポラリパス)

現在のユーザーの FileMaker Pro の使用するテンポラリフォルダのパスを返します。

Get (ドキュメントパス)

現在使用しているユーザーのドキュメントフォルダへのパスを返します。

Get (ドキュメントパス一覧)

現在使用しているユーザーのドキュメントフォルダのパスの一覧を表示します。パス名は改行で区切って表示されます。

Get (トランザクションオープン状態)

トランザクションが開いている場合「1」（真）、それ以外の場合は「0」（偽）を返します。

Get (トリガキー入力)

スクリプトトリガのイベント「OnLayoutKeystroke」「OnObjectKeystroke」でスクリプトトリガを起動した文字が含まれている文字列を返します。

Get (トリガジェスチャ情報)

FileMaker Go で OnGestureTap トリガ（1、2、3 本指タップ、ダブルタップ）をアクティベートするジェスチャの詳細を返します。
・OnGestureTap トリガによってスクリプトが起動されたことを示す、文字列 tap
・タップカウントを示す値
・タップするのに何本の指が使用されたかを示す値

- ジェスチャが発生したドキュメント内の X 座標
- ジェスチャが発生したドキュメント内の Y 座標

Get (トリガターゲットパネル)

OnPanelSwitch スクリプトトリガがアクティブな場合に、移動先のタブパネル、スライドパネルのオブジェクト名とインデックスを返します。

Get (トリガ現在のパネル) 関数とともに使用します。OnPanelSwitch スクリプトトリガによるスクリプト実行時 1 から始まるインデックスの値を返します。また、パネルに割り当てられたオブジェクト名を返します。

パネルが無効、OnPanelSwitch スクリプトトリガとともに使用されていない場合は 0 を返します。

Get (トリガ外部イベント)

FileMaker Go で OnExternalCommandReceived スクリプトトリガをアクティブにしたイベントを示す数値を返します。0：不明、1：リモートメディア再生、2：リモート一時停止、3：リモート再生一時停止切り替え、4：リモート次を再生、5：リモート前を再生、6：リモート検索（前方への検索または後方への検索の開始または終了）、7：リモート停止

Get (トリガ現在のパネル)

Get (トリガターゲットパネル) 関数とともに使用します。OnPanelSwitch スクリプトトリガによるスクリプト実行時 1 から始まるインデックスの値を返します。また、パネルに割り当てられたオブジェクト名を返します。パネルが無効、OnPanelSwitch スクリプトトリガとともに使用されていない場合は 0 を返します。

Get(トリガ修飾キー)

スクリプトトリガが起動したときのキーボードの修飾キーの状態（Ctrl+Shift、Shift+Option など）を返します。

Get (ネットワークタイプ)

FileMaker Go で、現在のファイルにアクセスしているネットワークの種類を示す数値を返します。iOS または iPadOS 上のローカルファイルは「0」、不明の場合「1」、携帯電話ネットワークは「2」、Wi-Fi は「3」を返します。

Get (ネットワークプロトコル)

使用しているネットワークプロトコルを返します。

Get (ハイコントラスト状態)

コントロールパネルの「ハイコントラストを使う」オプションの状態を返します。この関数は Windows で使用されます。「ハイコントラストを使う」が使用不可、非アクティブ、またはmacOS の場合「0」を、「ハイコントラストを使う」が使用可能でアクティブな場合、「1」を返します。

Get (ハイコントラスト色)

Windows のコンピュータの簡単操作でハイコントラストオプションが有効になっていて、ハイコントラストの配色がアクティ

ブになっている場合は、現在のデフォルトのハイコントラストの配色名を返します。アクティブでない場合や OS X では空の文字列を返します。

Get (ファイルサイズ)

現在のファイルのサイズのバイト数を返します。

Get (ファイルパス)

ファイルのパスを返します。具体的なパス名は下記の通りです。

Windows のローカルファイルの場合は、「file:/ ドライブ文字 / データベース名」を返します。

Windows のリモートファイルの場合は、「file:// ボリューム名 / フォルダ名 / データベース名」を返します。

macOS のローカルファイルおよびリモートファイルの場合は、「file:/ パス / データベース名」を返します。

FileMaker Pro ネットワークで共有されているファイルの場合は、「fmnet:/ ネットワークアドレス / データベース名」を返します。

Get (ファイルロケール要素)

現在のファイルのロケール情報を含む JSON オブジェクトを返します。

Get (ファイル共有状態)

ファイル共有の状態を数値で返します。単独が「0」、マルチユーザーのホストが「1」、ゲストが「2」です。

Get (ファイル名)

ファイル名を返します。拡張子は付けません。

Get (プリンタ名)

Windows では、使用中のプリンタ名、ドライバ名、プリンタポート名をカンマ区切りで返します。

macOS では、使用中のプリンタのキュー名（提供されている場合のみ）、プリンタの IP アドレスが、文字列「on」で区切った形式で返します。

Get (ページ番号)

印刷、プレビューされているページの番号を返します。

Get (ホスト IP アドレス)

現在のデータベースのホストマシンの IP アドレスを返します。ホストされていない場合は、空の文字列が返されます。

Get(ホストアプリケーションバージョン)

現在のファイルをホストしているコンピュータで実行されている FileMaker Pro、FileMaker Server、FileMaker Cloud のバージョンを返します。共有またはホストされていない場合は空の文字列を返します。

FileMaker Pro 20.1.1 なら「Pro 20.1.1」を返します。

Get (ホストのタイムスタンプ)

ホストコンピュータのシステムクロックに基づいた現在の日付と時刻を返します。

注意：ホストコンピュータとクライアントコンピュータの設定日付が異なる場合は、Get(ホストのタイムスタンプ) 関数とGet(タイムスタンプ) 関数は同じ値を返しません。

Get (ホスト名)

使用中ファイルのホストコンピュータ名を返します。

Get (メニューバー状態)

現在のメニューバー状態を表す数値を返します。FileMaker Pro、FileMaker Go、FileMaker WebDirect では、次の値が返されます。

0：メニューバーが非表示およびロック解除の場合
1：メニューバーが表示およびロック解除の場合
2：メニューバーが表示およびロックの場合
3：メニューバーが非表示およびロックの場合

Get (ユーザによる強制終了許可状態)

「ユーザによる強制終了を許可」スクリプトステップのオプションが「オン」の場合は、「1」を返します。それ以外は、「0」を返します。

Get (ユーザ数)

ファイルにアクセスしているユーザ数を返します。

Get (ユーザ名)

FileMaker Pro の「環境設定」で設定されているユーザ名を返します。

Get (レイアウトアクセス)

「一覧」ダイアログボックスで割り当てられたレイアウトのアクセス権を数字で返します。ファイルを開くためのパスワードに指定されたレイアウトにアクセスする権限がない場合「0」を、読み取りのみの権限の場合は「1」を、読み書きアクセス権、またはファイルにパスワードが割り当てられていない場合は「2」を返します。

Get (レイアウトテーブル名)

現在表示中のレイアウトのテーブル名を返します。

Get (レイアウト数)

設定されているレイアウトの数を返します。

Get (レイアウト番号)

使用中のレイアウトの番号を返します。

Get (レイアウト表示状態)

データベースの表示状態を返します。表示状態がフォーム形式の場合「0」を返します。リスト形式の場合は「1」、表形式の場合は「2」を返します。

Get (レイアウト名)

使用中のレイアウト名を返します。

Get (レコード ID)

現在使用しているレコードに固有の ID を返します。

Get (レコードアクセス)

「一覧」ダイアログボックスで割り当てられたレコードのアクセス権を数字で返します。ファイルを開くためのパスワードに、指定されたレコードにアクセスする権限がない場合「0」を返します。読み取りのみの権限の場合は「1」を返します。読み書きアクセス権、またはファイルにパスワードが割り当てられていない場合は「2」を返します。

Get (レコードのオープン状態)

現在のレコードの状態を表す番号を返します。「0」は閉じられたり、確定されたレコード。「1」は確定されていない新規レコード。「2」は確定されていない変更されたレコード。

Get (レコード総数)

テーブルの中のレコード総数を返します。

Get (レコード番号)

カレントレコードのレコード番号を返します。

Get (レコード編集回数)

現在のレコードに対して何回、編集を行ったか、その確定回数の合計値を返します。フィールドの外をクリックしてレコードを閉じる、別のレコードに移動する、検索モードに切り替える操作を行うと、編集が確定します。

Get (暗号化状態)

ファイルの暗号化状態を示す数値を返します。暗号化されていない場合「0」、暗号化されている場合「1」または改行で区切られた共有 ID を返します。

Get (開いているレコード数)

対象レコードでまだ保存されていない開いているレコードの数を返します。

Get (環境設定パス)

現在のユーザーの環境設定、デフォルトオプションフォルダへのパスを返します。

Get (計算式繰り返し位置番号)

計算式内での繰り返し位置の値を返します。最初の繰り返しは「1」です。

Get (検索条件除外状態)

検索モードの「除外」チェックボックスの状態を論理値で返します。「除外」チェックボックスが選択されている場合「1」、そうでない場合は「0」を返します。

Get (検索条件数)

定義されている検索条件の数を返します。

Get (現在のアクセス権セット名)

現在のユーザーによって使用されているアクセス権セット名を返します。ユーザーがデフォルトの「Admin」アカウントを使用しており、データベースファイルのアクセス権が変更されていない場合は「Full Access」を返します。

Get (現在の拡張アクセス権)

アカウントの有効な拡張アクセス権に対するキーワードの一覧を改行で区切って返します。ユーザーに拡張アクセス権が割り当てられていない場合は空のリストを返します。

Get (現在の時刻 UTC マイクロ秒)

現在時刻を協定世界時刻（UTC）にマイクロ秒単位で適合させた近似値を返します。

Get (現在の時刻 UTC ミリ秒)

現在時刻を協定世界時刻（UTC）にミリ秒単位で適合させた近似値を返します。

Get (最終エラー)

スクリプト実行中に発生した最終エラー番号を返します。

Get (最終エラー位置)

Get (最終エラー) によって返されるスクリプト名、ステップ名、行番号を返します。

Get (最終エラー詳細)

Get (最終エラー) によって返されるエラーに関するテキストを返します。

Get (最終メッセージ選択)

スクリプト内の「カスタムダイアログを表示」スクリプトステップを使って表示したテキストメッセージに対し、クリックされたボタンに対応する番号を返します。「OK」ボタンの場合は「1」、「キャンセル」ボタンの場合は「2」、3 つ目のボタンの場合は「3」を返します。

Get (持続 ID)

現在 FileMaker Pro あるいは FileMaker Go が実行されているハードウエアの固有で不変の識別子を 32 桁の 16 進数で返します。

Get (時刻)

現在のシステム時刻を返します。

Get (書式設定バーの表示状態)

ツールバーが表示可能の場合は「1」を、それ以外の場合は「0」を返します。

Get (接続状態)

現在ファイル共有されているネットワークのセキュリティ状態を返します。
「0」の場合は、接続がない（ローカルのみで使われている）

「1」の場合は、暗号化されていない（SSL が無効の FileMaker Server または FileMaker Pro ホスト）
「2」の場合は、暗号化されているが SSL 証明書が検証できない接続
「3」の場合は、証明書により検証された安全な状態
なお、この関数は FileMaker Pro、FileMaker Go の接続を対象としています。

Get (接続属性)

現在ファイルのホスト名と使用される SSL 証明書の発行機関名を返します。

Get (対象レコード数)

対象となっているレコード数を返します。

Get (日付)

現在のシステム日付を返します。

Get (変更されたフィールド)

現在のテーブルのレコードで、変更されたフィールド名をすべて改行で区切って返します。

Get (領域監視イベント)

「領域監視スクリプトを構成」スクリプトステップで指定されたスクリプトが実行された場合、スクリプトステップで指定されたスクリプトが実行される原因となったイベント（領域監視名（BeaconMonitor 等）、タイムスタンプ、iOS デバイスが監視対象領域に入った場合は「1」、それ以外の場合は「0」を返します。

デザイン関数

BaseTableIDs(ファイル名)

ファイル名のすべての基本テーブルの ID の一覧を返します。

BaseTableNames(ファイル名)

ファイル名のすべての基本テーブル名の一覧を返します。

DatabaseNames

コンピュータ上でゲストとして開いているファイルも含むすべてのデータベースファイルの名前の一覧を返します。各名前はキャリッジリターンで区切られます。

◆活用例

売上データベースが現在使用されているかどうかは、Position 関数で DatabaseNames を使用します。

Position (DatabaseNames; " 売上 "; 1; 1)

ここで、1 より大きい値が返されると売上ファイルは開いているということです。

FieldBounds(ファイル名 ; レイアウト名 ; フィールド名)

指定したフィールドの両サイドの位置と回転角度を返します。位置はレイアウトの左上端からのピクセル数で示されます。

表示の順番は、フィールドの左側の境界、上の境界、右側の境界、下の境界、回転の度数（時計回りを基準に、回転なしの場合は 0）の順です。

FieldComment (ファイル名 ; フィールド名)

「データベースの管理」で指定したフィールドのコメントを返します。

◆活用例

「商品マスタ」ファイルの「商品コード」フィールドのコメントに文字列「7 桁で入力」を指定しているとき、
「コメント」フィールド =FieldComment (" 商品マスタ "; " 商品コード ") の場合
結果 ☞ 「コメント」フィールドに、文字列「7 桁で入力」を返します。

FieldIDs (ファイル名 ; レイアウト名)

指定したファイルのフィールド ID の一覧を改行で区切って返します。レイアウト名を指定したときは、指定したレイアウトにあるフィールドだけが返されます。関連フィールドはリレーション ID:: 関連フィールド ID となります。

FieldNames (ファイル名 ; レイアウト名)

指定したデータベース内のすべてのフィールド名の一覧を返します。フィールド名はキャリッジリターンで区切られます。レイアウト名が指定された場合、そのレイアウト内のフィールドのみを返します。

◆活用例

FieldNames (" 販売実績 "; " ラベル ")
結果 ☞ 販売実績データベース内のラベルレイアウトのフィールド名一覧を返します。

FieldRepetitions (ファイル名 ; レイアウト名 ; フィールド名)

指定したデータベース内のレイアウト内の指定したフィールドの繰り返し回数を返します。レイアウト内でのフィールドの繰り返しの方向（横方向または縦方向）も返します。

FieldStyle (ファイル名 ; レイアウト名 ; フィールド名)

指定したフィールドの書式設定（カッコ内の値）を返します。
標準フィールド（Standard）
縦のスクロールバー付きの標準フィールド（Scrolling）
ドロップダウンリスト（Popuplist）
ポップアップメニュー（Popupmenu）
チェックボックス（Checkbox）
ラジオボタン（RadioButton）
ドロップダウンカレンダー（Calendar）
値一覧に設定されている場合、値一覧の名前を返します。

FieldType (ファイル名 ; フィールド名)

指定したデータベース内の指定したフィールドの定義方法を 4 つに分割された項目として返します。
1 番目（Standard; StoredCalc; Summary; UnstoredCalc; Global）、2 番目（フィールドタイプ：テキスト、数字、日付、時刻、オブジェクトフィールド）、3 番目（フィールドの索引設定の有無 :Indexed または Unindexed）、4 番目（フィールドに設定された繰り返しの最大回数）

GetNextSerialValue (ファイル名 ; フィールド名)

指定したファイルのフィールドの次のシリアル番号を返します。

LayoutIDs (ファイル名)

指定したファイルのすべてのレイアウト ID の一覧を改行で区切って返します。

LayoutNames (ファイル名)

指定したデータベースのすべてのレイアウトの名前の一覧を返します。キャリッジリターンで区切られます。

LayoutObjectNames (ファイル名 ; レイアウト名)

指定したファイルの指定したレイアウト上のオブジェクトの名前一覧を改行して返します。

RelationInfo (ファイル名 ; テーブル名)

指定されたテーブルのリレーションシップの属性を 4 つの値として改行で区切って返します。
・テーブル名を保持するデータベースファイルの名前
・関連フィールドの名前
・テーブル内のフィールドの名前
・リレーション定義時に設定された次のオプション：
「リレーションシップ編集」ダイアログボックスで「他のテーブルでレコードが削除された時、このテーブルの関連レコードを削除」が選択されている場合、「Delete」
「リレーションシップ編集」ダイアログボックスで「このリレーションシップを使用して、このテーブルでのレコードの作成を許可」が選択されている場合、「Create」
「リレーションシップ編集」ダイアログボックスで「レコードのソート」が選択されている場合、「Sorted」

ScriptIDs (ファイル名)

指定したファイルのすべてのスクリプト ID の一覧を改行で区切って返します。

ScriptNames (ファイル名)

指定したデータベース内のすべてのスクリプトの名前の一覧を返します。改行で区切られます。

TableIDs (ファイル名)

指定したファイルのすべてのリレーション ID の一覧を改行で区切って返します。

TableNames (ファイル名)

指定したデータベース内のすべてのリレーションの名前の一覧を返します。改行で区切られます。

ValueListIDs (ファイル名)

指定したファイルのすべての値一覧 ID の一覧を改行で区切っ

て返します。

ValueListItems (ファイル名 ; 値一覧)

指定した値一覧にある値の一覧を返します。改行で区切られます。

ValueListNames (ファイル名)

指定したデータベース内のすべての値一覧の名前の一覧を返します。改行で区切られます。

WindowNames {(ファイル名)}

開いているウインドウ名を返します。現在表示されているウインドウ、非表示のウインドウ、最小化されているウインドウも対象とします。引数はオプションです。

モバイル関数

GetAVPlayerAttribute (属性名)

オブジェクトフィールドにあるオーディオ、ビデオ、イメージファイルの特定の属性の設定を返します。属性には次の属性と引数を指定します。

all：すべての属性とその値
sourceType：オーディオ、ビデオファイルに使用されるソースタイプ（0：なし、1：URL、2：フィールド、3：レイアウトオブジェクト、4：アクティブオブジェクト）
source：URL、フィールド名またはレイアウトオブジェクト
playbackState：メディアの再生状態を示す数値
presentation：メディアの表示に使用する方法を示す数字
position：現在メディアが再生している位置（秒）
startOffset：再生の開始位置（秒）
endOffset：再生の終了位置（秒）。メディアが最後まで再生される場合は「0」を返す
duration：オーディオファイルまたはビデオファイルが再生される時間（秒）
triggerEvent：最後の OnObjectAVPlayerChange スクリプトトリガまたは OnFileAVPlayerChange スクリプトトリガがアクティブになった理由を示す数字
triggerEventDetail：最後の OnObjectAVPlayerChange スクリプトトリガまたは OnFileAVPlayerChange スクリプトトリガがアクティブになったイベントに関する情報
詳細はヘルプを参照。

◆活用例

If [GetAVPlayerAttribute("playbackState") = 1
AVPlayer 再生状態設定 [停止]
End If
　結果 ☛ 現在再生中の場合メディアを停止します。

GetSensor (センサー名 {; オプション 1 ; オプション 2})

FileMaker Go を実行している iOS デバイスの指定されたセンサーの値を返します。センサー名には、バッテリーの充電レベルと状況、iOS デバイスの位置、傾き、速度、加速度、磁気、歩数、気圧、センサーの一覧の各値を指定します。オプション

では指定されたセンサーのオプションの引数を指定できます。

Location (精度 {; タイムアウト })

FileMaker Go のみで使用できる関数です。デバイスの現在位置を「緯度 , 経度」で 1 行で返します。精度はメートルで表した値、式、フィールドです。タイムアウトは、秒単位でデフォルトは 60 秒です。バッテリーを節約するには、精度は大きめでタイムアウトを短めにします。

◆活用例

Location (100 ; 30) の場合
　結果 ☛ 100m 単位で 30 秒以内に緯度、経度を返します。

LocationValues (精度 {; タイムアウト })

FileMaker Go のみで使用できる関数です。デバイスの現在位置を返します。精度はメートルで表した値、式、フィールドです。タイムアウトは、秒単位でデフォルトは 60 秒です。バッテリーを節約するには、精度は大きめでタイムアウトを短めにします。

位置データは改行で区切られ次のような形式で返されます。

緯度（小数表現）
経度（小数表現）
高度（小数表現）
水平精度（整数）
垂直精度（整数）
取得後の時間経過（分）

RangeBeacons (UUID {; タイムアウト ; メジャー ; マイナー })

iBeacon と iOS デバイスへの近接の一覧を返します。UUID は iBeacon の識別子です。タイムアウトは値が返されるまでの待機秒数、メジャーは iBeacon のグループを識別する値、マイナーは iBeacon のグループ内の特定の iBeacon を識別する値です。戻り値はテキストです。

カスタム関数

カスタム関数とは、FileMaker Pro で任意に作成できる関数です。「環境設定」ダイアログボックスの「一般」で「高度なツールを使用する」がオンの場合に使用できます。

「ファイル」メニューの「管理」から「カスタム関数」を選択し、ダイアログボックスで「新規」をクリックして新しい関数を既存の関数や演算子を組み合わせて定義します。詳しくは FileMaker Pro のヘルプを参照して下さい。

スクリプトステップ一覧

使用頻度 ★★★ | FileMaker Pro で使用できるスクリプトステップについて、個々の意味と処理内容について解説します。

制御

Claris Connect フローをトリガ

Claris Connect フローをトリガして指定された JSON データを送信します。

Else

計算式の結果が偽（0）の場合は、If で記述したスクリプトではなく、Else で記述したスクリプトを実行します。

Else If

必ず If または Else If の後に指定します。計算式の結果が偽（0）の場合は、次の Else If で記述したスクリプトを実行します。次の Else If も偽（0）の場合は、次の Else If に移ります。計算式の結果が真（0 以外の値）の場合は、Else If の処理は終了し、End If に移ります。

End If

If 構文の終了を指定します。計算式の結果が真（0 以外の値）の場合、If から End If の間に記述したスクリプトを実行します。

End Loop

Loop 構文の終了を指定します。Loop から End Loop の間に記述したスクリプトを繰り返し実行します。

Exit Loop If

計算式の結果が真（0 以外の値）の場合は、Loop を終了します。

If

計算式の結果が真（0 以外の値）の場合は、If で記述したスクリプトを実行します。

Loop

一連のスクリプトを繰り返し実行します。

NFC 読み取りの構成

NFC（近距離無線通信）タグをスキャンまたはスキャンを停止します。「スクリプト」ではタグが読み取られたとき、エラーが発生したとき、操作をキャンセルするときに実行するスクリプトを指定します。「タイムアウト」では読み取り操作をキャンセルするまでの秒数を指定します。「連続読み取り」では、タイムアウト、キャンセルするまで連続して読み取ります。

OnTimer スクリプトをインストール

指定したスクリプトを指定した間隔で実行します。1 つのウインドウにつき 1 つのタイマーをインストールします。間隔は秒数で指定し、その時間が経過すると、そのアプリケーションはアイドル状態となり、指定されたスクリプトが実行されます。

エラーログ設定

現在のファイルのスクリプト実行中にエラーログをとるかどうかを制御します。「オン」でエラーログの記録を開始します。「オフ」を指定するとエラーログの記録を停止します。

エラー処理

FileMaker Pro のエラーメッセージを表示するか、しないかを指定します。

コールバックを使用してサーバー上のスクリプト実行

クライアントをフリーズせずに現在のファイルを共有しているサーバー上のスクリプトを実行し、サーバースクリプトが完了したときに指定したコールバックスクリプトを実行します。

サーバー上のスクリプト実行

現在のファイルをホストしているサーバー上でスクリプトを実行します。

スクリプト一時停止 / 続行

実行中のスクリプトの一時停止または続行を選択させ、選択に応じた処理を実行します。

スクリプト実行

作成してある別のスクリプトを実行します。「一覧から」を選択すると実行するスクリプトを選択でき、「名前で」を選択すると計算式でスクリプト名を指定することができます。「引数」では指定したスクリプトのスクリプト引数を指定します。

トランザクションを開く

トランザクションを開始します。

トランザクション確定

すべてのレコードの変更を保存して現在のトランザクションを終了します。

トランザクション復帰

トランザクションで変更されたすべてのレコードを元の状態に戻してトランザクションを終了します。

ユーザによる強制終了を許可

ユーザが実行中のスクリプトを強制的に終了することを許可するか、しないかを指定します。

レイアウトオブジェクトアニメーション設定

スクリプト実行中にアニメーションの有効・無効を設定します。ア

ニメーションがサポートされない FileMaker 製品ではエラーを返します。

ローカル通知の構成

FileMaker Go でのみ作動します。iOS デバイスのローカル通知をキューまたは消去します。FileMaker Go が実行されていない場合、またはバックグラウンドで実行されている場合、このスクリプトステップを使用してデバイス上に通知を表示します。FileMaker Go が実行されていない場合でも、オプションの遅延時間が経過した後で通知が表示されます。

機械学習モデルを構成

Core ML（機械学習）モデルをロードして使用できるように準備します。「処理」ではモデルの使用方法を選びます。「名前」では「アンロード」を指定した場合、アンロードするモデルを「名前」で識別します。

現在のスクリプト終了

現在実行中のスクリプトを終了します。

全スクリプト終了

実行定義されている全スクリプトを終了します。

変数を設定

構文は「変数を設定 [変数名 [繰り返し数]; 値]」となります。
変数の「名前」は、フィールド名と同じにしなければなりません。ローカル変数の名前には先頭に「$」、グローバル変数の名前には「$$」を付けます。「値」は設定する変数の値で、テキストを入力するか、計算式を指定できます。「繰り返し」は、作成する変数の繰り返し数です。
ローカル変数またはグローバル変数を指定した値にセットします。変数がない場合は、このスクリプトステップで変数が作成されます。ローカル変数は、現在実行中のスクリプト内のスクリプトステップでのみ使用でき、ローカルスクリプト終了時に消去されます。グローバル変数は、計算式またはスクリプトなどで使用でき、グローバル変数の値はファイルが閉じられるときに消去されます。

監視領域スクリプトを構成

指定された iBeacon やジオフェンス領域に iOS デバイスが出入りするときに指定されたスクリプトを実行するように構成します。定義されている領域にデバイスが出入りするたびに、iOS から FileMaker Go に通知されます。

切り替え/移動

オブジェクトへ移動

指定したオブジェクトへ移動します。オブジェクト名はレイアウトモードで「インスペクタ」の「位置」タブの「名前」で設定します。

フィールドへ移動

指定したフィールドへ移動します。

ブラウズモードに切り替え

ブラウズモードに切り替えます。

プレビューモードに切り替え

プレビューモードに切り替えます。

ポータル内の行へ移動

ポータル行またはポータル行内の指定したフィールドへ移動します。計算式で指定することも可能。

ポップオーバーを閉じる

スクリプトステップを実行しているウィンドウで開いているポップオーバーを閉じます。

レイアウト切り替え

指定したレイアウトに切り替えます。計算式でレイアウト名やレイアウト番号を指定することもできます。

レコード / 検索条件 / ページへ移動

ブラウズモードでは指定したレコードへ、検索モードでは指定した検索条件へ、プレビューモードでは指定したページへ移動します。計算式で移動先を指定することもできます。

関連レコードへ移動

関連ファイル内の現在のレコードに移動し、指定したレイアウトで表示します。

検索モードに切り替え

検索モードに切り替えます。

次のフィールドへ移動

現在のレイアウトの次のフィールドへ移動します。

前のフィールドへ移動

現在のレイアウトの 1 つ前のフィールドへ移動します。

編集

コピー

フィールド内のデータをコピーします。オプションの「指定」でフィールドを指定できます。

検索 / 置換を実行

ダイアロボックスのオプションに従って、データを検索 / 置換します。

元に戻す / 再実行

直近に実行した操作を元に戻すか、復元するか、切り替えます。

消去

フィールド内のデータを消去します。オプションの「指定」でフィールドを指定できます。

切り取り

フィールド内のデータを切り取ります。「内容全体を選択」では現在のレコード内のフィールドの全内容切り取られます。オプションの「指定」でフィールドを指定できます。

選択範囲を設定

フィールド内の選択範囲の開始位置と終了位置を指定します。オプションでは、選択する内容の含まれるフィールドや、開始位置、終了位置を式で指定することができます。

全てを選択

フィールド内のデータをすべて選択します。

貼り付け

クリップボードのデータをフィールド内に貼り付けます。オプションの「指定」でフィールドを指定できます。

フィールド

PDF を挿入

現在のインタラクティブオブジェクトに PDF ファイル、あるいはファイルへの参照を挿入します。

URL から挿入

URLから内容をフィールドに入力します。「内容全体を選択」でフィールドの内容を置き換えます。ダイアログ表示の有無を指定できます。「ターゲット」は「指定」をクリックして URL の挿入先フィールドを指定します。「URL を指定」で「指定」をクリックしてテキスト入力領域に URL を指定します。「SSL 証明書の検証」は、URL で指定されたサーバーの SSL 証明書を検証します。「cURL オプションの指定」で 1 つまたは複数のサポートされる cURL オプションを計算式として入力できます。

オーディオ / ビデオを挿入

インタラクティブオブジェクトにオーディオ、ビデオファイル、あるいはそれらへの参照を挿入します。

テキストを挿入

フィールドに文字列を挿入します。オプションの「指定」でフィールドを指定し、「指定」で文字列を設定します。「内容全体を選択」でフィールドの内容を置き換えます。

デバイスから挿入

FileMaker Go でミュージックライブラリ、フォトライブラリ、カメラ、ビデオカメラ、マイク、署名、バーコードのソースからオブジェクトフィールド、テキストフィールドに内容を入力します。

ピクチャを挿入

ピクチャを挿入します。オプションの「指定」でファイルを指定します。

ファイルを挿入

オブジェクトフィールドにファイルまたはファイルへの参照を挿入します。挿入先のフィールドが指定されていない場合は、このスクリプトステップの前に、「フィールドへ移動」スクリプトステップを使います。ダイアログオプションでカスタムダイアログ、格納、アイコン表示、圧縮を指定します。

フィールドを名前で設定

現在のレコードの指定されたフィールドの内容全体を、計算結果で置き換えます。「ターゲットフィールドの指定」ではフィールドは "" で囲んで指定します。たとえば、フィールドを名前で設定 [" 名簿 :: 担当者 "; 名簿 :: 名前] とすると「担当者」フィールドが「名前」フィールドの値で置き換えられます。

フィールド設定

フィールドの内容を計算結果で置き替えます。フィールドが現在のレイアウト内に設定されている必要はありません。オプションの「指定」でターゲットフィールドを指定し、「指定」で計算式を設定します。

フィールド内容のエクスポート

現在のレコードにある 1 つのフィールドの内容を新しいファイルにエクスポートします。

フィールド内容の再ルックアップ

対象レコード内のルックアップ値を更新します。

フィールド内容の全置換

対象レコード内のデータを任意のデータで置き替えます。オプションの「ターゲットフィールドの指定」でフィールドを指定し、「指定」をクリックすると表示される「フィールド内容の全置換」ダイアログボックスで置換内容の設定を行います。シリアル番号や計算式を置換データとして扱えます。

計算結果を挿入

計算結果を挿入します。オプションでフィールドと計算式を設定します。「内容全体を選択」でフィールドの内容を置き換えます。

現在のユーザ名を挿入

現在のユーザ名を挿入します。オプションの「指定」でフィールドを指定します。

現在の時刻を挿入

現在の時刻を挿入します。オプションの「指定」でフィールドを指定します。

現在の日付を挿入

現在の日付を挿入します。オプションの「指定」でフィールドを指定します。

索引から挿入

索引から取り込んだ値をフィールドに挿入します。オプションの「指定」でフィールドを指定します。「内容全体を選択」でフィールドの内容を置き換えます。

次のシリアル値を設定

シリアル番号の自動入力を設定したフィールドで、次に自動入力するシリアル値を設定し直します。シリアル値または計算式で指定できます。

直前に参照したレコードから挿入

直前のレコードのアクティブフィールド（カーソルが挿入されているフィールド）のデータを挿入します。オプションの「指定」でフィールドを指定します。

レコード

テーブルデータを削除

現在の対象レコードに関係なく、指定したテーブルのすべてのレコードを削除します。[全レコード削除 ...] より短時間でレコードを削除できます。

ポータル内の行を削除

ポータル内の行を削除します。

レコード / 検索条件コピー

現在のレコードの内容または検索条件をコピーします。

レコード / 検索条件を開く

ブラウズモードの場合はレコードの編集、検索モードの場合は検索条件の編集ができるようにします。

レコード / 検索条件確定

フィールド内のデータを更新し、フィールドの選択を解除しレコードまたは検索条件を終了します。

レコード / 検索条件削除

ブラウズモードの場合はレコードを削除し、検索モードの場合は検索条件を削除します。

レコード / 検索条件復帰

ブラウズモードの場合はレコード内のデータを追加、変更を行う前の状態に戻します。検索モードの場合は検索条件の追加、変更を行う前の状態に戻します。
ブラウズモードの場合はレコード内のフィールドデータがアクティブになっているのを終了します。検索モードの場合は検索条件のフィールドデータがアクティブになっているのを終了します。

レコード / 検索条件複製

ブラウズモードの場合はレコードを複製し、検索モードの場合は検索条件を複製します。

レコードのインポート

現在のファイルに他のファイルやデータソースからデータを取り込みます。取り込むファイル名とインポート順も指定できます。インポート時に SSL 証明書の検証の有無を指定できます。

レコードのエクスポート

現在のファイルからデータを書き出します。書き出すファイル名とエクスポート順やディレクトリも指定できます。

レコードを Excel として保存

レコードを Excel ファイルとして保存します。検索モードでは動作しません。オプションをダイアログで指定できます。

レコードを PDF として保存

レコードを PDF ファイルとして保存します。検索モードでは動作しません。オプションをダイアログで指定できます。

レコードをスナップショットリンクとして保存

対象レコードを FileMaker Pro スナップショットリンク（FMPSL）ファイルとして保存します。

新規レコード / 検索条件

ブラウズモードの場合は新規レコードを追加し、検索モードの場合は検索条件を追加します。

全レコード / 検索条件コピー

対象となっているすべてのレコードまたは検索条件をコピーします。

対象レコード削除

対象レコードを削除します。

対象レコード

クイック検索の実行

指定したテキストまたは計算式により返されたテキストに一致するレコードを抽出します。

レコードのソート

対象レコードを指定した設定条件で並べ替えます。レコードのソート順は指定することができます。ダイアログのオン・オフを指定できます。

レコードのソート解除

直前に行ったソートを解除します。

レコードをフィールド順でソート

フィールドのコンテキストに基づいてソートします。オプションで昇順・降順、関連付けられている値一覧を指定します。

レコードを対象外に

現在の対象レコードを対象外にします。

一致するレコードを検索

指定したフィールドのコンテキストに基づいてレコードを検索します。フィールドを指定しない場合は、スクリプトの実行時にアクティブなフィールドに基づいて検索します。
オプションで置換、絞り込み、拡大を指定します。

検索実行

現在設定されている条件に一致するレコードを抽出します。検索条件を指定して記憶することができます。

検索条件を変更

直前に指定した検索条件を解除し、新しい検索条件を設定します。

全レコードを表示

ファイル内のすべてのレコードを表示します。

対象レコードの拡大

検索条件に指定した条件を使用して、既存の対象レコードを拡大します。OR 検索と同じです。

対象レコードの絞り込み

検索条件に指定した条件を使用して、既存の対象レコードを絞り込みます。AND 検索と同じです。

対象外のみを表示

現在の対象レコードと対象外レコードを入れ替えます。

複数レコードを対象外に

現在のレコードから指定した数だけのレコードを対象外にします。指定はオプションの「レコード指定」で行います。

ウインドウ

ウインドウタイトルの設定

指定したウインドウの名前を変更します。開いている任意のウインドウの名前を変更できます。

ウインドウのスクロール

ウインドウをスクロールします。Home はウインドウの先頭、End は末尾、Page Up は 1 ページ前、Page Down は 1 ページ後、選択部は現在のフィールドが表示されるようスクロールします。

ウインドウの移動 / サイズ変更

選択したウインドウのサイズ、位置を調整します。

ウインドウの固定

ウインドウの固定を実行します。

ウインドウの調整

ウインドウを隠したり、サイズを変更します。

ウインドウを選択

ウインドウの名前を指定し、一番手前にそのウインドウを表示します。

ウインドウを閉じる

現在のウインドウ、または名前で指定したウインドウを閉じます。

ウインドウ内容の再表示

関連レコードを含むドキュメントウインドウを再描画し更新します。

ズームの設定

ウインドウの表示倍率を設定します。オプションでロックとズーム比率の指定を行います。

ツールバーの表示切り替え

ステータスツールバーを表示したり隠したりします。オプションでロック、レコードの編集ツールバーを含めるかを指定します。

テキスト定規の表示切り替え

テキスト定規を表示したり隠したりします。オプションの「指定：」で変更内容の指定を行います。

メニューバーの表示切り替え

FileMaker Go、FileMaker WebDirect でメニューバーを表示または非表示にします。

新規ウインドウ

一番手前に表示されているウインドウと同様の新規ウインドウを作成します。ウインドウスタイル、名前、レイアウト、サイズ、位置などを指定できます。新規ウインドウのレイアウト、テーブル、対象レコード、現在のレコードはすべて元のウインドウと同様です。

全ウインドウを整列

開いている全ウインドウのサイズ、場所を調整します。開いているウインドウのサイズと場所だけが変更されます。

表示方法の切り替え

各レコードをフォーム形式、リスト形式、表形式で表示するのかを切り替えます。

■ ファイル

システム書式の使用

日付、時刻、数値のシステム書式を使用するか、しないかの設定を行います。

データファイルから読み取る

オープンデータファイルからデータを読み取ります。「ファイル ID」でファイル ID を計算式で指定します。「読み取る」で読み取るバイト数を指定します。「サイズ」を指定しないとファイル全体が読み取られます。「ターゲット」で読み取ったデータを格納するフィールドを指定します。

データファイルに書き込む

オープンデータファイルにデータを書き込みます。「ファイル ID」でファイル ID を計算式で指定します。「データソース」はデータを格納するフィールドか変数です。「書き込み」は UTF-16 か UTF-8 を使用してファイルに書き込みます。

データファイルの位置を取得

オープンデータファイル内の読み取り、書き込みの位置を取得します。「ファイル ID」でファイル ID を計算式で指定します。「ターゲット」読み取り、書き込み位置を格納するフィールドを指定します。

データファイルの位置を設定

オープンデータファイル内の読み取り、書き込み位置を指定します。「ファイル ID」でファイル ID を計算式で指定します。「新しい位置」はデータファイルの新しい読み取り、書き込み位置を指定する数値式です。

データファイルを開く

他のデータファイルのスクリプトステップのために使用するデータファイルを開きます。「ソースファイル」は開くデータファイルのパスです。「ターゲット」で開いたデータファイルを格納するフィールドまたは変数を指定します。

データファイルを作成

からの閉じられたデータファイルを作成してから「データファイルを開く」スクリプトステップを使用して開き、「データファイルに書き込む」スクリプトステップを使用してデータを追加します。

データファイルを閉じる

オープンデータファイルを閉じます。

ファイルサイズを取得

ファイルのサイズをバイト単位で返します。

ファイルの修復

壊れている FileMaker Pro ファイルを修復します。オプションで修復するファイルを指定します。

ファイルの存在を取得

ファイルが存在する場合は真 (1) を返します。

ファイルの名前変更

ファイル名を変更します。「新しい名前」オプションで計算式で指定することも可能です。

ファイルを開く

ファイルを開きます。オプションでデータソールを指定します。「非表示の状態で開く」はデータベースを非表示で開きます。

ファイルを削除

ファイルを削除します。「ターゲット」でファイルのパスを指定します。

ファイルを閉じる

指定した FileMaker ファイルを閉じます。

ファイルを変換

サポートされているタイプのファイルを FileMaker Pro ファイルに変換します。

マルチユーザ設定

ネットワーク経由でのアクセスのオン / オフを設定します。

印刷

印刷を実行します。

印刷設定

印刷設定を行います。プリンターの設定を指定します。

新規作成

新規ファイルを作成します。

名前を付けて XML として保存

開いているファイルのコピーをスキーマ、レイアウト、スクリプト
の XML として保存します。オプションでウィンドウ名とパスを指定し
ます。

名前を付けて保存

ファイルを別名で保存します。オプションでファイル名とパス、保
存方式を指定します。

▌ アカウント

アカウントの有効化

指定したアカウントを有効（アクティブ）あるいは無効（非アクティ
ブ）にします。

アカウントパスワードをリセット

指定したアカウントのパスワードをリセットします。このスクリプ
トステップを複数回使用して、複数のアカウントパスワードをリセッ
トすることもできます。

アカウントを削除

指定したアカウントを削除します。

アカウントを追加

新規のアカウント、パスワード、アクセス権セットを追加します。
アカウントとパスワードは、テキストとして指定して保存することも、
計算式に基づいてスクリプト実行時に生成することもできます。

パスワード変更

パスワード変更のダイアログボックスを表示します。

再ログイン

ファイルを閉じて再び開くことなく、別のアカウントとパスワード
でデータベースに再度ログインすることができます。

▌ スペル

スペルチェックオプション

「ファイルオプション」ダイアログボックスの「英文スペルチェック」
タブを開きます。

ユーザ辞書を編集

スペルチェック用のユーザ辞書の編集を行います。

現レコードをスペルチェック

現在のレコード内のデータのスペルチェックを行います。

辞書を選択

スペルチェック用の辞書の指定を行います。

選択部分をスペルチェック

選択部分の英語のスペルチェックをします。オプションの「指定」
でスペルチェックするフィールドを指定します。

対象レコードをスペルチェック

対象レコード内のデータのスペルチェックを行います。

単語を修正

「スペルチェック」ダイアログボックスを表示して単語を修正できま
す。

▌ メニュー項目を開く

オブジェクトの管理を開く

「オブジェクトの管理」ダイアログボックスを開きます。

お気に入りを開く

「お気に入り」ウィンドウを開きます。

スクリプトワークスペースを開く

スクリプトを定義するための「スクリプトワークスペース」ダイア
ログボックスを表示します。

データソースの管理を開く

「外部データソースの管理」ダイアログボックスを開きます。

データベースの管理を開く

データベース（テーブル、フィールド、リレーションシップ）を定
義するための「データベースの管理」ダイアログボックスを表示します。

テーマの管理を開く

レイアウトテーマを管理するための「テーマの管理」ダイアログボッ
クスを表示します。

ファイルオプションを開く

「ファイルオプション」ダイアログボックスを開きます。

ヘルプを表示

FileMaker Pro のヘルプを表示します。

ホストにアップロードを開く

「ホストにアップロード」ダイアログボックスを開きます。

ホストを開く

「ホスト」ダイアログボックスを開きます。

レイアウトの管理を開く

「レイアウトの管理」ダイアログボックスを開きます。

環境設定を開く

「環境設定」ダイアログボックスを開きます。

共有設定を開く

「FileMaker ネットワーク設定」ダイアログボックスを開きます。

検索 / 置換を開く

「検索 / 置換」ダイアログボックスを開きます。

値一覧の管理を開く

値一覧を定義するための「値一覧の管理」ダイアログボックスを表示します。

保存済み検索を開く

「保存済み検索を編集」ダイアログボックスを開きます。このダイアログボックスでは検索条件の追加、変更ができます。

その他

#（コメント）

スクリプトの記述文の中に、内容を説明したり、注意書きを入れたいときにコメントを挿入します。なお、コメントの部分は実行の際、無視されます。

AppleScript を実行

macOS で AppleScript を実行します。AppleScript は計算式で指定することができます。

AVPlayer オプション設定

再生中または一時停止中のメディアファイルの設定を変更します。

AVPlayer 再生

オーディオ、ビデオ、またはイメージをオブジェクトフィールド、レイアウトオブジェクト、または URL から再生します。

AVPlayer 再生状態設定

再生中または一時停止中のメディアファイルを一時停止、再生、または再生停止します。

DDE コマンドを送信

他のアプリケーションに DDE（Dynamic Data Exchange）コマンドを送信します。Windows だけで実行できます。

Event を送信

アプリケーションを開いたり、他のアプリケーションでファイルを開いたり、印刷したりします。

SQL を実行

SQL ステートメントを実行します。

URL を開く

ブラウザを起動して URL を表示します。

Web ビューアで JavaScript を実行

Web ビューアで JavaScript 関数を実行します。

Web ビューアの設定

オブジェクト名を付けた Web ビューアオブジェクトに対して設定を行います。「リセット」「再読み込み」「進む」「戻る」「URL へ移動」といった処理を設定できます。

アプリケーションを終了

開いているファイルを閉じて、FileMaker Pro を終了します。

オブジェクトの更新

指定されたオブジェクトの内容、条件付き書式の設定、表示状態を更新します。

カスタムダイアログを表示

入力可能なテキストボックスと、最大 3 つまでのボタンのあるダイアログボックスを表示させ、指定するフィールドにダイアログボックスから入力することができます。

キャッシュをディスクに書き込む

FileMaker Pro が使用しているディスクキャッシュに保存されているデータをディスクに書き込みます。

タッチキーボードの有効化

FileMaker Go または Windows のタッチキーボードを有効または無効にします。

フォルダパスの取得

ユーザーにフォルダ選択を要求し、指定したフォルダの完全修飾パスに変数を設定します。

プラグインファイルのインストール

ターゲットまたはアクティブなオブジェクトフィールドから FileMaker プラグインをインストールします。プラグインファイルの拡張子は、Windows では「.fmx」で、macOS では「.fmplugin」です。

ポータルの更新

名前付きオブジェクトのリレーションシップと内容を更新します。

メールを送信

オプションで指定した宛先、CC、トピック、メッセージの設定で電子メールを送信します。暗号化された接続を使用している SMTP サーバーの SSL 証明書を検証することができます。

メニューセットのインストール

指定したメニューセットで、「カスタムメニューの管理」ダイアログボックスで指定したファイルのデフォルトメニューセットを上書きします。

警告音

システムの警告音を鳴らします。

書式設定バーを許可

書式設定バーの表示を有効あるいは無効にします。

電話をかける

電話をかけます。オプションで電話する相手の番号を指定します。

読み上げ

レコードのデータを読み上げます。Windows 版でも指定できますが、実行できるのは mac OS のみです。

INDEX

著者紹介

野沢直樹（のざわなおき）

長野県生まれ。Macintosh、Windows 関連のテクニカルライティングの分野で活躍。
「FileMaker Pro 19 スーパーリファレンス　Windows & macOS & iOS 対応」（本シリーズは
Ver.4.0 より執筆）
「FileMaker Pro 関数・スクリプト サンプル活用辞典 Ver.14/13/12/11/10/9 対応」（共著）
（以上ソーテック社）

胡正則（えびすまさのり）

1957 年広島市生まれ。出版業界紙記者などを経て、ニール編集制作事務所代表。テクニカルライティ
ングを中心に出版物の企画編集・取材執筆及び制作を請け負う。
著書に「FileMaker Pro 19 スーパーリファレンス Windows & macOS & iOS 対応」
「FileMaker Pro 関数・スクリプト サンプル活用辞典 Ver.14/13/12/11/10/9 対応」（共著）
（以上ソーテック社刊）
などがある。大の広島東洋カープファン。

FileMaker 2023 スーパーリファレンス
Windows & macOS & iOS 対応

2023 年 7 月 31 日　　　初版　第 1 刷発行

著者	野沢直樹・胡正則
装幀	広田正康
本文デザイン	植竹裕
発行人	柳澤淳一
編集人	久保田賢二
発行所	株式会社　ソーテック社
	〒 102-0072　東京都千代田区飯田橋 4-9-5　スギタビル 4F
	電話（注文専用）03-3262-5320　FAX03-3262-5326
印刷所	図書印刷株式会社

©2023 Naoki Nozawa, Masanori Ebisu
Printed in Japan
ISBN978-4-8007-1322-3